JN257384

日本電力戦争

資源と権益、原子力をめぐる闘争の系譜

Yamaoka Junichiro
山岡淳一郎

草思社

日本電力戦争——目次

第4章　電力支配をめぐる闘争——統制を壊す「電力の鬼」　157

プロローグ

海図なき航海

「3・11」以降の歳月は、この国を変えたのだろうか。

日本の電力・エネルギー政策は、根幹が定まらないまま世界の大渦のなかを漂っている。東京電力福島第一原発事故が起きて、多くの人は悲しみと憤りを抱えながら、「これで日本は変わる」と直観した。天啓に打たれたように変革を確信する。

だが、あれから何が、どう変わったのか……。

過酷な原発事故は、「二度目の敗戦」と呼ばれるほどのダメージを社会に与えた。国民生活の命綱である電力の「根本思想」が吹き飛ばされた。事実上、事故を起こした福島第一原発の一～四号機と五、六号機、福島第二原発の四基、合わせて一〇基の原発が二度と稼働できなくなった。瞬く間に国内の原子力電源の約二割を喪失したのである。

単に電力源が失われただけではない。原発事故は、途方もない負荷、金銭では購えない人命の危機と末代まで悩まされる放射能汚染をもたらした。

「数字」の向こうに生身の人間がいることを想いながら長期化される被害構造に触れておこう。

一七九三人。福島県の「震災関連死」の数である。福島県は飛びぬけて多く、岩手や宮城など他の被災地、一都八県の総数より三九二人上回る（二〇一四年十二月末現在）。調査主体の復興庁は、福島県では「避難所等への移動中の肉体・精神的疲労」で亡くなった人が特に多いことから「原子力発電所事故に伴う避難等による影響が大きい」とレポートしている。事故で故郷を追われた人たちは見知らぬ土地で孤立し、先が見えないまま心身を消耗させる。

「復興の現状」（復興庁一四年三月）によれば、原発事故で汚染された「避難指示区域」等から避難している人は約一〇・二万人。福島県全体の避難者数は約一三・六万人だ。その数は東京都中央区の人口に匹敵する。もしも首都のコアである中央区の全住民が避難を強制されて散り散りになったら、霞が関や永田町の要人は平静を装っていられるだろうか。

震災前年の六月、政府は、電力・エネルギー政策の土台＝「エネルギー基本計画」を閣議決定している。二〇三〇年までに原発を一四基増設し、総発電量に占める原子力割合を五三パーセントに倍増させると謳った。この原発推進一色の根本思想が打ち砕かれた。

根本思想が破れた以上、思考を変え、より安全で自立性に富んだ方向へ目標を定めるのが「大局観」というものだ。科学技術はそうやって失敗を糧に発達してきた。大勢の国民は「二度目の敗戦」を機に大局が変わると信じた。

現実に事故後、定期点検や修理のために原発は次々と停止した。一三年十月から一五年一月現在まで国内すべての原発が発電をしていない状態が続いている。この変化を受けとめ、安全で妥当なゴールを設定するのが自然の流れだろう。共同通信が一四年十月に実施した全国電話世論調査では、再稼働に六〇・二パーセントが反対し、賛成は三一・九パーセントにとどまる。

ところが、政府は一四年四月に閣議決定した新しいエネルギー基本計画で原発を「ベースロード電源」と位置づけ、九州電力の川内原発一、二号機（鹿児島県）を手はじめに原発の再稼働へとアクセルを踏み込んだ。原発輸出にも拍車をかける。いつか来た道へUターンしている。原子力規制委員会は、川内原発に続いて関西電力高浜原発三、四号機（福井県）の再稼働合格証ともいえる「審査書案」を取りまとめた。

何が変化を阻んでいるのか

原発再稼働に煽られて再生可能エネルギーの導入策は回れ右である。太陽光や風力、水力など自然エネルギーの電気を電力会社が高値の固定価格で「全量」買い取る制度（ＦＩＴ）は後退している。北海道、東北、四国、九州、沖縄の大手五電力会社は、ＦＩＴで太陽光の申請が増えすぎたため、将来、電気の需給バランスが崩れて安定供給が脅かされると新規の受け入れを中断した。その後、電力会社ごとの「接続可能量」が決められ、電力会社側が太陽光の発電量を細かく「出力抑制」する制御システムが採用されて、買取り制度は見直される。全量買取る義務は消えた。

自然エネルギーの導入は、電力需要のピーク時に節電する省エネルギーとの「合わせ技」でこそ効果が発揮される。アメリカではカリフォルニア州、ペンシルベニア州が電力会社にピーク時抑制の省エネを義務づけ、「ネガワット取引」の専用市場も立ち上げられている。ネガワット取引では、大規模工場など大口需要家が電力会社と前もってピーク時の節電契約をし、いざピークを迎える直前に要請を受けて電力使用量を減らす。その節電量に応じて電力会社が「報酬」を払う。節電が発電と同じような価値を生むしくみである。

日本でも、大口需要家の節電システムはＩＴ化で急速に進歩している。たとえば日立は需要抑制の要請がくれば、一五分〜一時間の反応時間で対応できる。同じく東芝も一五分〜一日で反応可能だ。

技術的にはネガワット取引の環境は整っている。しかし、電力会社も資源エネルギー庁も消極的で、ピーク時節電の制度づくりは遅れている。

では、何が変革を阻んでいるのだろうか。旧態への回帰を促す事象の奥に何があるのか。

変われない直接的要因は根本策の欠如である。いつまでに、どの原発を減らし、いかに電力源を組み合わせるか、つまりエネルギー・ベストミックスと呼ばれる基本策が無い。時間軸に沿った構想が欠落しているから、誰も先を見通せず、右往左往を強いられる。

いわば「海図なき航海」が続くなかで、電力会社は経営状態を好転させたい一心で再稼働へと突進する。確かに原発依存度の高い関西、北海道、九州、四国などの電力六社は一四年三月期末の決算で経常損益が赤字だった。火力の燃料費負担が重くのしかかり、電気料金を上げて急場をしのぐ。料金高騰で電力を大量に使う産業、なかでも中小の製造業、サービス業は経営破綻の危機に瀕している。窮地を脱するには再稼働しかない、原発を動かそう、と電力業界は唱和する。

アベノミクスによる「円安」と輸入する液化天然ガス（LNG）価格の高止まりで、貿易収支の赤字も拡大した。一三年度の貿易赤字は約一三兆七〇〇〇億円に及ぶ。このままでは日本は経済運営の信用を失う。再稼働しなくてはならない、と声高に叫ぶ人もいる。

しかしながら再稼働への世論の支持は高まりそうにない。避難計画を含む安全確保の不備とともに老朽原発を廃炉にする道筋もできていないからだ。電力会社は、一五年中に運転開始から四〇年を超える原発七基のうち、出力が比較的小さく、追加の安全対策に巨費を投じると採算割れしそうな五基の廃炉へと動きだした。だが原発解体後の放射性廃棄物をどこに処分するかはまったく決まっていない。〝出口〟が曖昧なまま局面ごとの事実の積み重ねで再稼働へなだれ込もうとしている。政府は「可能な限り原発依存度を低減させる」と公言しながら、プランを示せていない。

火力の燃料費問題は、一四年夏以降、状況が劇的に変わっている。アメリカのシェールオイル増産などが引き金となって原油価格が一気に下落した。WTI先物価格は一〇〇ドル台から一五年一月には四〇ドル台まで下がっている。石油の供給過剰が露わとなり、二〇〇〇年代以降の資源バブルが弾けたともいわれる。産油国を巻き込む紛争でも起きない限り、原油価格の低迷は続き、石炭や他の燃料の価格も下がると予想される。

エネルギー資源輸入国の日本にとって油価の下落は「神風」に等しい。LNGの長期購入契約は原油市況に連動しており、油価が下がればLNG価格も下がる。問題は円安だ。円安が油価下落の効果をかき消している。LNGのスポット購入価格は依然高く、神風を生かせていない。

貿易赤字にとって、より深刻なのは「円安なのに輸出が伸びない」ことだ。貿易赤字を是正するには、国内産業の高度化と新陳代謝、新しい技術、製品、サービスの開拓が求められる。自然エネルギーに象徴される「自前」のエネルギー資源の開発は、貴重な成長モデルになる。だが、先行きが不透明で、民間投資は伸び悩む。根本策なきタテ割り行政は、それぞれの施策の継続性にこだわり、結果的に変革は遠ざかっていく……。

と、旧態に戻ろうとする事象を、キャベツの葉を剝くようにひとつひとつめくっていくと、硬い殻に覆われた二つの構造体に突き当たる。本書を執筆した動機は、そこにある。ふだん多くの人がほとんど意識していない、二つの硬い芯を描きたくて筆を執った。蟷螂の斧と知りながら、深いレベルで日本を縛っているものをあぶりだそうと取材を重ねた。

「国家」対「市場」のせめぎ合い

硬い殻に覆われた芯のひとつは、電力をはじめとするエネルギー産業と「官」の長い関わりで培われた「統制への指向」である。エネルギー産業は「公益性」を求められるが故に一元的な管理に傾き、排他的になりやすい。一方で「市場性」を保たなければ事業として成立しない。マクロ的には「国家」対「市場」のせめぎ合いを常にはらんでいる。

その宿命を背負って電力産業が発展してきた過程で、原発は権力に直結した「鬼子」として生み落とされた。ウラン濃縮と再処理技術の核兵器転用のリスク、放射能の毒性を抱えて生まれた鬼子である。統制的手法なくして、荒ぶる原発は運用できない。そうした歴史的事実の積み重ねで醸成された統制指向が、市場とぶつかりつつも、公益の護符に守られて、こんにちに至っている。統制によって安定を図ろうとする遺伝子がエネルギー産業には組み込まれているのである。

もちろん「官」対「民」の戦いは単純なものではなく、戦前、戦中、戦後から現代までの社会の変転に照らさなくてはその流れはつかめない。かつて戦争遂行に向けて、電力事業は全産業の先頭を切って統制され、「国家管理」に持ち込まれた。そのシナリオを書き、実践した革新官僚は、軍と政治をどう利用し、民間事業者をいかにして束ねたのか。

敗戦後、占領軍の意向を受けて、電力事業が国家管理から民営化による九電力体制へ変わるプロセスで、誰が改革を牽引し、誰が保身に走ったのか。原発を導入したフィクサーは何を憂え、煩悶していたのか。一九四五年夏の敗戦で日本が生まれ変わったと信じるのはナイーブすぎるだろう。霞が関には強固な統制への意思が脈々と息づいている。

高度成長を経て、電力会社は「民僚」と呼ばれる保守的な社員が経営の中枢に座り、市場の地域独占で産業界の頂点に君臨した。統制される側から下請けを統制する側に回り、この世の春を謳歌していたところで「電力自由化」の匕首を官僚から突きつけられる。自由化の潮流に抗う電力会社は、じわじわと陣地を切り崩されていく。そこに福島第一原発事故の災厄がふりかかったのであった。

こうした電力、エネルギー産業界と政界、官界の長い相克を通して、統制に傾きがちな「日本の自画像」を描いてみたい。時代をさかのぼって「日本のなかの日本」を見つめ、遺伝情報の流れを探ってみよう。歴史に関心のある読者は、第4章「電力支配をめぐる闘争」、第5章「脱石油と原子力」を先に読んでいただいてもかまわない。

国際的エネルギー複合体の圧力

そして、変化を拒む、もうひとつの硬い芯が、国際的なエネルギー複合体である。そういう名称の組織があるわけではないが、実態的に形成された複合体に日本の政官財はがっちりと組み込まれている。自らの都合で「足抜き」ができないような状態なのだ。

その一部を、42〜43頁の図3「核燃料サイクルと世界の原子力産業」に表した。図を一瞥しただけで原子力の国際的複合体の鎖の絡まりを想像していただけるだろう。

川上のウラン鉱山開発は、ユダヤ系の資源メジャーや国営会社が握り、日本の商社も提携して加わっている。核兵器開発で始まったウラン濃縮と再処理は、欧州の多国籍事業体や各国の国営、国策企業が受け持つ。燃料加工は民間の領域といえようか。原子炉メーカーと電力会社の組み合わせを眺めれば、世界の原子力産業が国境に関係なくグローバルに動く、次の三つの多国籍企業グループに先導されている現状を知っていただけるだろう。

三菱重工とアレバの日仏連合は、EDF(フランス電力会社)や関西電力、ドイツ有数のエネルギー企業E・ONと組んで原子力ビジネスを展開する。日立とジェネラル・エレクトリック(GE)の日米沸騰水型軽水炉コンビは、アメリカのエクセロン、東京電力などと深く関わって事業を拡げる。東芝はウェスティングハウスを買収してアメリカのNRGエナジー、東京電力などと連携している。

これら先進の三グループを、新興勢力のロシア国営原子力企業ロスアトム(旧ロシア連邦原子力庁)と韓国財閥系の斗山重工、中国核工業集団公司が激しく追い上げる。新旧の両勢力は、中東のアラブ首長国連邦やトルコ、アジアのベトナム、インド、モンゴル他で凄まじい原発受注合戦をくり広げる。通商上の電力戦争に日本の原子力産業も巻き込まれている。

この状況で、アメリカは「新興国とのシェア争いに負けるな、原発の安全性と核不拡散のシステムを維持できるのは先進企業だけだ」と日本を鼓舞する。だが、当のアメリカ国内では電力会社の原発離れが著しい。自由化が進んだアメリカの電力市場では、巨額の建設費と維持費がかかり、事故リスクが大きな原発は淘汰されつつある。世界中に原発をひろめたGEには、いまや自前の原子炉生産ラインはなく、ウェスティングハウスは東芝に取り憑いて生き残る。老朽化した原発は閉鎖され、廃炉へのレールに載っている。フランスのアレバも然り。世界各国の原発新設計画の凍結や安全対策のコスト増で収益が悪化し、赤字決算が続く。一四年末に財務目標を撤回し、倒産の危機と囁れた。先進国は原発事業を切り捨てつつある。

それでもアメリカは「ロシアや中国の原発量産を抑える防波堤になれ」と日本に直言する。なぜか……。GEもウェスティングハウスも重要な核技術は特許で守り、外に出さない。つまり〝頭脳〟は自らが担い、日本のメーカーを手足のように動かして原子炉をつくる。輸出のリスクは日本メーカーに負わせ、パテント料を稼ぐ戦術に切り替えたのである。「原発を放棄すべきでない」と語るオバマ大統領の背後には原発利権につながるシカゴ人脈が存在する。そういう事実はあまり語られてこなかった。

シェール革命とチキンレース

「世界のなかの日本」の視点で自画像を描くには、北米のシェール革命が起こす大渦も把握しておかねばならないだろう。第2章末の図5「シェール革命が世界に与える影響」は資源エネルギー庁が発表した資料にもとづくが、ほぼこのとおりに現実は推移している。革命の中心はシェールオイルで、原油価格を引き下げる主役に躍り出た。オイルに付随して産出されるシェールガスはメタンが主成分なので、北米を網のように覆う天然ガスパイプラインにそのまま流して市価で売買できる。アメリカはエネルギー資源の大産出国の座を回復し、台風の目に返り咲いた。原油価格を押し下げる。

これに対し、サウジアラビアを中心とするOPEC（石油輸出国機構）は、原油減産による価格維持策を選ばず、引き下げを受け入れた。石油業界はサウジの姿勢を「シェールとのチキンレース。価格を下げて、どちらが耐えられるか。シェール開発の歯止めを狙っている」「中東のライバル、イランに経済的打撃を与えている」と受けとめる。

じつのところ、北米シェール革命の担い手は星の数ほどある中小企業であり、石油メジャーではない。メジャーはシェール開発に深入りしていないのだ。ゆえに「シェール開発の歯止め」を狙ったサウジの行動はメジャーにとって必ずしも敵対的とはいえない。逆に弱った中小業者を買収すれば権益を拡大できる。現に一五年に入って原油価格の急落で採算がとれなくなった中小のシェール関連企業が破綻している。

サウジ自身は真相を語っていないが、世界を見回して原油価格の下落で最も痛手を受けるのはプーチン大統領率いるロシアだ。輸出収入の七割を占める石油、ガス価格の低迷は、プーチン政権に想像を絶する重圧をかける。オバマ政権はウクライナ危機からクリミアを併合したプーチンを敵視する。

過去をふり返ると、アメリカとサウジは一九七九年にも同調して原油価格を大幅に下落させ、当時のソ連に致命的な打撃を与えている。ソ連軍のアフガニスタン侵攻への報復だった。イスラム同胞のサウジは、アメリカの要請に応えて原油生産量を一挙に五倍に増やし、一バレル＝三〇ドル台だった価格を一〇ドル台に引き落とす。ソ連経済は衰退した。プラウダは「（原油価格の下落は）ソ連が崩壊する原因のひとつになった」と伝える。

プーチンは明らかに追い込まれている。しかし強気だ。アメリカと共同歩調をとる欧州向けの天然ガスパイプライン「サウスストリーム」の建設を中止。代わりに原発輸出や食品の輸入で緊密な関係のトルコを通るパイプラインの建設を進めている。目には目を歯には歯を、とエネルギー資源を武器に新たな帝国主義的角逐に乗り出した。

エネルギー資源を安く調達すること

資源小国の日本は、否応なく、世界の大渦に巻き込まれる。震災が起きて、凍れる被災地の燃料は途絶し、原発が次々と停止すると、プーチン、オバマはもちろんフランスのサルコジ大統領までが天然ガスや石油、石炭、原子力技術を猛烈に売り込んできた。プーチンに至っては発災のわずか四日後、大手総合商社にサハリンで天然ガス取引の会議をしようと持ちかけてきている。権謀術数入り乱れる資源交渉の舞台で日本はどう振る舞ったのだろうか。

震災は最も普遍的なテーマをクローズアップした。

それは「原発が動こうが、動くまいが、エネルギー資源を安く安定的に調達すること」である。だが、幹部が原発再稼働に気をとられる資源エネルギー庁と産業界は天然ガスの安値調達に本腰を入れようとしない。ジャパンプレミアムと呼ばれる高値でスポットのLNGを売られても有効な対抗策を打ち出せない。資源高で利益が増える商社は笑いをかみ殺す。開発権益と手数料で稼ぐ商社にガスを安く仕入れる必然性はない。エネルギー資源は、それを実際に使う大口ユーザーが死に物狂いで獲りに行かなければ安く手に入れるのは困難だ。

そこで電力会社とガス会社がタッグを組み、北米の安いガス市場に攻め込んでルートを切り開いた。それを蟻の一穴としてLNG市場の岩盤を崩しにかかる、が……。

いずれにしても、根本策を欠いて「海図なき航海」を続ける限り、日本の立ち位置は定まらない。もう記憶の彼方に消し飛んだかもしれないけれど、民主党の野田佳彦政権下で、史上初めて火力や水力、原子力、再生可能エネルギーなどのエネルギー・ベストミックスを決める「国民的議論」が展開された。同時に「核燃料サイクル」「東電の経営・賠償」「電力システム改革（自由化）」「原発再稼働・安全規制」の議論も並行して行われたために情報が錯綜し、根幹を決める重要さが一般にあまり伝わらなかった。気がつけば将来の原発比率だけがメディアで飛び交っていたが、貴重な経験だった。

当時の内閣官房国家戦略室は、多方面の抵抗を受けながら、「二〇三〇年代に原発稼働ゼロを可能とするよう、あらゆる政策資源を投入する」と政策に書き込んだ。その後、第二次安倍政権が誕生し、

「原発ゼロ」は振り出しに戻される。ゼロ策を見直すにしても、「国民的議論」の過程を検証しておかなければ、次のエネルギーミックスの検討には移れない。何が話し合われ、何が決まり、何が見送られたのかを洗い出す。地味でも根本策を考えるには不可欠な作業だ。

震災後、官僚や政治家、電力、エネルギー業界の関係者を取材していて、彼らの胸奥にひそむ硬い殻に幾度も私は突き当たった。前述した統制への指向である。経産省のある幹部は「政策の根源。過去からの経緯と政策の根本は譲れない。ここを譲れと言われたら、われわれは職を賭して暴れる」とはっきり言った。人は危機に直面すると眠っていた統制指向が目を覚ます。

第二次安倍内閣は、船出をしていきなり「アルジェリア人質事件」という嵐に見舞われた。テロ事件への対応を通して、政権内で情報統制の重要さが見直される。「資源調達」と「原発輸出」を両輪とする外交路線もアルジェリアの悲劇を経て強化された。

もう一度、問いかけよう。日本は、安全で自立的な方向へ変われるのだろうか。

情報が高速で飛び交う現代に生きていると、しばしば私たちは自らの身体を忘れそうになる。世界は情報で動いていると錯覚してしまう。だが、ＩＴ技術を駆使し、人知を超えた高速取引をするのも切れば血が出る人間だ。人間の集合体である社会を動かしているのは紛れもなくエネルギーである。

そんな思いを胸に電力と資源が織りなす、動乱のただ中へ分け入っていこう。

第1章　国のかたちを決める資源──揺れるエネルギー供給体制

教会の円天井や石造橋のアーチの頂上には、「キーストーン」と呼ばれる要石(かなめいし)がはめ込まれている。石は、そこが天辺であることを示すとともに周りの建材が崩れないよう圧迫し、締めつけている。キーストーンは、構造を保つ重要な部材であり、象徴でもある。

思えば日本の原発は、世界のエネルギー産業のキーストーンであった。日本がアメリカやフランス、イギリスと核燃料サイクルの鎖（チェーン）をつなぎ、原発事業を推進することで、善し悪しは別として一定の秩序が保たれていた。そのキーストーンが東電福島第一原発事故で砕け散った。崩れたバランスを事故前の状態に戻そうとする日米欧の先進グループと、混乱に乗じて原発の輸出を狙う露韓中の新興勢力が激突する。途上国への原発売込み合戦は熾烈を極めている。

一方で、燃料電池や自然エネルギーを利用した発電技術の革新は時間の問題となってきた。エネルギー革命は、固体（石炭）から液体（石油）を経て、気体（天然ガス→水素）へと進む。

私たちの生活は、社会は、今後、どう変化していくのだろうか……。

「電力源は国の支柱である」

世界各国の電力供給の実態は、電力源の構成に表われている。構成割合は、グローバル化した市場だけで決まっているわけではない。それぞれの国柄が色濃く反映されてもいる。豊富で安価な「石炭」や「天然ガス」を基幹電源にする国があるかと思えば、国策で「原子力」をメインにしている国もある。「水力」が電源の大部分を占める国もある。底流には「電力源は国家の支柱であり、他国に頼らず、自立を目ざす」考え方がある。

これを「エネルギー安全保障」と呼ぶ。エネルギーを他国に依存しすぎると国家の存立が脅かされる。多くの国の政府は、世論を背景に「自前」の電力源を優先しながら、資源の賦存量や政治、経済、歴史、文化によって固有の電力供給体制を築いている。

電力は「国のかたち」を表すといえるだろう。だからこそ、国民が自らの価値判断でかたちを選ぶことが重要なのである。

ふり返れば、日本は、電力の技術やしくみを、いち早く、まさに電撃的に採り入れて近代のスタートを切った。

エジソンが世界で初めて電気事業を創業してからわずか二年後の一八八二（明治十五）年、銀座二丁目の大倉組新社屋前に東京電燈（東京電力の前身）の宣伝を兼ねて、二〇〇〇燭光ものアーク灯が一斉にともされ、人びとの度肝を抜いた。薄暗いガス灯がぽつぽつと浮かぶだけだった銀座の一角が真昼のように明るくなった。夜ごとアーク灯をひと目見ようと見物人が押し寄せ、「明るいものはお天道様とアーク灯」と手を叩いて喜んだ。庶民は電力を天から降り注ぐ恵みのごとく受けとめたのだった。

それから大正、昭和にかけて、「民」が主役に躍り出て、あまたの電力会社が自由奔放に市場競争をくり広げるが、互いに消耗した。軍靴の響きが高まるにつれて「官」に主導権が移る。独占的な特殊法人「日本発送電株式会社」が設けられ、戦争を遂行するための国家総動員体制に向けて統制が進んだ。戦争で燃料は途絶え、電源開発が遅れて産業は衰える。

やがて敗戦。電力の管轄主体は、戦争を挟んで逓信省から軍需省、商工省、通産省へと目まぐるしく変わる。停電に次ぐ停電で国民生活も産業も、どん底へと落ち込んだ。

日本の新たな統治者となったGHQ（連合国軍総司令部）は、軍国主義の排除を理由に日本発送電の解体を日本政府に命じる。「電力の鬼」と呼ばれた自由主義者、松永安左エ門（まつながやすざえもん）の奮闘で電力界は再編され、九つの電力会社による「地域独占体制」が築かれた。

だが、ここで官が引き下がったわけではない。日本では、上からの改革が好まれる。官は、「公共」の領域は自分たちにしか担えないと自任し、エネルギー政策の根幹を握る。さまざまな「計画」に基づく政策誘導を行い、いわゆる「管制高地（コマンディング・ハイツ）」を押さえた。管制高地とは、もとは軍事用語で、日露戦争の「二〇三高地」のようにそこを掌握していれば戦略的主導権を握れるロケーションをさす。行政では、民間の力を使い、市場主義を導入しても全体をコントロールできる政府の指導領域を意味する。

その重要な管制高地が原発であった。政府は「国策民営」で原発を推進する。エネルギー資源に乏しい日本は、二度の石油ショックや産油国を舞台にした紛争、資源高騰の波に翻弄されつつも、経済成長を支えに九電力（沖縄電力を含む一〇電力）の体制を築いた。

しかし二十世紀の終盤にさしかかり、様相は一変する。社会主義体制が崩れて冷戦構造に終止符が打たれると、ケインズ主義で突き進んできた先進諸国の政府は膨んだ財政赤字をもてあまし、一斉に方針を転換した。残された道は、新自由主義。各国の政府は、国営企業の民営化、公的部門の市場開放と規制緩和に突き進む。

「電力自由化」の波が欧州からアメリカへと及んだ。発電と送配電、小売りを分離（アンバンドリング）し、電力事業を市場競争にゆだねる手法が各国にひろまる。

日本の電力会社は、ひたひたと押し寄せる自由化の波に抗った。発電から小売りまでの「垂直統合」で市場の「地域独占」が許されてきた電力会社は、自由化は安定供給を脅かし、論外だと突っ張る。そのさなかに原発が爆発し、管制高地は失われたのである。

今後、日本は自立的に電力の未来を決定できるのだろうか。

現時点では非常に危ういと言わざるをえない。「3・11」以後の「国のかたち」を決める重要な局面で、民主党政権も自公政権も他国、とくにアメリカの意向をあられもなく受け入れ、主体性を失っている。中国脅威論による日米同盟強化のシナリオに電力やエネルギー問題をも収斂させようとする。これは危険な他律的選択だ。

最も重要なテーマは、いかにしてエネルギー資源を合理的、安定的に確保するか、である。資源が乏しい日本は、地政学的観点で供給源を多角化してリスクを分散しながら、一刻も早く自前の電力源を開発しなくてはなるまい。だが、そのように動いてはいない。

まずは福島第一原発事故の発生前夜に立ち帰り、やや視点を高くして世界のエネルギー資源の動向と各国の電力事情の違い、日本の立ち位置を確認しておきたい。「市場」と「国家」のありようを俯瞰し、本書の出発点としよう。

そして原発事故の発生直後、手負いの日本政府に各国がどうアプローチをし、何を求めてきたのか

を明らかにしたい。さらに「天然ガスか、原発か」という緊急かつ本質的な問題にかかわる官民入り
乱れての攻防へと筆を進めよう。

先進諸国の原発離れ

数字は、ときに言葉よりも正確に現実を描写する。世界全体のエネルギー消費の動向をつかむため
に「世界のエネルギー源別一次エネルギー消費」（図1）のグラフをご覧いただきたい。
「一次エネルギー」とは、自然から直接得られるエネルギーのことで、石油、石炭、天然ガス、核燃
料のウラン、水力、太陽、風力、地熱などをさしている。その消費総量のなかに、電気や都市ガスに
変換されたり、ガソリンなどに加工された二次エネルギー、化学原料も含まれる。一次エネルギーの
全世界の年間消費量の推移をみれば、エネルギー資源の使われ方が概観できる。

一九八〇年から福島第一原発事故が起きた二〇一一年までの三〇年間に、世界全体の一次エネルギ
ー消費は、六六〇〇Ｍｔｏｅ（石油換算メガトン）から一万二三〇〇Ｍｔｏｅへほぼ倍増している。
八〇年の世界人口は四五億人で、二〇一一年が七〇億人だから、人口増加率よりもエネルギー消費の
増加率のほうが大きい。中国、インド、アメリカで増大するエネルギー消費が全体を押し上げている。

注目すべきは、エネルギー資源別の消費割合の変化だ。八〇年に全体の約四五パーセントを占めて
いた石油は、二〇一一年には約三三パーセントまでシェアを落としている。代わって、天然ガスが一
九・五から二三・七パーセント、石炭は二七・二から三〇・三パーセントに増えた。

原子力は、二〇〇〇年に六・二パーセントまで拡大したが、その後五パーセント程度に減り、福島
第一原発事故で日本の原発が止まった二〇一一年には四パーセント台に落ち込んでいる。世界的には、

ずっと六パーセント台を保っている水力よりも原子力の割合は小さい。原子力のシェアは三〇年単位でとらえても伸びておらず、頭打ちだ。

これは、先進国の原発離れを如実に物語っている。

アメリカでは七〇年代のスリーマイルアイランド事故後、新規の原発は設置されてこなかった。二〇〇一年にブッシュ大統領が「エネルギー供給の自立」を理由に原発建設を表明し、ユッカマウンテンに放射性廃棄物の処分場を開設するとぶち上げた。が、二〇〇九年にオバマが大統領に就任すると、ユッカマウンテンの処分場計画は白紙撤回され、原発建設は宙に浮いた。

ヨーロッパでは、フランスが国是で原発を推進してきた一方で、原発維持のイギリスは二〇〇五年に廃炉を担う「原子力廃止措置機関（NDA）」を創設。直線的な拡大路線から転じた。

ドイツは原発閉鎖プログラムを打ち出し、スペインやベルギーも原発の運転期間を延長しないと決めている。スウェーデンは一九八〇年の国民投票で「全原発の段階的廃止」を決定した後、軌道を修正して原発を稼働させた。

「電力自由化」が進み、市場競争が一般化した欧米では、巨額の建設費がかかり、使用済み核燃料の処分の見通しが立たず、リスクの高い原発は「市場との相性が悪い」と遠ざけられる。原子力立国のフランスにおいてさえ、一二年の大統領選で原発依存度を七五パーセントから五〇パーセントへ引き下げると公約したオランドが当選し、〝縮原発〟が進んでいる。国策会社のアレバは、世界的な原子力市場の停滞で、一一年から三期連続赤字決算。一四年も六月期で約一〇一〇億円の赤字だ。

アレバがフィンランドで受注した最新鋭のEPR（欧州加圧水型原子炉）は設計の不具合や下請け業者とのトラブルで工期が再三延ばされ、完成は九年遅れの一八年とされている。原発はすでに黄昏

図1　世界のエネルギー源別一次エネルギー消費

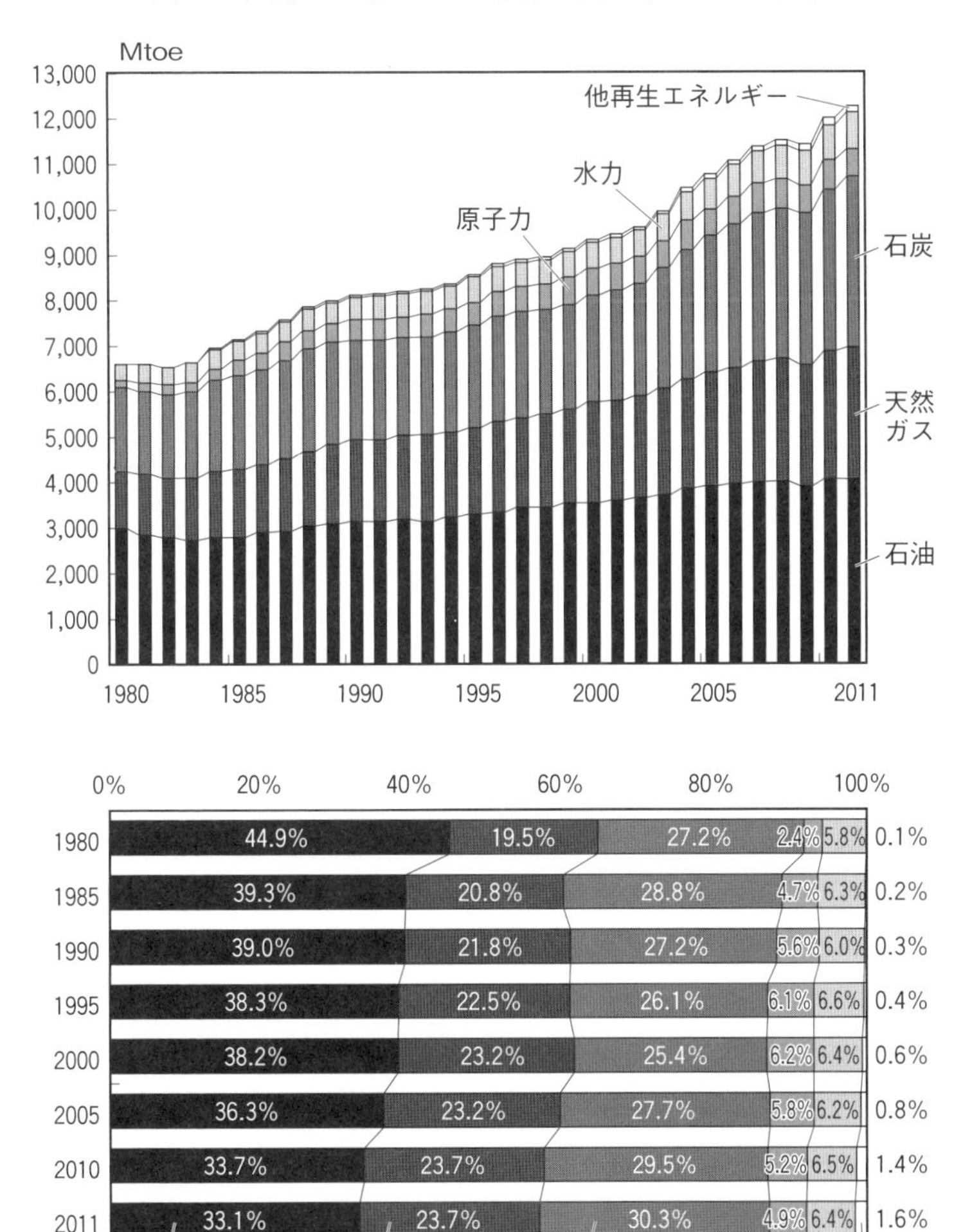

（出典：日本エネルギー経済研究所、EDMCエネルギートレンド、BP統計、2012年7月）

のなかに佇んでいる。

電源構成が示す「国のかたち」

台風の目は中国だ。福島で事故が起きる前年、二〇一〇年の中国の全発電量に占める原発の割合は、わずか一・七パーセントに過ぎないが、二〇二〇年までに七~八パーセントに引き上げる野心的な計画を打ち出している。運転中の原子炉は一四基、建設中が二五基、政府が承認した計画中のものが五一基で、すべてが完成すれば二〇二〇年に九〇基となり、世界トップのアメリカ(一〇四基)に次ぐ基数に達する。

中国は、急増するエネルギー需要への対応と、大気汚染の防止、国際的地位の向上を原発推進の理由にあげる。これらの誘因は新興国に共通するものだ。インド、中東、東南アジア諸国も経済成長を追い風に原発を導入しようと動き出している。

そういう状況で福島第一原発の事故が起きたのである。

事故発生当時、日本政府は二〇三〇年までに一四基増設し、総電力に占める原子力の割合を五三パーセントに高めるエネルギー基本計画を掲げていた。これはかなり特異な方針といえよう。中国が原発を急増させるとはいえ、全発電量に占める比率は七~八パーセントが目標であり、トータルにみれば原子力への依存度は低い。

日本のエネルギー政策の特異さは、主要国の電源別発電電力量の割合を示す次のグラフ(図2)をみれば一目瞭然だ。このグラフの数値は、それぞれの「国のかたち」を表している。

たとえばアメリカは、全発電量の半分ちかくを「石炭火力」が占めている。石炭火力は、同じ化石

図２　主要国の電源別発電電力量の構成（2010年）

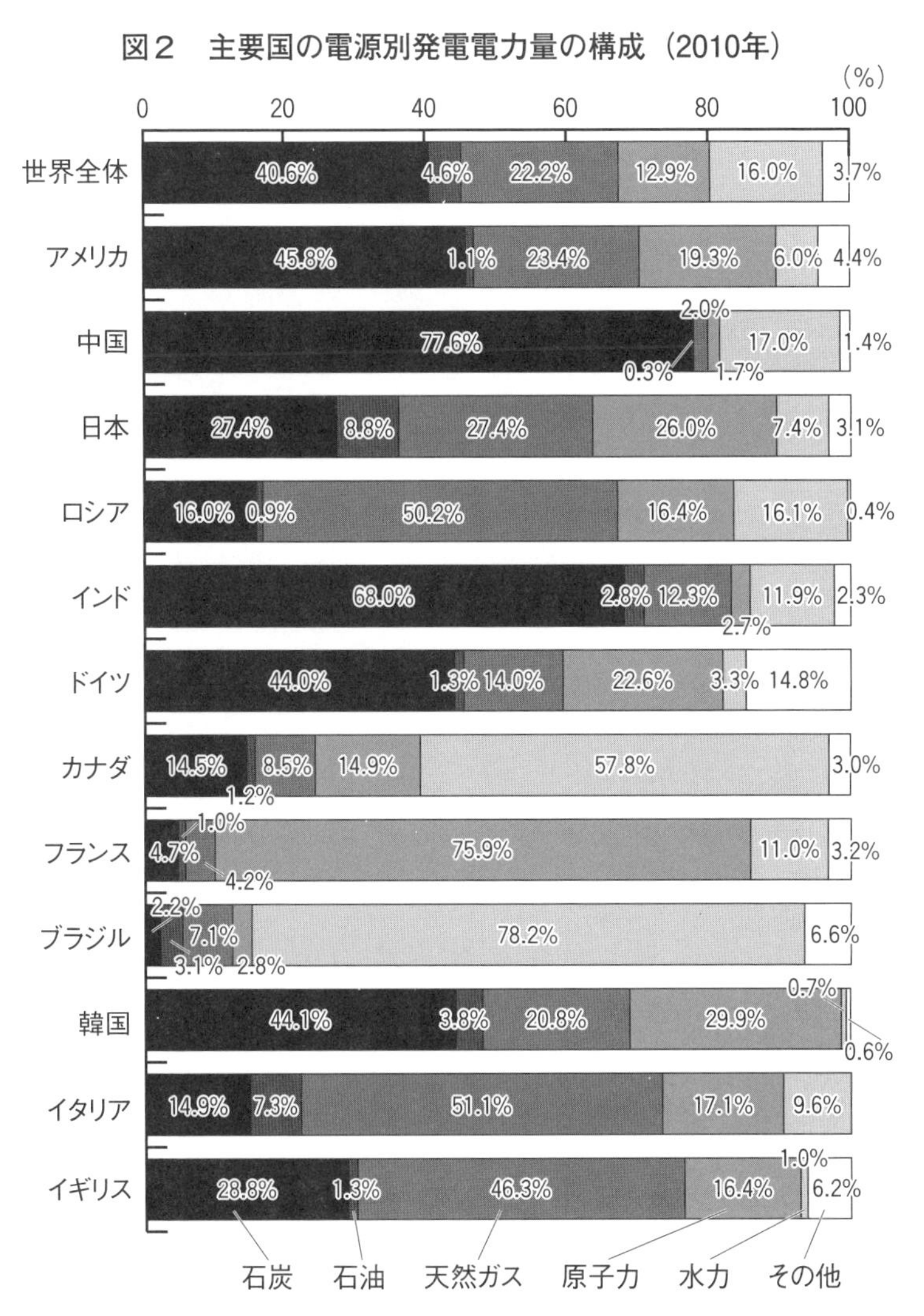

（出典：原子力・エネルギー図面集（電気事業連合会）経由・IEA：ENERGY BALANCES OF OECD COUNTRIES（2011 Edition）/ENERGY BALANCES OF NON-OECD COUNTRIES（2012 Edition）より）

燃料の石油や天然ガスに比べると発電量当たりの値段が安く、電力需要の変動にも対応しやすい。石炭の埋蔵量は石油の三倍といわれ、供給が安定している。中国では、じつに全発電量の八割ちかくを石炭火力が占める。インドも七割にちかい。ルール地域に良質で膨大な炭田を有するドイツも四割以上を石炭が占める。

客観的に眺めれば、目下、世界の電源の主力は石炭である。

ただし、化石燃料のなかで石炭は発電時に最も多くの二酸化炭素を排出する。熱効率も悪く、大気汚染の原因をつくる。安い電源は環境負荷が大きく、クリーンな電源はコストが高い。一長一短がある。石炭火力の大気汚染に苦しむ中国は、原発導入を急ぐ。世界的に石炭は電源の首座を占めているが、地球環境問題の深刻化を鑑みれば早晩、その地位は下がるだろう。

代わってウェイトが高まっているのが天然ガスだ。石油、石炭に比べて環境負荷が少なく、埋蔵量も豊富で安定している。加えて、近年、ガス火力で画期的な技術が開発された。「ガスタービンコンバインド（複合）発電」である。天然ガスを原料にしてガスタービンで一回目の発電をし、その排熱を使って蒸気をつくり、蒸気タービンで二度目の発電を行う。排熱の再利用で発電効率が高まり、二酸化炭素や大気汚染の原因物質の排出も低く抑えられる。結果的に発電コストも下がる。

主要国では、ロシアが全発電量の五〇パーセント以上をガス火力で賄っている。世界一の天然ガス産出国ならではの電源構成であろう。北海に天然ガス田を持つイギリスは、ガス火力が五割弱を占める。日本同様エネルギー資源が乏しいイタリアもガス火力が五割超に達する。こちらは政策的に石油依存を脱してガスへと切り替え、原子力とも訣別した。イタリアはロシアからのガスの調達ルートを分散させようとボトルネックのウクライナを通らないパイプラインの建設を模索している。アメリカも石炭に次いでガスの比率が大きく、「シェール革命」の進展でさらにガス火力が増えるのは間違いない。

先進国で、特異な電源構成を維持しているのはフランスと日本だ。フランスは原子力の依存度が七五・九パーセントと断然高い。福島の原発事故以後は〝縮原発〟へ転じたとはいえ、なぜ、フランスは原発をかくも強力に推進してきたのか。日本と共通する価値観があるのだろうか。

フランスの原発依存は、政治、経済、社会の三つの観点から解読できる。

政治的には戦後の東西冷戦構造のなかで、レジスタンスの英雄、シャルル・ド・ゴール大統領を中心に欧州諸国による「第三の極」を志向したことが挙げられよう。フランスは、アメリカの「核の傘」の下に入るのを嫌って核兵器を開発した。一九六〇年にサハラ砂漠で原爆実験を行い、アメリカ、ソ連、イギリスに次ぐ核保有国となる。核技術は原子力発電に転用できる。エネルギー分野でも自立路線を求め、原発推進を国策とした。

経済面では、資源権益で膨大な富を蓄えたユダヤ系のロスチャイルド家を中心とする資本と人材のウエイトが大きい。彼らは海外のウラン鉱山を開発し、濃縮や燃料の加工、発電、再処理に至る「核燃料サイクル」の確立を支えた。

一九七〇年に「フランス原子力庁（CEA＝現フランス原子力・代替エネルギー庁）」の長官に就任したアンドレー・ジローは、こう宣言している。

「われわれは、いま一九一〇年ごろのシェルのような立場にある。原子力のシェルを建設するのは、われわれの仕事だ」（『核の栄光と挫折』）

シェルとは、いうまでもなく石油メジャーのロイヤル・ダッチ・シェルをさしている。ジロー長官は原子力の分野でも「核メジャー」と呼べるような巨大企業体をつくろうと呼びかけたわけだが、「シェル」にこめられた歴史的な意味は深い。

ロスチャイルド家と資源戦略

二十世紀初頭、草創期のシェルに入ったイギリス系ユダヤ人ロバート・コーエンは、オランダ領インドネシアに渡った。ロシアのカスピ海沿岸のバクー地方で生産された石油をアジアで売るのがコーエンの仕事だった。ところが、インドネシアではオランダのロイヤル・ダッチと、アメリカのロックフェラー系のスタンダード・オイル（現エクソンモービル）が猛烈な競争をくりひろげていた。

コーエンはロックフェラーを倒すために欧州勢で手を組もうとロイヤル・ダッチに持ちかける。バックにはパリのロスチャイルド家がついていた。十八世紀ドイツに発祥したロスチャイルド家はフランクフルト、ロンドン、パリ、ウィーン、ナポリで金融シンジケートを組んで発展した。パリ・ロスチャイルド家はバクーから黒海まで鉄道を敷設し、油田の大株主となっていた。コーエンの仲介で、ロスチャイルド家はバクー油田の株をオランダ側に譲り、その見返りでロイヤル・ダッチの大株主に収まる。そして一九〇七年に「ロイヤル・ダッチ・シェル」が誕生したのである。

第二次世界大戦のナチスとの戦いで一族は消耗したが、戦後はパリとロンドンを二大拠点としてロスチャイルド家は勢力を盛り返す。シェルは石油メジャーの雄へと成長し、ロスチャイルド家は、冷戦下の核開発競争を睨んで上流のウラン鉱山を押さえた。

また、ロンドン・ロスチャイルド家は、一九五五年に代々継承してきた鉱山会社とオーストラリアの資源大手を提携させ、多国籍の資源メジャー「リオ・ティント」を創設している。リオ・ティントはオーストラリアや南アフリカ、アメリカなどで鉄、金、銅、アルミニウム、ダイヤモンド、ウラン鉱山を所有する。ロンドン・ロスチャイルド家は、カナダの森林一三万平方キロ（日本の三分の一の広さ）を買い取り、ウラン鉱山の開発を進める。核開発競争に乗じて、ウラン資源に長い手を伸ばしたのであった。

パリ・ロスチャイルド家では「ロスチャイルド銀行」を切り盛りするギー・ド・ロスチャイルドが核産業をけん引した。ジロー長官の「原子力のシェル」発言にタイミングを合わせてウラン生産の大手企業を買収し、アフリカのニジェール、ガボン、カナダの権益を獲る。ギーはロンドンのリオ・ティントの役員にも名を連ねる。パリとロンドンのロスチャイルド家は互いに配偶者を送りこみ、人材を交換して原子力産業に深く根を張ったのだった。

その後、石油ショックを機に「脱石油」が消費国の課題になると、フランスの原発建設は加速する。フランス原子力庁傘下の核燃料企業と独仏の原子炉メーカーを統合させた原子力複合企業「アレバ」が世界の核産業をリードする現在もロスチャイルド家は隠然たる勢力を保つ。国際金融の中心地、ロンドンのシティや、ニューヨークのウォール街で資源戦略は組み立てられている。

フランスの原発推進を支えた三つ目の要因は、社会的な特性であろう。階層社会のフランスでは科学技術エリートへの国民の信認が厚く、政治体制も中央集権的で国策が支持されやすい。一般的にフランス人は現実主義で保守的な傾向もみられる。左翼政党も原発を支持してきた。原発推進へのアレルギーは少なく、大量の電力をつくって、余れば陸続きのドイツやイタリアへ「売る」ことで自国の産業を維持する。気がつけば多くの雇用も生む核産業が形成されていたのであった。

これら政治、経済、社会的な要因が重なって、原子力主体の電源供給体制が構築された。フランスの「国のかたち」が原発依存型になっている所以である。

迷走する日本の石油戦略

では、日本の「国のかたち」はどうか。福島第一原発事故前の二〇一〇年時点で、まるで計ったかのように石炭、天然ガス、原子力が二六〜二七パーセントずつを保ち、水力と他の再生可能エネルギーの合計は一割程度と少ない。縦割りでシェアを固定化させるのは官僚の得意技である。

看過できないのは、世界的に消滅しつつある「石油火力」が一割ちかくも占めていることだ。ここには日本独特の利権体質が現れている。

石油火力が発電の主役になったのは一九六〇年代だった。重油、原油焚きの大容量発電プラントの建設が急ピッチで進んだ。一方で排出ガスの煤塵、硫化酸化物などによる公害が深刻化する。そこに石油ショックが起きて世界的に「脱石油」へと逆方向に振れた。

石油を国家の礎とするアメリカでさえ、いまでは石油火力は全発電量の一・一パーセントと極めて少ない。ロシアも〇・九パーセント、フランスも一パーセント、北海油田を持つイギリスでも一・三パーセントとどの国も低く、抑えている。

二〇〇〇年代に入って原油価格は急騰し、コスト的にも石油火力は市場競争力を失った。電力会社は、コスト高の石油火力をできるだけ使いたくない。多くの国が石油火力に見切りをつけている。にもかかわらず、日本では平時でも一割弱を占めていた。

福島原発事故で全国の原発が停止すると石油火力の割合は二倍ちかくに増える。事故後、液化天然ガス（ＬＮＧ）火力の比率も一・五倍の四〇パーセント超へと増えて貿易赤字の元凶のように喧伝されるのだが、燃料費を最も押し上げたのは石油だ。アベノミクスで為替レートが円高から円安に転じて輸入費用は一段と膨らむ。

先進諸国が見限った石油火力が日本でしぶとく残っているのは、どうしてなのか。日本の電源構成を凝視すると、上流開発が遅れた石油業界の構造的弱点が透けてみえる。国内需要にしがみつく後進性が一割弱の数値に反映されているのだ。

戦後、日本の石油会社は欧米の石油メジャー系列下の「下請け」に組み込まれ、精製と販売で事業を拡大した。業界の目は国内に向く。高度成長期は飛躍的に内需が拡大したので内向きでも十分に利益が上がった。アラビア石油（現ＪＸ日鉱日石開発）のように海外に「日の丸原油」を求めて進出する会社は少なかった。

ただ、世界レベルでは石油会社のドル箱は探鉱、開発を経て実際に原油を掘り出す「生産部門」だ。アメリカの石油産業は生産部門が売上げの五割、利益高の六割を叩きだす。うまみはサプライチェーンの上流にある。自前で開発しなければ自立的なエネルギー戦略も描けない。

そこで政府は、一九六七年、自主油田の開発を目的に特殊法人「石油公団（現石油天然ガス・金属鉱物資源機構＝ＪＯＧＭＥＣ）」を設立し、海外での石油探鉱、地質調査への投融資や援助を始めた。ところが……、ほとんどの案件が「空振り」に終わる。

第一次石油ショックの到来を七か月以上前に予告した構造地質学者で、自らアメリカで石油会社を経営していた藤原肇は『石油危機と日本の運命』で次のように指摘している。

「日本の石油事業は、海外石油資源の確保という点に関連して、国からの財政補助や財界筋の一致協力した支援体制に依存しているという性格がとても強い。必然的に、石油会社や石油業界のトップメンバーの地位に、高級官僚出身者と一目で分る人や、財界の顔ききといった人びとが賑やかに顔を並べている。（略）（彼らの）役目が、政府や財界をくどきおとして、補助金や支援の約束をせしめてくる目的であることは、誰の目にも明らかである。（略）ところが、今、石油産業が直面している大きなプレイは、国際舞台の上で行われていて日本国内に土俵はない。そして複雑で微妙な問題を手際よく処理した上で、世界経済と国際政治を手玉のように扱いなれている、国際石油資本（石油メジャー）や石油輸出国機構（ＯＰＥＣ）を相手にしていかなければならないのだ。それだけではすまなくて、石油開発という分野では、未知の可能性に対する挑戦として、自然界にかける新しいフロンティア領域を開拓して石油を発見していかなければならないのである」（カッコ内は著者注）

藤原の見方は正鵠を射ていた。石油メジャーと呼ばれる多国籍企業は、石油を発見し、掘り出すために地質学と地球物理学、エンジニアリングのプロフェッショナルを揃える。国際的な情報収集と分析の専門家を置き、土地に関する法律や契約手続きを司る法律家が重層的に開発部門を形成している。

天下りが幅を利かせた石油公団はプロが不足していた。結局、公式に認められただけでも二兆一〇〇〇億円もの出融資を石油、天然ガス開発企業に投じながら、一兆円以上の欠損を出して二〇〇四年に公団は廃止される。その「反省」の弁にはこう綴られている。

「要するに、これまでの我が国の石油・天然ガス開発体制においては、政府、石油公団、石油・天然ガス開発企業のそれぞれが、主体性に欠け、責任の所在を明確にしない対応にとどまってきたと言わざるを得ない。その結果、我が国の石油・天然ガス開発の事業体制は、今日に至っても脆弱なままである。多くの小規模なプロジェクト企業と少数の中小規模の事業会社とで構成されている状況にあり、これまでのところ、欧米諸国のメジャーやナショナル・フラッグ・カンパニーに比肩する自立的な企業体は登場していないのである」（「石油公団が保有する開発関係資産の処理に関する方針」経済産業省資源エネルギー庁　総合資源エネルギー調査会）

公団が潰されてＪＯＧＭＥＣが誕生してからも、日本の海外油田開発は迷走する。〇四年二月には石油公団傘下の国際石油開発（現国際石油開発帝石）が、世界最大級といわれる「アザデガン油田」の開発契約をイランと結んだ。しかしイランの核兵器開発疑惑が深まるにつれてアメリカから制裁同調の圧力を受ける。ボルトン国連大使はアメリカの意思を、こう公言した。

「日本にとってのエネルギー資源の確保の重要性はよくわかるが、日本は同時に国際的な核拡散防止にも誓約を保ってきた。だから油田の開発よりもイランの核武装を防ぐことのほうが重要だろう。とくに日本はいま国際舞台で指導的役割を広げようとする時だから、イランの核兵器保持を防ぐ政策を進めることは自然だろう」

日本企業はアメリカの圧力に抗しきれず、アザデガン油田の権益を大幅に縮小し、二〇一〇年に撤退した。そのあと日本が手離した権益を握ったのは中国の石油会社だった。

「核拡散防止」という大義名分の前で日本の権益はいかにも脆かった。日本の輸入原油に占める自主開発比率は、わずか二〇パーセント少々だ。石油元売大手五社、ＪＸホールディングス、出光興産、コスモ石油、東燃ゼネラル石油、昭和シェル石油の合計売上高は二四兆三〇〇〇億円にのぼるが、営業利益は五一八九億円。利益率は五社平均で二パーセント程度にとどまっている。

大手五社の売上高の九割以上を石油精製・販売と化学事業が占め、利幅の大きな上流開発の比率は極めて小さい。だから国内需要にしがみつかざるをえないのである。石油業界は持ち前の「政治力」を駆使して既得権を死守しようと策動する。コストが高く、環境面で疑問符がつく石油火力がいまだに十数パーセントも占めている背景には、こうした事情がある。

フランス並みの原子力立国

原発事故前夜まで、日本の電力源は石炭、天然ガス、原子力が三本柱で、石油、水力が補っていた。政府は将来に向けて「国のかたち」を変えようと青写真を描く。目ざすは原子力を全体の五割超に高める、フランス並みの原子力立国であった。

資源エネルギー庁は、「原子力立国計画」を二〇〇六年八月に発表している。立案者は原子力政策課長だった柳瀬唯夫である。柳瀬は第二次安倍政権で首相秘書官に任命され、原発輸出の旗を振る役回りに就く。〇六年当時、アメリカやイギリスで原発の新規建設にやや追い風が吹き、中国、インドで原発建設計画が進むのを受けて、「原子力立国計画」は策定された。経産官僚は計画で「国が大きな方向性」を示すと高調子に宣言している。

「国、電気事業者、メーカー間の建設的協力関係を深化。このため関係者間の真のコミュニケーションを実現し、ビジョンを共有。先ずは国が大きな方向性を示して最初の第一歩を踏み出す」

具体的には「ウラン鉱山開発」から「ウラン濃縮」「燃料加工」「発電」「再処理」「MOX燃料加工」に至る「核燃料サイクル関連産業の戦略的強化」を掲げている。石油では「官民一体」の海外油田開発にしくじり、散々な目に遭っている。その仇でもとろうとするかのように上流から下流まで掌握するとぶちあげた。

もちろん日本にウラン鉱山はない。海外の鉱山と、核燃料サイクルをつなげる必要がある。原子力産業は国際的なチェーンで結ばれている。その国際的枠組みとして経産官僚がすがりついたのが、アメリカの「国際原子力エネルギー・パートナーシップ（ＧＮＥＰ）構想」だった。

ＧＮＥＰ構想とは、「核不拡散と原子力の平和利用の両立」を建前に既得権者が核燃料をコントロールするプランだ。しくみは、次のようになっている。

パートナーシップ国（アメリカ、イギリス、フランス、日本、ロシア、中国などを想定）が先進的再処理技術や高速炉を開発し、運用する。（パートナーシップ国以外の）ユーザー国は、濃縮や再処理の技術を放棄することで、パートナーシップ国から発電用の核燃料を適正化価格で購入し、原子力発電だけを行う。発電後に生じた使用済み燃料をユーザー国はパートナーシップ国に返還する、というものだ。新興国が、この構想をすんなり受け入れるとは思えないが、「原子力立国計画」が公表されて間もなく、日本企業を中心に世界の原子力産業界に激震が走り、ドラスチックな業界再編が行われた。

アメリカの原発プラントメーカー最大手のウェスティングハウスを、東芝が五四億ドル（約六二一〇億円）で買収し、七七パーセントの株式を保有したのである。それまで東芝は日立とともにウェスティングハウスのライバルでロックフェラー系のジェネラル・エレクトリック（ＧＥ）と組んで沸騰水型軽水炉を製造していた。ウェスティングハウスは三菱重工と提携して加圧水型軽水炉を手がける。ウェスティングハウスの争奪戦にはＧＥや日立、三菱も名乗りを上げたが、東芝が射止めた。

東芝は従来の系列を覆して加圧水型の技術を獲りに行った。アメリカ側に巧妙に買収へ誘い込まれたともいわれる。ウェスティングハウスは核分裂に関する重要な技術は握ったままだ。東芝に売ったのは原発の運転や維持管理の技術だといわれる。東芝による買収劇で、日立はＧＥとの関係を一層強化する。ＧＥは、しかしお家芸の「選択と集中」で利幅の薄い原子炉製造を見限り、自社の生産ラインを閉鎖。製造から手を引き、こちらもパテント料を取る戦術に切り替える。三菱重工はライバル視されていたフランスのアレバと手を握り、合弁会社のアトメアを設立した。

これで原発の先進勢力は、東芝―ウェスティングハウス、三菱―アレバ、日立―ＧＥの三極体制に統合された。それをロシアの国営原子力企業のロスアトム、韓国の斗山重工、中国核工業集団公司などが電力会社と組んで追いかける構図ができあがったのである。

ウェスティングハウスを買収した東芝は、上流の鉱山開発へも手を伸ばす。〇七年八月にウェスティングハウス株の一〇パーセントをカザフスタンの国営ウラン採掘企業、カザトムプロムに五億四〇〇〇万ドルで売却する。カザフスタンはオーストラリアを抜いて世界一のウラン産出国にのぼりつめる途上にあった。〇八年のウラン生産企業ランキングでは、一位のリオ・ティント（イギリス・オーストラリア）、二位カメコ（カナダ）、三位アレバ（フランス）に次いで、カザトムプロムは第四位につけている。東芝は、中央アジアでウランを獲得し、中国、ベトナム、サウジアラビア、東欧、フィンランド、アメリカに原発を売り込む戦略を立てた。

東芝は、原子力立国計画に最も熱く反応した原発メーカーといえるだろう。

先進メーカーが三極体制に再編され、新興のロシア、中国、韓国の後発勢が追い上げてくると、原発開発の情勢は国単位ではなく、企業に着目しなければ理解しにくくなった。核メジャーと呼ばれる多国籍企業も、国家資本主義を体現する国営企業も、国境を軽々と飛び越えて事業を展開する。グローバリズムの実相は、超国家的な巨大企業の行動を追わねばつかめない。

そこで全体像を把握するために「核燃料サイクルと世界の原子力産業」の図を作成した。

上流のウラン鉱山の開発から濃縮、燃料の加工、発電に関わる電力会社と原発メーカーの組み合わせ、再処理、MOX燃料製造、さらには放射性廃棄物の貯蔵に至るまで、どんな企業や組織が事業を担っているか、具体的に表してみた。（図3）

これが世界の原発を稼働させる主要なプレーヤーとポジションである。ここに国際原子力機関（IAEA）を加えれば国際的な「原子力ムラ」ができあがる。

図を眺めれば、東芝、日立、三菱重工と各電力会社の存在が小さくないことに気づくだろう。冒頭で日本の原発事業が世界のエネルギー産業のキーストーンだったと記したのは、この国際原子力複合体を念頭に置いていたからだ。国際的な核燃料サイクルの鎖は、多様な問題を孕みながら日本がフランス並みの原子力立国を目ざすと宣言し、三グループ体制に編成されて平衡状態に入る。

東芝、日立、三菱重工と東電や関電は、政府のバックアップを受けて世界へ羽ばたこうと翼を広げた。まさに飛び立とうとしたとき、福島第一原発がメルトダウンし、爆発したのである。

ガソリンは途絶し、原発が止まり、エネルギー資源の調達に警告音が響き渡る。力の均衡が崩れた。各国は危機管理の虚を衝かれた日本政府にエネルギー資源を売り込んでくる。まっさきにアプローチしてきたのは、大統領への返り咲きを狙うロシアの権力者、ウラジーミル・プーチン首相だった。

東日本大震災

東京霞が関、経済産業省別館の四、五階を占める資源エネルギー庁は、二〇一一年三月十一日、東日本大震災の発生とともに大混乱に陥った。

福島第一原発の原子炉がメルトダウンへ暴走する一方で、東北、関東の太平洋側全域で燃料が途絶

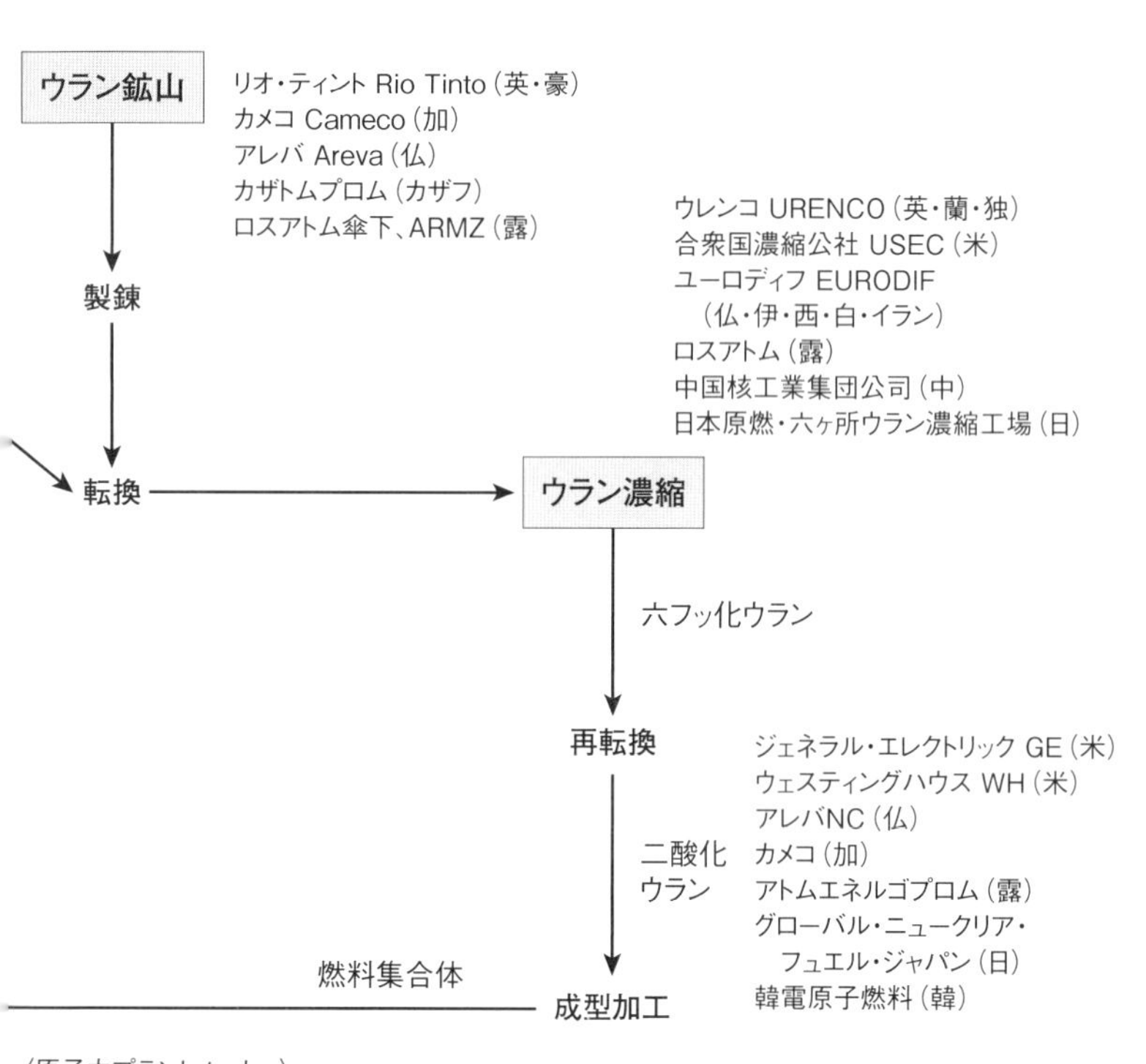

〈原子力プラントメーカー〉
-アレバ＋三菱重工（仏＋日 P.P）

-GE＋日立（米・日 B.B）
-WH＋東芝（米・日 P.B）

-アトマムシ、シロヴェイ・マシーヌィ（露）
-旧英国原子力公社（英）
（マグノックス炉の運転～廃炉まで）
-アレバ＋三菱重工
-シーメンス→アレバ＋三菱重工
-斗山重工
-GE、WH、アレバ、ロスアトム、三菱重工など
※P＝加圧水型軽水炉、B＝沸騰水型軽水炉

フロントエンド

図3　核燃料サイクルと世界の原子力産業（2011年当時）

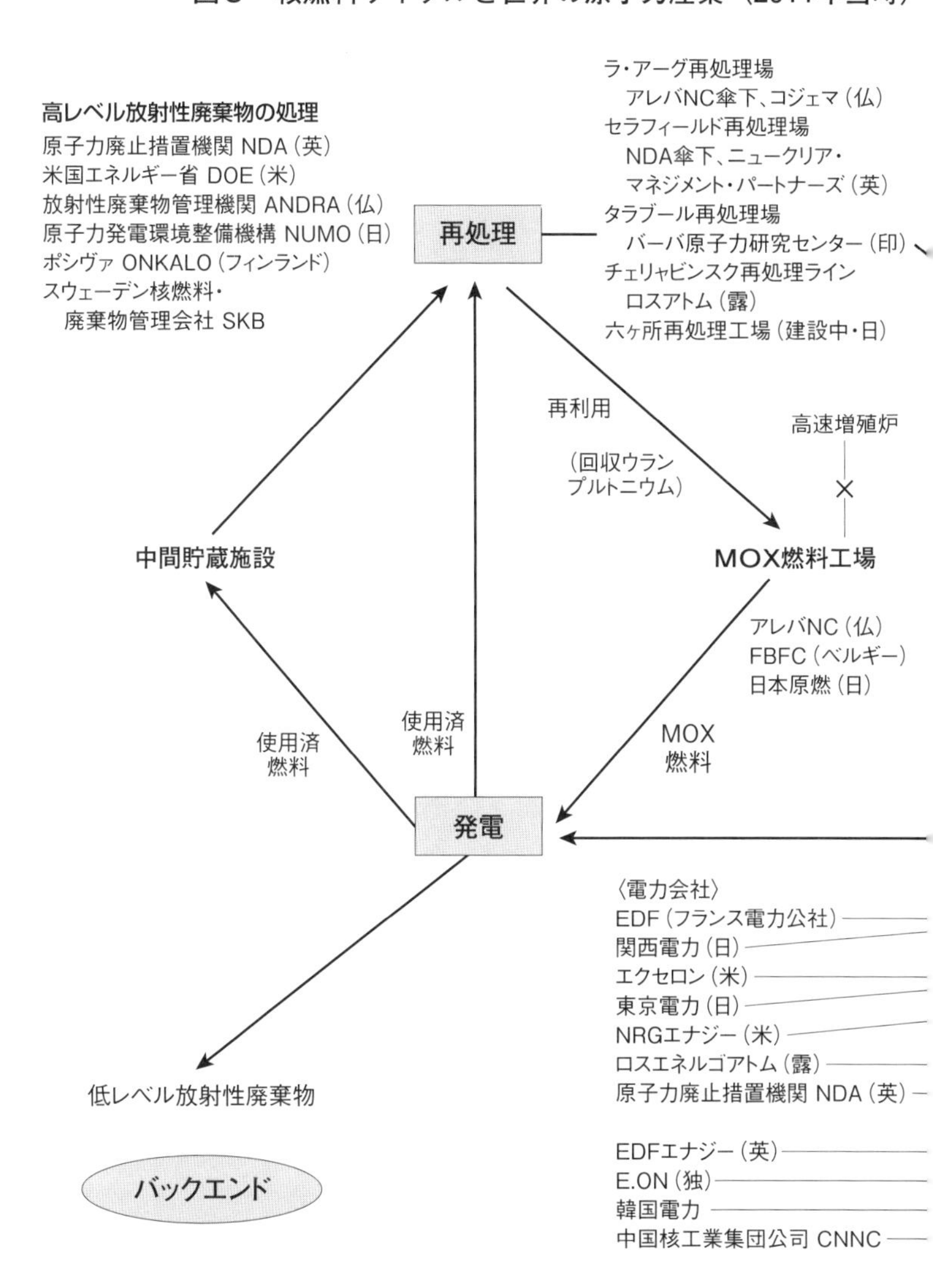

した。極寒の被災地に石油やガスを送ろうにも港湾、鉄道、道路は壊滅状態だった。物流網が断たれ、資源エネルギー庁資源・燃料部はハチの巣をつついたような騒ぎになった。

全国二七製油所中、東北と関東の六製油所が操業停止！
石油精製能力は、震災前の七割に低落、東北地方のガソリンスタンドの四割営業不能！
東北全体の燃料油販売量は、一日三・八万キロリットル。大至急確保すべし！
被災地から内閣府経由で緊急に一・六万キロリットルの石油供給の要請あり……

次々と報告を受けた官出勝蔵（仮名）は、即座に民間の石油元売りの団体「石油連盟」と共同で対応するよう部下に命じた。

「タンクローリーをありったけ集めよう。通常の商圏を超えて長距離配送させるから、石連に官民共同のオペレーションルームの立ち上げを要請してくれ。太平洋側の油槽所は津波でやられている。掃海の手配も必要だな。国交省、防衛省の所轄に連絡するんだ」

「タンクローリーは三〇〇台を投入できそうですけど、設備などの共同利用となると独禁法にひっかかりますが……」と部下はこの期に及んで法律の垣根に言及する。

ふだんは穏やかな官出が声を荒げた。

「さっさと公取に根回ししろよ。緊急時なんだ。頼みの綱は西日本だ。被災地の窮状はしばらく続く。堺のコスモ、和歌山の東燃、水島のＪＸ、四国の太陽、徳山の出光、山口の昭和シェル、それぞれの製油所の製品在庫の取り崩しと関東、東北への転送の準備に入ってくれ。業界の反応はどうだ」

「協力的です。この危急存亡のときに在庫を使わず、いつ使うのか、と前向きです」と部下が応じた。

官出は事業者間、地域間の相互融通を滑らかにするために民間の石油備蓄義務を引き下げるよう命じる。ガソリンや灯油の融通を圧迫している重石をとり除いた。

「民間は備蓄義務に縛られていたら動きにくい。七〇日の備蓄義務日数を、まず三日引き下げる。ようすを見て、一週間後に四五日まで義務日数を下げよう。連休明けまで引き下げを続けるつもりで各部局にレクしろ」

「はい」と応えて連絡を取り始めた部下が、顔色を変えて報告にくる。

「福島からガソリンの支援要請が、すごい勢いで寄せられています」

「すぐにタンクローリーを回せ。大臣は原発事故で大変だろうが、東北、関東圏へのガソリン、軽油の供給確保の緊急措置を臨時会見で発表してもらおう」

ガソリンを手配していた部下が、うめくように言った。

「……ああ、タンクローリーが三〇〇台、消えました。動脈（幹線道路）から先の毛細血管（市町村道）がズタズタで油が届きません」

「陸の物流が回復するまで北海道や西日本からタンカーで東北に油を入れよう」

ガソリンは人間の心を変える魔性の液体だ。首都圏でも供給が滞り、霞が関の官庁街に近い虎ノ門のガソリンスタンドに長蛇の列ができた。国会議員や大手企業のトップ、団体の代表らからエネ庁に矢の催促が入る。長い列が不安をかきたて、不安が不安を呼んで列は延び、パニックが拡大する。心理的な恐慌を抑えるには物量で示すほかない。

いざ、ガソリンや軽油をかき集めるとなると力業がものを言う。自衛隊やJRの貨物、港を開いてタンカーを入れるには海上保安庁に頼らねばならなかった。

エネ庁に神がかり的な働きをする課長補佐がいた。電話で石油会社の社長を怒鳴りつけてガソリンを提供させ、自衛隊と掛け合ってルートを開く。当初、自衛隊とエネ庁の連携は円滑ではなかった。人命救助、救護を最優先に現場に急行する自衛隊に石油製品を運ばせるのは難しかった。しかし、被災地に大量のガソリンや軽油を持ちこめるのは自衛隊以外にない……。

課長補佐は、片時も休まず、猛然と連絡を取り続ける。自衛隊組織の幹から枝へ、枝から幹へ、懸命に説得し続けた。現場で救援活動に忙殺されている部隊は燃料の途絶を目の当たりにし、全力で燃料を搬入する。気がつくと、課長補佐は、被災地のどこへ、ガソリン入りドラム缶を何本運んでくれ、と部隊ごとにきめ細かく指示していた。

たとえば埼玉県の航空自衛隊入間基地からドラム缶を積み込んで宮城県の松島基地まで運ぶ。そこから小分けにして陸上自衛隊の車両で岩手県の陸前高田や大槌町へと運搬する。ガソリンは素人が給油をしたら爆発する。自衛隊が仮設ミニ給油所をこしらえて、避難所でガソリンを配った。こうしたオペレーションを課長補佐は一人で切り盛りしている。

宮城県塩釜港への大型タンカー入港をリードしたのは海上保安庁だった。地震と津波で甚大な被害を受けた仙台地方は、震災発生から十日を過ぎても燃料供給量が通常の五割を切っていた。市民は避難所で寒さに震える。海保は、名古屋港を出港した内航油送船を塩釜港に受け入れるために港湾局と共同で流出したコンテナや車両を撤去する。測量船が水深を確かめて海上の輸送路を確保した。二十一日にタンカーが入港し、ガソリンや灯油、軽油など五〇〇〇キロリットルが陸揚げされて燃料不足が解消されたのだった。

官出たちが燃料の供給ルートの設定に脳漿をしぼっている間も、被災地の病院や避難施設からは個別の支援要請が絶え間なく入ってきた。東北が地盤の国会議員からは「地元へガソリンを回せ、灯油を回せ」とせっつかれる。夜を徹した対応が続いた。

ところが、不思議にも、ある程度ガソリンが届くとスタンドの行列が消えた。燃料は潤沢にあるわけではなく、不足しているのだが、一定の法則性で行列がなくなる。そして不安感が解消されると、誰もが石油飢餓に怯えたことなどすっかり忘れてしまうのである。喉もとをすぎれば、あっという間に熱さを忘れる。

これはエネルギー資源の調達が負わされた宿命だ。国内の調達問題だけでなく、国際的な資源調達においても同じような人間心理との葛藤がある。石油であれ、ガスであれ、満たされているのが「当たり前」なのだ。ほんの少しでも途切れると批判が高まり、パニックが起きる。供給が回復して不安が薄らぐと、また「当たり前」に戻る。当たり前な状態をつくるには、人知れず、誰からの評価も期待せず、地道に動かねばならない。エネルギー資源の乏しい日本にとって調達は生命線である。

プーチンからの招待状

震災発生から四日目、被災地では修羅場が展開されていた。そのころ、東京の大手総合商社の経営幹部は秘密裏に届いた燃料提供の話に頭を抱え込んでいた。外交ルートを介して、予想外の方向から次のような極秘情報がもたらされたのだ。

「ロシアのプーチン首相が三月十八日からサハリンを訪問する。ついては、今後の日本の中長期的なエネルギー供給、とくに天然ガスについてロシアがどのような協力をできるか、プーチン首相自身が参加する形で日本側と議論をしたいとの申し出があった。プーチン首相は、エネルギー分野統括の副首相で国営石油会社ロスネフチ会長を兼務するイーゴリ・セーチン、天然ガスの生産・供給で世界最大の企業、ガスプロムのヴィクトル・ズブコフ会長らビッグネームを同行するので、日本側の大口ユーザーである大手総合商社に集まってほしい、と提案してきた。ご検討いただきたい」

経営幹部たちは、プーチンがやってくると聞いて気後れした。プーチンにとって天然ガスと石油は権力基盤そのものだ。福島第一原発は暴走を続けており、事故収束の目処はまったく立っていない。事故が長期化するのは明らかだった、が……。

「いきなり、プーチンのお出ましか」

「妙なペーパーを出されて署名しろ、なんて求められたら厄介だな」

「……原発がこんな状態のときにガスを獲りにいくのもなぁ」

経営幹部の態度は煮え切らなかった。視線の先には東京電力がある。


官出ら資源エネルギー庁の官僚は、事故を契機に全国の原発が止まると、反射的に「最悪の財政危機シナリオ」を思い浮かべていた。

原発が止まれば、代わりに火力発電を稼働させなければならない。主力の液化天然ガス（LNG）の輸入量は、通常、年間約七〇〇〇万トンだが、さらに一〇〇〇万トン、二〇〇〇万トン増える可能性があった。石油も間違いなく増える。リーマンショックで、一度下落した原油価格は、ふたたび上がりつづけていた。それに引っぱられてLNGの購入価格も上がる。大口ユーザーの電力会社やガス会社は、海外の天然ガス生産者と原油価格に連動した計算式（フォーミュラ）で長期契約を結び、LNGを買っている。日本の公益事業者は、マレーシアの天然ガスを支配する石油メジャーや、カタールの国営ガス会社、ロシアのガスプロムなどの生産者と結んだ長期契約の束をごっそり抱えていた。

このまま天然ガス、石油の輸入が急増すれば、燃料調達費は膨らみ、貿易収支が悪化するのは必至だ。貿易赤字が増えると、経常収支（貿易、サービス、所得、経常移転の四収支で構成）が壊れ始める。経産官僚は経常収支の急速な悪化を怖れた。

日本は国と地方の長期債務が約一〇〇〇兆円に達している。国債の発行なくして予算は組めない。現在は総債務の九五パーセントは国内で消化されており、GDPの二倍の借金にも何とか耐えている。国債の受け皿は一五〇〇兆円の個人金融資産であり、その大本が黒字を保ってきた経常収支だ。

財政の屋台骨ともいえる経常収支が赤字に転じれば、国債の信用力は低下して発効要件が厳しくなる。もしも国債が暴落し、長期金利が急上昇したら、国も地方も債務の利払いが膨張して予算が組めなくなる。財政赤字を国内で消化できず、外国からの借金に依存するようになれば、国債市場も外国為替市場も安定を欠き、財政が破綻する……。

官僚は財政の危機感を共有していたが、戦時さながらの修羅場でそれを口にするのは憚（はばか）られた。原発の事故が収束する見通しは立っておらず、政府は目の前の危機への対応に必死だった。リアリストの官出は心中ひそかに期した。

「原発はいつ稼働するかわからない。原発が動こうが、動くまいが、火力のメインの天然ガスを安く買う手を尽くさなくてはいけない。燃料費は、燃料の量×値段で決まる。子どもでもわかる理屈だ。量が増える以上、値段を下げるしか方法はない」

資源を武器にする国家戦略

ロシアの権力者は大手商社を中心に日本の大口ユーザーをサハリンに招きたがっていた。ウラジーミル・プーチン、彼ほど天然ガスや石油を「武器」にしてのしあがってきた政治家はいない。プーチンは、ロシア内での熾烈な権力闘争や国力の増強にエネルギー資源を戦略的に使い、強大な権力を手に入れている。

日本は、好むと好まざるとにかかわらず、地政学的にプーチンのロシアと向き合わねばならない。

プーチンは、資源の掌握とともに権力の階段を駆け上がっている。冷戦を象徴するベルリンの壁が崩壊した一九八九年十一月、彼は秘密警察KGB（ソ連国家保安委員会）の職員として東ドイツのドレスデンで諜報活動をしていた。東西ドイツの壁が壊れたことに衝撃を受けたプーチンは、サンクトペテルブルグに戻り、市長の顧問に就く。ソ連邦が崩壊してからも、サンクトペテルブルグ市の対外関係委員会議長、副市長を歴任し、外国企業の誘致で実力をつけた。九六年にモスクワに移って大統領府総務局に入ると、ロシアの対外資産の管理を担当して政治力を蓄える。

九〇年代、ボリス・エリツィン大統領が率いる新生ロシアは、急激な市場経済への移行で経済が混迷の極に達した。ソ連時代の部門別工業省庁傘下の企業集団は、ハーバード大学教授のジェフリー・サックスを中心とする経済顧問団の「ショック療法」によって民営化される。国営から民営へ看板を書き換えた企業では、旧エリート支配層がそのまま莫大な国家資産を受け継いで「オリガルヒ（新興財閥）」に成り上がった。旧ソ連ガス工業省を中心に形成された国家コンツェルン、ガスプロムの民営化は、その典型だ。ロスネフチも旧ソ連石油省を母体にしている。

オリガルヒの英雄は「石油王」と呼ばれたミハイル・ホドルコフスキーだった。ユダヤ系ロシア人としてモスクワに生まれホドルコフスキーは、化学の知識をベースに起業し、金融機関を立ち上げる。ホドルコフスキーが獲得した石油会社ユコスは、一時、ロシア国内の石油総量の二割を生産した。非国営石油会社では、世界最大級に成長する。

だが……、石油王は、やがてプーチンの意を汲み取った側近の謀略で一〇年間も牢獄につながれることになる。

エネルギー資源を握ったオリガルヒは「時代の寵児」ともてはやされる。もっとも、ロシアの資金が不足していた九〇年代は、実際の資源開発は外国企業頼みだった。開発後に利益を分け合う「生産物分与協定（PSA）」を結んで石油や天然ガスは生産されている。

その象徴がサハリン開発であった。もとは一九七二年二月、東京で開かれた日ソ合同経済委員会でソ連側が提案した協力事業だったが、エリツィン政権下で欧米のメジャーが割って入る。サハリンを九つの鉱区に分け、それぞれ開発する手法が採られた。

サハリン1は、アメリカのエクソンモービルを主体に日本政府と伊藤忠、丸紅などが出資した「サハリン石油ガス開発（SODECO）」が参加してスタートする。ロシア初の海洋石油ガス開発事業の「サハリン2」は、シェルが五五パーセント出資した運営会社「サハリンエナジー」が開発主体だった。そこに三井物産二五パーセント、三菱商事が二〇パーセント出資して、プロジェクトは緒に就いた。サハリンエナジーとロシア政府の生産物分与協定は九六年一月に発効している。

オリガルヒは政界、官界と癒着して巨額の富を得た。外国企業は生産物分与協定を締結して続々と資源開発に参入してくる。そんなようすをプーチンは苦々しく見つめていた。

プーチンにとって、ソ連崩壊後のロシアは「新たな帝国」でなければならなかった。プーチンは尊敬する人物を問われると、ピョートル大帝やエカテリーナ一世の名をあげて十八世紀に版図を拡大したロシア帝国を讃える。プーチンは言う。

「ソ連が恋しくない者には心臓がない。ソ連に戻りたい者には脳がない」

九七年、プーチンはサンクトペテルブルグ国立鉱山大学に「市場関係形成の条件下における地域の鉱物・原料資源的基礎の再生産の戦略的計画」という論文を提出し、経済学準学士の資格を取る。論文は盗用疑惑も取り沙汰されたが、「現代の皇帝」に憧れるプーチンの資源観が濃密に綴られている。プーチンはロシアが豊富なエネルギー資源を合理的かつ効果的に利用することは不可避の使命であると断言し、「次のことが何よりも肝要」と記す。

「……資源を国家の管理下におくこと。国家の厳格な統制のもとに、同資源の輸出入もおこなうこと。資源の国家管理に違反する者に対しては行政的かつ刑事的な責任を追及し、厳しい処分の対象とすること」

「天然資源を国家管理下におくことは、ロシアの経済的発展ばかりでなく、その政治的発展にも寄与する。それはロシア自身の地政学的利益の促進や国家安全保障の確保に役立ち、それらを目的とするロシアの内外政策の遂行を容易なものにする」(『プーチンのエネルギー戦略』木村汎)

資源は国家のためにあり、国家は資源を武器に威信を高める。「国家」対「市場」のせめぎ合いの国家の側にプーチンは身を置いた。二〇〇〇年に大統領に就任すると、論文に書いたとおり、資源を国家の手もとに引き寄せる。忌々しいオリガルヒを脱税、横領の容疑で逮捕して資産を剝ぎ取った。狙い撃ちされたのが、ユコスをロシア屈指の石油会社に成長させたホドルコフスキーである。

二〇〇三年、アメリカの経済誌「フォーブス」にロシア一位、全世界で二六番目の「富豪」と認められたホドルコフスキーは、アメリカのエクソンモービルやシェブロンと資本提携の交渉に入った。

提携には経営の拡大だけでなく、政治的な意図も込められていた。

この時期、ホドルコフスキーは「〇七年にビジネス界から引退する」と表明し、ロシア下院選挙に向けてリベラル派の野党や右派政党に資金を提供していた。政治家に転身し、〇八年の大統領選挙に出馬するための布石とみられた。ロックフェラー系石油メジャーとユコスが組めば、アメリカの保守勢力を味方につけられる。そういう計算が働いていることは容易に想像できる。ホドルコフスキーはユダヤ系国際金融資本を後ろ盾にして動いていた。

「ロシアがアメリカに乗っ取られる」

と、プーチンは苛立った。大統領の焦りは側近に伝わる。プーチンは側近を「シロヴィキ」と呼ばれる警察や軍出身者で固めていた。なかでも元KGB人脈の中心、セーチンは腹心のなかの腹心だ。セーチンは八〇年代にアフリカのモザンビークやアンゴラで軍事通訳をしていたといわれるが、真相は謎のままである。

〇三年七月、大統領府副長官だったセーチンは、携帯電話でロスネフチの経営首脳にこう心境を吐露した（『ロシア　利権闘争の闇』江頭寛）。

「もし我々がこれから四年のことを考えるなら、今から手をつけねば」

「ホドル（ホドルコフスキーのこと）はもう下院を買い取ってしまった。いま奴を止めなければあとで何もできなくなってしまう」

「彼（プーチン）にボス役は私がやると言った」

セーチンは、自ら石油王追い落としの「ボス役」を務めると告げている。そして検事総長と姻戚関係を結び、徴税省の職員を抱き込んでユコスを巨額の脱税で摘発させた。〇三年十月、経営者のホドルコフスキーは所得税、法人税の脱税及び詐欺の容疑で逮捕される。ユコスは破産に追い込まれ、同社の石油生産の六割を担っていた子会社は法務省に差し押さえられた。その後、子会社はセーチンが会長を務めるロスネフチに吸収されたのだった。

ホドルコフスキーは獄中で「横領」の罪を追加されて刑期を延ばされる。これもセーチンの工作だといわれる。大統領恩赦で釈放されるまで一〇年間、ホドルコフスキーは獄につながれた。

血で血を洗う権力闘争を差配したセーチンも、プーチンと一緒にサハリンのエネルギー会議にやってくる。日本の総合商社幹部が戸惑うのも無理はない。

「日本は親しい隣国である」

サハリンは、日本にとって「鬼門」でもある。「資源ナショナリズム」を信奉するプーチンは、生産物分与協定を結んだ外国企業の参入を快く思わなかった。

サハリン2のプラント建設が佳境に入った二〇〇五年、ロシア側は突如「環境対策」を求めてきた。開発主体のシェルと、オペレーターの「サハリンエナジー」の目算は狂う。環境面に配慮してパイプラインのルートを変更すれば工期が延びる。石油価格は上昇局面にあり、建設資材の調達価格も高騰していた。シェルは、総事業費が当初の一〇〇億ドルから二〇〇億ドルに倍増すると発表した。

総事業費が膨らむほどコスト回収に時間がかかり、ロシアが売上げを手にするのも遅れる。翌〇六年、ロシアは天然ガスの輸出をガスプロムに統一する国内法を制定した。

これではLNGが生産できるようになっても、輸出契約で縛られてしまう。ロシア政府は環境アセスメントの不備を理由に「サハリン2」の開発中止命令を出した。プロジェクトは断崖絶壁に追いつめられた。

交渉の末、ガスプロムがサハリンエナジーの株式の五〇パーセント超を取得し、シェルは二七・五パーセント弱、三井物産が一二・五パーセント、三菱商事が一〇パーセントに所有率を半減させることで折り合った。その後、環境是正計画が認められて開発中止は免れたものの日本企業の権益は半分に減っている。ロシアとの交渉は、あざとい知恵比べである。

ロシアの権力中枢で、大統領選挙を一年後に控えたプーチンはドミトリー・メドベージェフから大統領の座を取り戻そうと野心満々だった。資源は権力闘争のツールだ。

東日本大震災が起きた翌日、プーチンは、腹心のセーチン、国営原子力会社ロスアトム（旧ロシア連邦原子力庁）社長のセルゲイ・キリエンコらを首相府に呼び、緊急協議をした。その場で、サハリンで生産する天然ガスの日本向け供給量を増やすよう命じる。最大で一五万トンの天然ガス、三〇〇〇～四〇〇〇万トンの石炭を日本に追加提供する用意がある、と公表した。さらにプーチンは、

「支援に全力を尽くす必要がある。日本は親しい隣国であり、両国間はさまざまな問題を抱えてはいるが、信頼できるパートナーであるべきだ」

と、声明を出し、海底ケーブルによる電力援助も打診してきた。ロシアは震災に際して「隣国」で最大級の支援を申し出る。日本への同情も嘘ではないだろう。だが、それはそれ、日本の商社がサハリンでプーチンやセーチンと相まみえればタフな交渉になる。

大手総合商社の経営幹部は、サハリン会議への参加を断った。関係者が語る。

「いきなりプーチンと会うのは危ういですよ。覚書のようなペーパーを出されて署名なんかすれば手足を縛られる。それに原発が停止している状態で、天然ガスの交渉をするのは最大の顧客（電力会社）

に対していかがなものか、と。腰が引けていると言われても顧客あっての商売ですから。政府間で詳細が詰まっていない段階で民間事業者が入るのはリスクが大きすぎます」

エネルギー資源の獲得は商社の双肩にかかっている。近年、商社は天然ガスや石油、ウラン資源などの上流開発に直接投資し、自ら生産者のポジションを確保している。権益の獲得は日本の供給源を守るためだと大義名分が立つ。

ただし、民間企業の商社にエネルギー資源の購入価格を抑える動機は働かない。資源輸入の仲介手数料で稼ぐにしても、生産者として資源を売るにしても価格が高いほうは儲けが大きい。利が薄く、先が読めない話に商社はけっして乗らない。総合商社の内部では慎重論が大勢を占めて、日本側のサハリン訪問は見送られた。

プーチンは、日本から交渉相手は来ないだろうと予想していた。さほど落胆した素振りも見せず、予定どおりエネルギー関係閣僚やシロヴィキの側近を引き連れてサハリンに渡り、三月十九日に緊急協議を行った。

ロシアの経済紙RBKは、次の三点をプーチンは強調したと伝える。

①日本は重要な戦略的パートナーだ。今回の災害で原発からの電力供給が減少するので、これを補塡するために代替エネルギーとしてサハリン2の液化天然ガスの日本への輸出量を増やすよう大至急、検討せよ。石炭、電力の供給についても可能性調査を開始せよ。

②極東における状況を二四時間体制で監視し、有事には可能な対策をすべて活用せよ。

③極東沿岸地域に装備した津波警報システムの稼働状況を確認せよ。

プーチンは、氷のような瞳で現実を直視していた。原子力の代替エネルギーでは天然ガスが最も有効であり、売り込みのチャンスが拡大している。福島第一原発が制御不能になればロシア領まで放射能被害が及ぶ怖れもある。地震は頻発しており、いつまた津波が発生するかもしれない。春の遅いサハリンで、プーチンは懸命に先を読もうとした。

腹の底にアメリカの「シェール革命」でじりじり焙られるような焦燥感を抱えながら……。

第2章　シェール革命の大渦のなかへ――フクシマ、オバマ、米国産LNG

膨大な放射性物質が、福島第一原発事故によって大気中にまき散らされた。福島では一六万人が住み慣れた家を追い立てられ、避難生活を強いられる。アメリカ政府は福島原発から半径五〇マイル（八〇キロメートル）圏内の米国市民に避難を勧告した。

事故現場で放射能との命がけの格闘が行われている間に、経産省首脳は「原発維持」へと奔りだしていた。「管制高地」を手放すまいと動く。経団連に集う大企業は、原発を止めて電力不足が続けば生産拠点を西日本、あるいは海外へ移すとけん制した。

「ムードで原発を止めたら、国民生活も経済活動も破綻してしまう。国家の根幹が崩れる」と、経産官僚はガードを固める。官僚はアメリカの事例を判断のよりどころにしていた。アメリカは、一九七九年のスリーマイル島原発事故の後、一〇〇基以上の原発を継続稼動させ、着工済みの一〇基超を完成させている。日本もアメリカのように原発を動かし続けなければならないと身構える。

混乱のさなか、霞が関の役人たちの目はアメリカに向く。同盟国アメリカがどう出るか、神経を研ぎ澄ませていた。

オバマのシカゴ原子力人脈

事故発生から一週間後の二〇一一年三月十七日、バラク・オバマ大統領は、ワシントンの日本大使館をサプライズ訪問し、職員を激励した。日本への支援を「最優先課題」と位置づけ、ホワイトハウスに戻って声明を読み上げる。オバマは、まず日本にいるすべての米国市民を保護するために「総力を結集している」と自国民保護を訴えた後、

「ここアメリカ合衆国において、原子力は風力、太陽エネルギー、天然ガス、精炭などの再生可能エネルギーとともに未来のエネルギーの重要な要素のひとつになっています」

と、原発をはっきりと肯定した。

「米国の原子力発電所は徹底的な調査を受け、極度の緊急事態がいくつ重なっても安全だと宣言されています。しかし日本で発生したような危機を見るときに、私たちにはこの出来事から教訓を学び、その教訓を米国民の安全と治安を確保するために活用する責任があります。そこで私は、日本で起きた自然災害を踏まえ、米国内の原子力発電所の安全について包括的な見直しを実施するよう原子力規制委員会（NRC）に要請しました」

と、語った。政権の金看板「クリーン・エネルギーの促進」と、原発の推進を同じように重要だと念を押している。

声明には「新世代原子炉」への意欲も込められていた。

ちょうどそのころ、NRCは、ジョージア州ヴォーグル原子力発電所と、サウスカロライナ州VCサマー原子力発電所について、それぞれ二基ずつの新規原子炉建設計画の承認審査をしていた。対象

となる炉型はいずれも「東芝―ウェスティングハウス」が開発した新世代原子炉「第三世代＋ＡＰ１０００」だった。

ＡＰ１０００は、電源喪失などの不測の事態が生じても冷却水を循環させて自然冷却ができる設計が売り物だ。新世代原子炉には、「日立―ＧＥ」の「第三世代改良型沸騰水型軽水炉ＡＢＷＲ」や、「三菱重工―アレバ」の「第三世代＋欧州加圧水型炉ＥＰＲ」なども含まれるが、連邦政府は「循環や蒸発という物質の自然な動作」で冷却、停止するＡＰ１０００を新しい原子炉に選び、米議会の最終承認プロセスに入っていた。

福島の原発事故で議会の慎重論が高まるのを意識して、オバマは「原発は未来のエネルギーの重要な要素」と新世代原子炉の導入を進める立場を改めて表明したのである。

「人権派」の衣を着てホワイトハウスの主になったオバマは、当初、「見直し」から原発政策に分け入った。大統領に就任して間もなく、オバマはネバダ州ユッカマウンテンの高レベル放射性廃棄物最終処理場の建設計画に予算をつけず、白紙撤回する。前任のジョージ・Ｗ・ブッシュが計画案に署名し、原子力規制委員会に建設認可の申請がされていたにもかかわらず、だ。

そのまま原子力に消極的な姿勢を保ちそうな気配を漂わせておいて、一転、オバマは二〇一〇年の一般教書演説で最重要課題の景気回復のためにクリーン・エネルギービジネスに力を注ぐ、二酸化炭素の排出量が少ない原子力もそこに含む、と認めたのだった。景気回復を掲げてウェスティングハウスやＧＥの背中を押したのである。

オバマと原子力、エネルギー産業の近しさは、彼が弁護士から州議会議員、上院議員へと駆け上がる舞台となったシカゴの人脈に因っている。

オバマは、一九九二年から二〇〇四年にかけてシカゴ大学ロースクール講師を務め、合衆国憲法を講義した。シカゴ大学は、石油財閥の礎を築いたジョン・D・ロックフェラーが一八九〇年に創設している。八十数名のノーベル賞受賞者を輩出しており、世界で最も評価の高い大学のひとつだ。第二次大戦中、アメリカが原爆を開発するため極秘裏に科学者を総動員した「マンハッタン計画」を推し進めた大学としても知られる。

エンリコ・フェルミは、マンハッタン計画で中心的役割を演じている。妻がユダヤ人でファシスト政権下のイタリアからアメリカへ亡命したフェルミは、一九四二年、シカゴ大学冶金研究所で史上初めて原子核分裂の連鎖反応制御に成功した。化学者グレン・シーボーグもシカゴ大学でプルトニウムの開発を行っている。マンハッタン計画で製造された原爆が日本の広島、長崎に投下されたことは改めて述べるまでもないだろう。

戦後、シカゴ大学の研究グループを母体にして、米エネルギー省（DOE）所管のアルゴンヌ国立研究所が立ちあがり、原子力利用の研究が進められた。日本からも多くの留学生がアルゴンヌ研究所に派遣され、茨城県東海村の日本原子力研究所（現日本原子力研究開発機構）に戻って原子力研究を本格化させている。

シカゴは核研究開発のメッカなのである。そのうえ工業、商品、サービスの先物取引を行うシカゴ・マーカンタイル・エクスチェンジ（CME）を筆頭に、穀物や金銀、原油や天然ガスなど天然資源の先物市場が目白押しだ。シカゴは金融都市ニューヨークを凌ぐ資源派財界人の巣窟でもある。シカゴというフィルターを通せば、オバマと原子力、エネルギー産業の距離はぐっと縮まる。

たとえば、側近のひとりが浮上してくる。政治コンサルタントでオバマの大統領上級顧問を務めるデイヴィッド・アクセルロッドだ。彼は、アメリカ国内で十数か所（一七基）の原発を運営する電力大手エクセロンと、かつて契約を結んでいた。

調査報道で知られるジャーナリスト、グレッグ・パラストは著書『告発！　エネルギー業界のハゲタカたち』で、その事実を指摘している。パラストは、電力会社の不正に関する訴訟にかかわり、史上最高の四三億ドルの補償金支払い命令を勝ち取った経験を持つ。この本で、東芝などのメーカーがプラント建設を異常に安い値段で落札し、実際に高騰した建設費との差額をアメリカの納税者に請求するカラクリを明かして、こう問いかける。

「エネルギー省は知っているのか、どうでもいいと思っているのか。オバマの選挙参謀だったデイヴィッド・アクセルロッドはどうだろう。どのように関係しているのか。私は、シカゴ時代から彼を知っている。アメリカ最大の原発企業エクセロン・コーポレーションと契約していた時期があることも承知している」

因みにパラストもシカゴ大学の卒業生だ。

オバマ政権下、エネルギー省はヴォーグル原子力発電所の「AP1000」に八三億三〇〇〇万ドルの債務保証供与をつけた。原発の建設が承認されれば、この債務保証はウォール街の金融機関が債権化する。金融市場が「東芝―ウェスティングハウス」のプロジェクトに信認を与える。連邦政府の新世代原子炉への債務保証の総枠は一八五億ドルに達した。

アメリカでも「官」の主導で、少数の選ばれたメーカーに甘い汁を吸わせる原発振興策が進められている。金融機関が関わることで「官」のプランは市場の蜜に変えられるのである。

原発を捨て始めた電力会社

ところが、皮肉にも市場競争の荒波をかぶる「民」は、原発から顔をそむけつつあった。オバマが「原子力は未来のエネルギーの重要な要素」と声明を出したころ、アメリカの電力大手ドミニオンは一九七四年操業のキウォーニ原発を、デューク・エナジーはフロリダの格納容器にひびが入って運転を停止中の原発を、それぞれ廃炉にする方向へ踏みだしている。大統領上級顧問のアクセルロッドが過去に契約していたアメリカ一の原発企業、エクセロンでさえも、エネルギー省に予備的に提出していたテキサス州の原発新設計画の撤回を検討していた。

電力会社は原発を捨て始めていたのだ。

その最大の理由は「シェール革命」による天然ガスの増産である。

シェールガスの生産量が増えて天然ガス価格が下がり、火力発電の競争力が一段と高まった。アメリカ国内の天然ガス埋蔵量は一〇〇年分に増え、原発はコスト面で競争力を失う。原発の建設コストは火力の五倍ともいわれる。のちに正式に新設計画を取り下げたエクセロンの幹部は、「原発の新設は、いまも近い将来も経済性が合わない」と断言した。

福島の原発事故もアメリカ国内の原発離れを促す。電力大手のNRGエナジーは、四月十九日、テキサス州マタゴルダ郡で原発二基を増設する「サウステキサスプロジェクト」への参画を諦め、事業への投資を損金処理すると発表した。

これは、NRGエナジーと東芝との合弁事業で、東京電力も共同出資を決めていたプロジェクトだ。東芝は原発二基の調達、設計、建設を一括受注しており、同社の原発ビジネスにおける海外受注の第一号。是が非でも成就させたい案件だった。

しかし、福島第一原発事故が起きて東電が撤退する。NRGエナジーは、震災後、プロジェクトへの投資を控え、従業員を減らした。フクシマの影響でアメリカの原子力規制当局の安全基準が厳格化されそうになると、NRGエナジーは退却を決めた。安全基準が厳しくなって建設コストがさらに上がるのを嫌ったのだった。

NRGエナジーは約四億八一〇〇万ドルを第一・四半期決算で税引き前費用として計上する。経営責任者はプロジェクトの将来的な復活の可能性は「小さい」と明言した。

東芝の経営陣は、アメリカの原発離れに蒼ざめる。

オバマ大統領は原子力を未来の重要なエネルギーと認めたが、一方では「安全について包括的な見直しを実施するよう原子力規制委員会に要請」している。AP1000の認可審査は遅れるだろう。遅れれば遅れるほど建設コストは高くなる。

NRGエナジーが脱けたサウステキサスプロジェクトへの対応は東芝経営陣の頭痛の種となった。いったい、どうしたものか。原発ビジネスの海外受注第一号をしくじれば東芝は体面を失う。海外進出の象徴となるはずのサウステキサスからの撤退は、経営上の「汚点」として残る。汚点はサラリーマン経営者には出世の致命傷になりかねない。

早稲田大学理工学部出身でウェスティングハウスの買収にも深く携わった社長の佐々木則夫は、サウステキサスの事業を継続すると決めた。佐々木は原発一筋、技術論を喋りはじめたら止まらない、根っからの「原発野郎」である。

だが、サウステキサスでの新しい提携相手はなかなか現れず、東芝はずるずると資金を吸われる悪循環にはまり込んでいく。佐々木の原発への執着は東芝を迷走させ、やがて「人事」によってトップの座を追われることになる。

東芝はウェスティングハウスの巨額買収後、勝負手を次々と打ってきた。頼みの綱とするアメリカでの原発プロジェクトの停滞は悩ましい。サウステキサスの赤字は財務体質を悪化させ、ボディブローのように効いてくる。

サルコジ、アレバ、GE会長の来日

福島の原発事故後、もう一つの原発大国、フランスも「官」が原発推進へと動いた。

フランスのサルコジ大統領は、震災後、先進国の首脳で最も早く、三月三十一日に来日した。中国の南京で開かれた国際会議に出席したついでとはいえ、異例の早期訪日だった。三年前の洞爺湖サミットでサルコジは他のG8諸国の首脳と会談する場を持ちながら、ホスト国の福田康夫首相とは話もせずに帰っている。嫌日派大統領の電撃的来訪は驚きをもって受けとめられた。

サルコジは菅直人首相にフランス西部のドービルで五月末に開かれる主要国首脳会議（サミット）で、原発の安全に関する共同声明を出そうともちかけ、冒頭のスピーチを依頼した。了承した菅は「被災者・避難民支援」と「原発事故対応」が課題だと伝える。

サルコジの本音が共同記者会見で吐き出された。

「明日、原子力エネルギーを全て廃止することになった場合、それによってわれわれが何を失うのかを考えなくてはならない。原発を推進するか否かではなく、国際的な基準の策定によって（原発の）安全性を高める。それ以外の方法はないのではないか」

サルコジは、官民一体のフランス原子力複合体の代理人である。ドイツに象徴される脱原発の国際的潮流に「ノン」を突きつけ、原子力技術を日本に売り込むために来日した。福島の被災者は、わざわざ日本に来て原発の必要性を唱えるサルコジに辟易する。

サルコジの来日とほぼ同時にアレバの最高経営責任者で「原子力のアンヌ」ことアンヌ・ロベルジョンも成田空港に降り立った。世界最大の原子力複合企業アレバは、需要の低迷に悩んだフランスの原子炉メーカー「フラマトム」がドイツの重電大手「シーメンス」の原発部門を買収し、フランス原子力庁傘下の核燃料製造・再処理会社の「コジェマ」と統合されて生まれた会社だ。株式の八七パーセントをフランス政府機関が保有する。事実上の国営企業で、「官」の化身である。

過去に一九七九年の米スリーマイル島原発の事故処理、八六年のチェルノブイリ原発事故の廃炉作業を受注しており、原発の事故対応では実績がある。ロベルジョンCEOは、テレビや新聞のインタビューを精力的にこなして「人道支援」を強調しつつ、事故処理技術の受注で「廃炉ビジネス」の先鞭をつけようと営業に勤しむ。

同時期にGEのジェフリー・イメルト会長兼CEOも来日し、日立のトップと廃炉への事業計画を練った。イメルトは東電の勝股恒久会長、海江田万里経済産業大臣とも会談し、夏の電力不足に備えて火力用ガスタービンの提供を持ちかけ、廃炉への支援を申し出る。

GEといえば、事故を起こした福島第一原発の沸騰水型原子炉をつくったメーカーだ。ガスタービンのセールス以前に事故原発の製造者としての責任が問われてもおかしくないのだが、「原子力損害の賠償に関する法律」で原子炉メーカーの責任は免除されている。遡れば一九六〇年代に「原子炉メーカーの瑕疵責任は問わない」ことを条件に原発は導入された。その後、原子炉メーカーの免責は国際ルールになっている。

「官」と一体化した原発メーカーは、ここぞとばかり事故処理の技術を売り込んだ。焦点は「汚染水の処理」だ。福島第一原発の原子炉内の核燃料を冷やすために注いだ水の後処理である。

東電は、汚染水からセシウムを吸着したのちに原子炉に循環させて冷却するアレバのシステムを採用する。アレバは正式に認めただけでも約六〇〇〇万ユーロ（七〇億円）で受注している。ところが、慌てて仕込んだシステムはトラブルが連続し、あっという間に役に立たなくなった。アメリカの新興企業キュリオンの汚染水処理装置も導入されるが、期待した効果は得られず、「バックアップ用」に回される。その後、東芝中心に開発された「サリー」というシステムが主力装置として据えられた。

東電は汚染水処理の装置と建設費用に約五三〇億円を投じた。個別の支払いは公表しておらず、汚染水は原発サイトに溜まり、事故処理の「壁」として立ちふさがっていく。

三〇〇〇万人避難のシナリオ

原発事故の発生からひと月経つか経たぬかで、原発推進国の「官」と結びつく巨大企業が福島の廃炉ビジネスを視野に、商戦をくりひろげた。その詳しい内容は「守秘」の壁に守られて開示されていない。この時期、人道支援と商売を切り分けるのは難しく、菅政権は「困難なときに来てくれる友こそ本当の友」と彼らを受け入れている。

経産省首脳は、原発先進国の「官」の姿勢に変化がないのを知ると、震災後、定期点検を機に次々と止まる原発をいかにして再稼働させるかに腐心した。

最大の焦点は東海地震の震源域に立つ中部電力浜岡原子力発電所への対応だった。浜岡原発の一、二号機は老朽化して、すでに運転を終了。三号機が定期検査に入り、四号機、五号機が稼働していた。浜岡原発への対応は、その後の日本の原子力政策の流れを決める重要なターニングポイントだった。

契機は四月二十七日、首相官邸で開かれた中央防災会議であった。地震学者が東海地震の三〇年以内の発生確率は「八七パーセント」と説いた。この数字に衝撃を受けた海江田経産相は、翌日、経産事務次官の松永和夫を呼び、「浜岡を止めた場合の影響を、省内の一部の者だけで検討してみてくれ」と指示する。意外にも、松永は、

「中電は原発依存度が関西電力などと比べて低い。どうしても止めたいのであれば何とかできます」

と応え、さらに言葉をこう続けた。

「浜岡を止めて、他を立ち上げるシナリオを詰めてみたいのです」

松永ら経産省首脳は浜岡原発をいわば生贄にして国民の反原発感情を和らげ、残りの原発を一気に再稼働へもっていく筋書きを準備していた。

海江田は松永の腹案に首肯し、「サプライズが必要だ。絶対秘匿、官邸には漏らすな」と口止めした。この日、中部電力社長の水野明久は定期検査で停止中の浜岡三号機を七月に再稼働すると表明している。シナリオが漏れれば電力界を中心に反対論が起こって潰されると海江田は危ぶみ、中部電力にも話を伝えなかった。

じつは、官邸内でも海外メディアに「世界一危険な原発」（英インディペンデント紙）と書かれる浜岡への対応が密かに検討されていた。原子力委員会の近藤駿介委員長は、福島第一原発事故が収拾不能となった場合の「最悪のシナリオ」を三月二十五日ごろに官邸へ伝えた。「最悪のシナリオ」は首都圏の住民三〇〇〇万人が避難する衝撃的なものだった。官邸のメンバーは血の気が引き、息をのむ。

そのころから菅首相と少数の側近が浜岡について検討を始めている。

　のちに菅は私のインタビューに事故発生直後の「恐怖」と「最悪のシナリオ」についてこう語った。

「最初の一週間、防災服を着て官邸に泊まり込んで、奥の応接室のソファで仮眠を取っていたんだけど、しょっちゅう、最悪の状況が頭に浮かぶわけですよ。

　十二日に一号炉がボンと水素爆発して、十四日に三号炉、十五日に二号炉、四号炉とどんどん壊れていく。福島第一原発だけで六基の原子炉と七つの使用済み核燃料プールがある。チェルノブイリは四号炉だけの爆発で、あれだけの大惨事になった。近くの福島第二原発と合わせて一〇基、一一の燃料プールが制御不能になったらと想像したら、首都圏もただではすまない、と考えずにはいられません。その度に背筋が凍りつきました。首都圏にはあらゆる機能が集中している。皇室の方々もお住まいです。どうすればいいか。

　ひと口に三〇〇〇万人の避難といいますけどね、今回の事故で一六万人の方が避難生活を強いられました。少なくとも、その約二〇〇倍の被害になる……日本が沈没する」

「福島にはチェルノブイリの何十倍もの核燃料があるわけですし。だから本当に命がけで『最悪のシナリオ』を防ぐしかなかった。……現場の人が懸命に取り組んでくれたので、三〇〇〇万人避難という最悪のシナリオは紙一重で回避できました。でも、なぜ炉内に水が入るようになったのか、実は正確な理由はわかりません。一応、ベントで炉内の圧力が下がって水が入ったことになっていますが、メルトダウンして、炉のどこかに穴が開いて圧力が下がった可能性もある。わからない。だから紙一重。崖っぷちで、たまたまいい方向に転んで、三〇〇〇万人避難が回避されたんです。それが本当の

ところだと思います」（日経ビジネスオンライン二〇一二年九月十九日　山岡淳一郎の「電力・夏の陣」より）

菅も浜岡を停めたいと考えていたが、官邸と経産省のコミュニケーションは悪く、手を打ちあぐねていた。法的には緊急時でない限り、国に原発停止の権限はなかった。

五月五日、海江田は浜岡の現地を視察し、翌六日、配下の官僚を引き連れて官邸の総理大臣執務室に入った。海江田は、天窓から陽光がふりそそぐ部屋のソファに腰を下ろすと、椅子に座っている菅に「昨日、浜岡に行ってきました。中央防災会議でも示されたように浜岡は危険です。法的な権限はないが、止めたいと思う」と切り出す。

菅は、驚いた。まさか、あの経産省が……。よくぞ事務方が原発の停止を認めたものだ。「三号機か」と菅が訊き返すと、運転中の四号機、五号機もすべて止める、と海江田は応えた。「そうか」と菅は意を強くした。しかし、どうも引っかかる。経産省の急な方針変更が釈然としなかった。管は政治の現場で培った独特の勘を働かせ、海江田の申し入れをすぐには決裁せず、根拠となる災害データや法律による停止措置の詳しい説明を求める。

海江田と経産官僚の筋書きが、じわりと崩れ始めた。

経産省側は首相の了解をとりつけたら、すぐに大臣記者会見を開いて、一気に浜岡原発の停止を発表する腹だった。時間がじりじり過ぎていく。改めて浜岡について話し合う閣僚会合が招集される。会議の席で事務方が法的な確認をすると、やはり国に原発を止める権限はない。中部電力への「停止要請」という行政指導でやるしかない。改革派の民主党政権で旧来の自民党型の行政指導を用いていいのかと手続論議が熱を帯びる。原発の停止を求める記者会見は総理が行うべきだ、と意見が出る。

時間切れで、予定の経産大臣会見は流れる。夕方、再協議を行うことにして、いったん散会した。

結果的に経産省は策に溺れたのであった。菅のねばり腰で方向が変わってしまう。

夕方、再開された協議には二〇人以上の関係者が集まった。黙って議論に耳を傾けていた菅は、午後五時ごろ、「大臣に言われる前から、浜岡のことは考えていた。おれが会見する」と裁断し、NHKの午後七時のニュースに合わせて、会見の草案をつくらせる。経産省が用意したペーパーには、「浜岡の停止は例外で、他の原発は安全対策が適切になされており、津波で電源を失っても炉心損傷は防げる」と解釈できる文章が綴られていた。

菅は、「浜岡以外の原発の話には触れる必要はない」と文言を全面的に修正させる。

テレビカメラの前に立った菅は、

「国民の皆様に重要なお知らせがあります。本日、私は内閣総理大臣として、海江田経済産業大臣を通じて、浜岡原子力発電所のすべての原子炉の運転停止を中部電力に対して要請をいたしました」

と、語りだした。日米仏、国境を越えた「原発複合体」への事実上の宣戦布告だった。

「その理由は、何と言っても国民の皆様の安全と安心を考えてのことであります。同時に、この浜岡原発で重大な事故が発生した場合には、日本社会全体に及ぶ甚大な影響も併せて考慮した結果であります」

経産省幹部は、用意した文案とまったく違う総理の発言を聞いて愕然とする。浜岡原発の停止は原発再稼働の呼び水になるはずだったのに、あろうことか「脱原発」の号砲に変えられたのだ。ここが世論の分水嶺でもあった。原発停止の奔流は全国にひろがり、翌年五月に北海道電力の泊原発が点検に入って日本の全原発が停止することになる。

「上限あり」の賠償責任

「浜岡ショック」は国内の原発関連産業のみならず、太平洋を越えてワシントンの屈強な知日派をも震撼させた。事故発生後、日本の電力政策を静観していたアメリカの要人が「声」を上げ始める。ワシントンＤＣに拠点を構える安全保障系のシンクタンク、戦略国際問題研究所（ＣＳＩＳ）のジョン・ハムレ所長は、五月十二日付の日本経済新聞に『東電賠償「上限なし」は誤り』という記事を寄稿した。

ハムレは、日本で立法化が議論されている「原子力による損害を補償する枠組み」が電力会社に対して被害者賠償の「上限を設けないもの」だと批判し、こう反論した。

「東電や他の電力事業者に無限の責任を負わせることは政治的には良いことかもしれない。しかし、（原子力）政策としては誤りと言わざるを得ない。電力会社の信用格付けを日本だけでなく、世界でも著しく損なう。いかなる投資家も上限のない責任制度に伴うリスクには耐えられない。東電の信用は崩れ落ちる。それだけでなく、日本の原子力産業全体の信用も消し飛んでしまう。世界の原子力産業において、日本は中核技術・部品供給において、世界的に鍵となる供給源となっている。その主導力を失うだろう」

ハムレは、東電の賠償に限度を設けなければ、日本の原発産業の信用は消し飛ぶと脅す。電力会社に無限責任を負わせるのではなく、アメリカの原子力賠償制度「プライス・アンダーソン法」を参考にしたらどうかと提案し、こう押し込む。

「原子力産業に極めて高い『安全と信頼の文化』を求めると同時に、投資家が恐れをなして電力事業への投資から逃げ出すことがないようバランスを取る必要がある。原発危機に日本がどう対応するかについて、米国も大きな関心を持っている。米国では『原子力ルネサンス』とも呼ばれる新しい動きに期待が集まっている。一方で、今回の悲劇は米国の反核感情に再び火をつけようとしている。危機を日本がどのように乗り越えていくかは米国にも直接、かつ即効性のあるインパクトをもたらす」

日米の原子力産業と「官」が構成する複合体がいかに強く結びついているかは、「直接、かつ即効性のあるインパクト」という言葉に表れている。そして、ハムレは日本政府に注文する。

「日本では今、まだ原発事故に対する怒りが収まっていないと思う。そうした中で行動を起こすべきではない」

菅政権に「坐して自滅しろ」と言い渡しているように聞こえる。野にあった自民党の菅政権攻撃、メディアの「菅下ろし」報道が一気に過熱していく。

東電の賠償責任を軽くせよと説くハムレの脳裏には、メキシコ湾で史上稀に見る原油流出事故を引き起こした石油メジャーBPへのオバマ政権の対応ぶりがあっただろう。前年四月、メキシコ湾の水深一五〇〇メートル地点で掘削作業中だったBPの石油施設「ディープウォーター・ホライズン」で技術的ミスから逆流した天然ガスが爆発。一一人が行方不明となり、一七人が負傷した。

事故後三か月間の原油流出量は四九〇万バレルに達し、被害は湾岸戦争に次ぐ規模に拡大する。史上最悪の原油流出事故となった。BPを相手に被害を受けた湾岸住民や観光施設、漁業の事業者、州や地元政府など一〇万人を超える原告が損害賠償の提訴をする。

被害総額は数百億ドルと予想された。BPの年商は三〇〇〇億ドル（約三〇兆円）余りである。当初、BPは、補償金の総額は二〇〇億ドルまで、それ以上は払わないとオバマに条件を出した。BPの言うがままに賠償の上限を二〇〇億ドルに決めたら、オバマは国民の反感を買い、政治生命を断たれる。オバマはBPのカール・ヘンリック・スヴァンベリ会長をホワイトハウスの大統領執務室に招いて直談判し、BPの出資で二〇〇億ドルの補償基金を設けることを認めさせる。表向きは「上限なし」の体裁を取り繕った。

が、その一方で補償金を抑えるために弁護士、ケネス・ファインバーグに調停役を委ねたのである。ファインバーグは大規模な事故や災害専門の「処理屋」だ。「9・11」同時多発テロの補償基金も管理している。ファインバーグ一人に被害者一〇万の補償調停を任せたのだった。

ファインバーグは、「訴訟を早く終わらせる」ために被害者全員に「補償金を得たら、ディープウォーター・ホライズンの爆発事故を起こした企業を裁判に訴える権利を放棄すること」を条件づけた。補償金で口を封じようというわけだ。訴訟団は切り崩される。条件をのんだ被害者をしり目に、BPは危険なセメントを使った施工会社ハリーバートンや責任回避を図ろうとしたスイスの掘削会社トランスオーシャンを提訴して賠償金を得る。二〇〇億円の補償基金の半分は他社からの賠償金で賄えたといわれる。剛腕弁護士ファインバーグが誰のために調停をしていたのか、もうおわかりだろう……。

日本政府もファインバーグのような腕利きの弁護士を雇え、とハムレは忠告したかったのかもしれない。ただ、日本はアメリカのような訴訟社会ではない。政府は東電の補償額に上限を設けなかった。その代わり、新設する「原子力損害賠償機構」に交付国債という国費を流し込み、「機構」が国債を換金して東電に交付するしくみをひねり出す。原発リスクに備えるという名目で、各電力会社にも機構に負担金を上納させる。

国が税金を投入して補償し、東電は潰さず、働かせて補償金を返済させる方法が選ばれた。企業責任は曖昧にして、国民への負担増で事故を処理し、補償をする道が選択されたのである。

モンゴルと使用済み核燃料

アメリカのシンクタンクや政治家は、日本の「脱原発」の流れに歯止めをかけようとした。だが、当のアメリカ本土の電力会社は原発を捨てようとしている。

東芝の佐々木社長は、突拍子もない行動に出る。ハムレの記事が新聞に掲載された日付で、佐々木は米エネルギー省のダニエル・パネマン副長官に書簡を送り、モンゴルが使用済み核燃料を貯蔵する計画を含む「包括的燃料サービス（CFS）」構想を推進するよう要請したのである。一三年五月、毎日新聞のスクープで、その事実が明らかになった。

かねてよりアメリカは「核兵器不拡散と原子力の平和利用の両立」の名目で、原発先進国が核燃料を国際的にコントロールする「国際原子力エネルギー・パートナーシップ（GNEP）」構想を主導していた。GNEPは二〇一〇年に「国際原子力エネルギー協力フレームワーク（IFNEC）」と名前を変え、枠組みを拡大する。

世界の原子力複合体の特徴のひとつは、組織の看板を頻繁につけ変える点にある。まるで素顔を見られないよう「仮面」を次々ととり変えているようだ。GNEP改めIFNECとなった枠組みのワーキンググループで議論されていたテーマが、多国間でウラン燃料の提供と使用済み核燃料の引き取りを関連づけた「包括的燃料サービス（CFS）」だった。

CFSはモンゴル、アメリカ、日本の三国間で検討されている。具体的には、モンゴルで採掘、加工されたウラン燃料を原発導入国（日本）に輸出し、発電後の使用済み核燃料をモンゴルが引き取って貯蔵するという構想だ。日米の原子力産業界は使用済み燃料の処分を一貫的に担う国際的枠組が初めて生まれる〟と期待に胸を膨らませた。

佐々木は書簡でCFSを推進するようアメリカのエネルギー省に訴えた。書簡には「反対も予想されるので、進展継続を確かにするため、関係者がより緊密な調整を図ることが極めて重要」としたためている。

後日、共同通信がCFS構想に関する日米蒙、三国政府の合意文書原案を手に入れ、スクープした。合意案の要旨には、こう記されている。

- 気候変動やエネルギー安全保障、経済発展の試練に立ち向かうため地球規模での原子力の平和利用を拡大する。
- 二〇一〇年の核拡散防止条約（NPT）再検討会議が、核燃料サイクルの多国間アプローチを発展させる重要性を認めたことに留意する。
- CFSが市場に行き渡ることで、原子力利用の拡大が可能になる。
- 商業ベースのCFS確立を促すため定期協議し、活動を調整する。
- CFS構想に対して起こり得る世論の反応について検討する。
- モンゴルでの使用済み燃料貯蔵施設の造成をめぐり、モンゴルに技術協力する可能性を国際原子力機関（IAEA）と協議する。
- （米国が推進する）原子力損害補完的補償条約（CSC）に基づき、原子力賠償の国際的枠組みを構築し、CFSに加わる可能性のある国に参加を促す。

（二〇一一年七月十八日配信）

人類を滅亡の淵に追い込む核兵器は減らさなければいけない。本来は原子力発電に必要な「ウラン濃縮」や「再処理」の技術も葬らなければ核廃絶とはならないのだが、アメリカ主導で核保有国は「平和利用」という口実で原発は増やそうとする。危険な使用済み燃料は限りなく増える。アメリカも日本も最終処分場の目処は立っていない。そこで、もとのウラン鉱を産出した途上国に再処理で生じた放射性廃棄物を引き取らせよう。そのために放射性廃棄物の貯蔵技術や資金の援助をしよう、というのがCFSの粗筋である。

モンゴルはこの話に乗りかけた。しかし同じウラン生産国の南アフリカは真っ向から反対する。「われわれは鉱物資源のウランを売りたいだけで、先進国の勝手で余計なものを引き受けたくはない」と拒絶している。「核燃料サイクルの多国間アプローチ」といえばもっともらしく聞こえるが、CFSは要するに核大国のエゴにまみれた矛盾の塊だ。一直線に答えを引き出せるテーマではない。最終的には人類の倫理が問われる問題である。

東芝の佐々木社長は、このCFSに活路を求めた。ただ経産省はともかく、外務省はCFSに慎重だった。どんなに弁解しても「核のゴミ」をモンゴルに押しつける側面は否定できず、モンゴル国民の同意はとうてい得られそうにない。

東芝のCFSへの姿勢は世人の顰蹙を買う。日米蒙の合意文書案が表面化すると、モンゴル政府は日本政府に「国内の法令上、外国の使用済み核燃料を引き取り埋設処理するのは困難」と通告してきた。一一年九月、エルベグドルジ大統領は「外国の核廃棄物を受け入れはしない」と国連総会で演説する。ＣＦＳの具体化はひとまず立ち消えた。

　しかし、これでモンゴルと日本の原発と核燃料をめぐる不透明な関係にピリオドが打たれたわけではない。モンゴルの鉱山エネルギー省と核エネルギー庁は、エルベグドルジ大統領の国連演説の二週間後、国際原子力機関（ＩＡＥＡ）会議で原発導入の将来構想を明らかにし、中型原発を南ゴビ県に、小型原発を西部に建設する研究を進めると発表した。

　モンゴル政府は原子力開発にやる気満々なのである。ＩＡＥＡの報告では、モンゴルのウラン埋蔵量は一四〇万トンで「世界一」と推定されている。近代以降、モンゴルはロシアと中国に挟まれて苦難の道を歩んできた。一九八〇年代、ソ連はモンゴルのウラン鉱山を開発してチタ州で濃縮し、核燃料に加工した。ソ連が崩壊し、モンゴルも社会主義を放棄して市場経済に移行すると、石炭やウラン、銅、金など豊富な鉱物資源を狙って西側の先進諸国もモンゴルの市場に参入してくる。〇九年三月、モンゴル核エネルギー庁に国営原子力企業モンアトムが設立され、ウラン開発プロジェクトが始動する。間もなく、大阪市中央区淡路町にモンアトム・ジャパンという会社が立ち上がった。

　モンゴルの原子力開発にいち早く食い込んだのは東芝だった。モンゴル核燃料サイクルセンターとの間でウラン濃縮、インフラ整備にかかわる協力を約束し、鉱物資源開発の了解覚書を締結している。だが、ＣＦＳ書簡問題が発覚して東芝は派手に動けなくなった。

　その後、総理大臣に自民党の安倍晋三が返り咲くと日蒙の交流は再加速する。安倍首相は一三年三月のモンゴル訪問を皮切りに九月には国連総会の帰りに来日したエルベグドルジ大統領を私邸に招いた。一四年一月には電話で日蒙首脳会談を行い、三月にウランバートルで北朝鮮拉致被害者の横田滋・早紀江夫妻が孫娘のキム・ウンギョンと対面する。モンゴルと北朝鮮のパイプを使った予想外の対応だった。四月に安倍は総理公邸でエルベグドルジとの昼食会を開き、タバントルゴイ炭田を含む鉱物資源開発や農業分野での協力について意見を交わす。七月に再会し、「日・モンゴル経済連携協定（EPA）」大筋合意の共同声明に署名。両首脳は九月にも国連総会出席で訪れたニューヨークで会談した。モンゴル大統領ほど安倍首相が頻繁に会っている外国首脳はいない。

この間に日本工営がモンゴルの鉄道路線整備計画のうち一六〇〇キロメートル区間の建設計画のコンサルタント業務を受注した。タバントルゴイ炭田で産出される石炭を、国境を接するロシアの既存路線と連結し、ウラジオストク港へ輸送する貨物鉄道が対象だ。

フランスのアレバと三菱商事は、ウラン鉱山開発に関するモンゴル政府との合意文書に調印し、ドルノゴビ県のオラン・バドラフ郡でのウラン六万トンの採掘権を得る。ニジェールのウラン採掘に陰りが見え始めたアレバは、中央アジアのカザフスタンやモンゴルに権益を拡張しつつある。

ところが、環境面で深刻な事態が発生している。アレバの子会社、コジェ・ゴビが試験採掘したオラン・バドラフ郡の鉱山の近辺で異変が起きているのだ。

「二〇一二年十二月、コジェ・ゴビ社のウラン採掘地から六キロの地点で、子牛が死んでいるのに牧畜民ノルスレンは気づき、一三年一月までに二二頭が死んだ。死んだ家畜の内臓—肺、胃、肝臓には腫れ物ができたり、黒い斑点があった。調査にあたった家畜繁殖研究所は三月、『重金属と放射性物質の影響』を死因と断定した」（「モンゴルのウラン鉱山汚染問題」町田幸彦、「未来」二〇一四年七月号）

モンゴル政府は、ウラン探鉱の影響を否定する。環境保護団体が他の牧畜民の家畜でも異常出産を報告し、記者会見が開かれる。その席上、牧畜民バンサルマーは二一戸の異常出産例を示して、こう訴えた。

「いま、二つ頭の子ヒツジが生まれている。この状態を放置して、私たちから二つ頭の子どもが生まれて、それを見て初めて信用するのか」

しかし、アレバ―三菱商事とモンアトムがウラン鉱山開発の合意文書を交わすと、オユン環境大臣は記者の質問に次のように答えた。

「ウランを掘っても、人間にマイナスの影響はない。オラン・バドラフ郡はもともとセレンが多く、家畜は虚弱であった」

冷戦構造の崩壊後、ロシアと中国の間でモンゴルは独自の道を切り拓こうとしてきた。一九九二年には「一国非核地帯」を宣言して大国の「核の傘」の下に入るのを拒絶した。が、市場化の波が及ぶにつれ、権力者は原発と核燃料サイクルへの欲望を露骨に表わし、草原の美しい国の方向が変わろうとしている。日本とモンゴルの間には得体のしれないルートがいくつもあるようだ。

世界一高額でLNGを買う日本

舞台を震災直後に戻そう。経産省の首脳は「原発維持」を至上命題に激しく動き回った。世論が脱原発へ傾くとかえって省内のボルテージは高まり、早期再稼働論が唱えられる。財界と太いパイプを持つ幹部は「おれ一人で一〇基動かしてみせる」と豪語する。その一方で省内には、原発に振り回されるのではなく、冷静に現実に対処をしたほうがいいと考える官僚たちもいた。

「原発の動向がどうであれ、代替火力の燃料、とくにLNG（液化天然ガス）を安く調達すべきだ」と彼らは考える。燃料費の高騰による国際収支構造の悪化は避けねばならない。経常収支が壊れ、国債の発行条件が悪くなれば財政の屋台骨が揺らぐ。高い燃料費は電気料金、ガス料金を押し上げ、産業界の先行きに暗雲をもたらす、と憂えた。

仮に彼らを「調達派」と呼ぶことにしよう。

調達派の主張は、しかし原発推進派からは目の敵にされた。

「よけいなことをするな。安いLNGを入れようなんて、原発再稼働の足を引っ張るだけだ。電力はしっかり供給し続けなくちゃならん。ガスは多少高かろうが、量を確保していればいいんだ」と否定される。

調達派は、さまざまな圧力をかいくぐって各方面にLNG高騰の背景とリスクを伝え、「LNG安値調達に大口のユーザーが挑戦してほしい。そのためには政府は全力でバックアップをする」と説得して回った。

日本が輸入するLNGの値段が世界一高いのは、動かし難い事実だ。

高値の理由は、二つのキーワードで語られてきた。まず、「総括原価方式」。電気やガスの料金は事業の運用経費と報酬のすべてを原価に積み上げる総括原価方式で決まる。これは事業者のシビアな原価意識を遠ざけ、コストを下げる誘因が働きにくい。天然ガスの売り手は、「どうせ日本の電力、ガス会社は総括原価方式で守られているのだから、高く吹っかけろ」と強気で交渉に臨む。結局、緊急時のスポット購入でも高値でつかまされる。

もうひとつのキーワードが「原油価格連動方式」だ。大半のLNG輸入では、原油市況に連動した計算式（フォーミュラ）を使った長期契約が交わされている。原油価格が一バレル＝一〇〇ドルを超えるような高値で推移している限り、LNGも高止まりが続く。

震災後、日本向けLNGに「ジャパンプレミアム」と呼ばれる価格上乗せが行われると、世論は沸騰した。識者は、総括原価方式と原油価格連動方式を槍玉に上げる。一日も早く、ふたつの方式を捨て、もっと市場性があって有利な方向へ転換すべきだと説いた。

確かに総括原価方式ではコストを下げる意欲が湧きにくい。上昇する原油価格にリンクした契約は不利と映る。ただ、歴史的にふり返ってみると、両方式が採り入れられた背景にはそれなりの必然性もあった。戦後、焦土と化した日本が、資金も資材もないところから電気やガス、水道のネットワークを構築し、供給量を増やすには、長いスパンで設備投資ができる総括原価方式が有利だった。問題は、公益事業のインフラが整った後も、コストをすべて料金に転嫁する統制的手法が見直されなかった点にある。

また、原油価格連動方式は、一〇年、二〇年の長期間、安定的にLNGを輸入するために生産者を納得させる手段でもあった。生産者はLNGと石油の価格を連動させることで、近い将来の値動きを「予見」できる。エネルギーの取引で、「予見性」は非常に重要な要素だ。予見に基づいて投資がなされ、資源開発は進む。買い手も予見によって購入計画が立てられる。

そうした側面も踏まえ、近年の天然ガス価格の変動を眺めてみよう。アメリカ、ヨーロッパと東アジアの市場を比較すると、LNG調達に求められる「戦略性」が浮上してくる。

図4のグラフで明らかなように二〇〇〇年代初頭から〇七年ごろまで、アメリカ市場(ヘンリーハブ)と、欧州市場(NBP)、極東市場の日本のLNG価格の間にほとんど差はなく、MMBTU(一〇〇万BTU英国熱量単位)当たり六～七ドルで団子状態だった。この当時、天然ガス大国のアメリカは需要に生産が追いつかず、早晩、ガスの輸入国になると言われていた。アメリカ南部のメキシコ湾に面した港町には「LNG輸入基地」の建設計画が持ち上がり、日本企業にもプロジェクトへの参入が

図4 国際的な天然ガス価格の比較

＊米国でのシェールガス生産拡大に伴い、2008年以降、米国の天然ガス価格は低位に推移し、日米のガス価格差が顕著になっている。

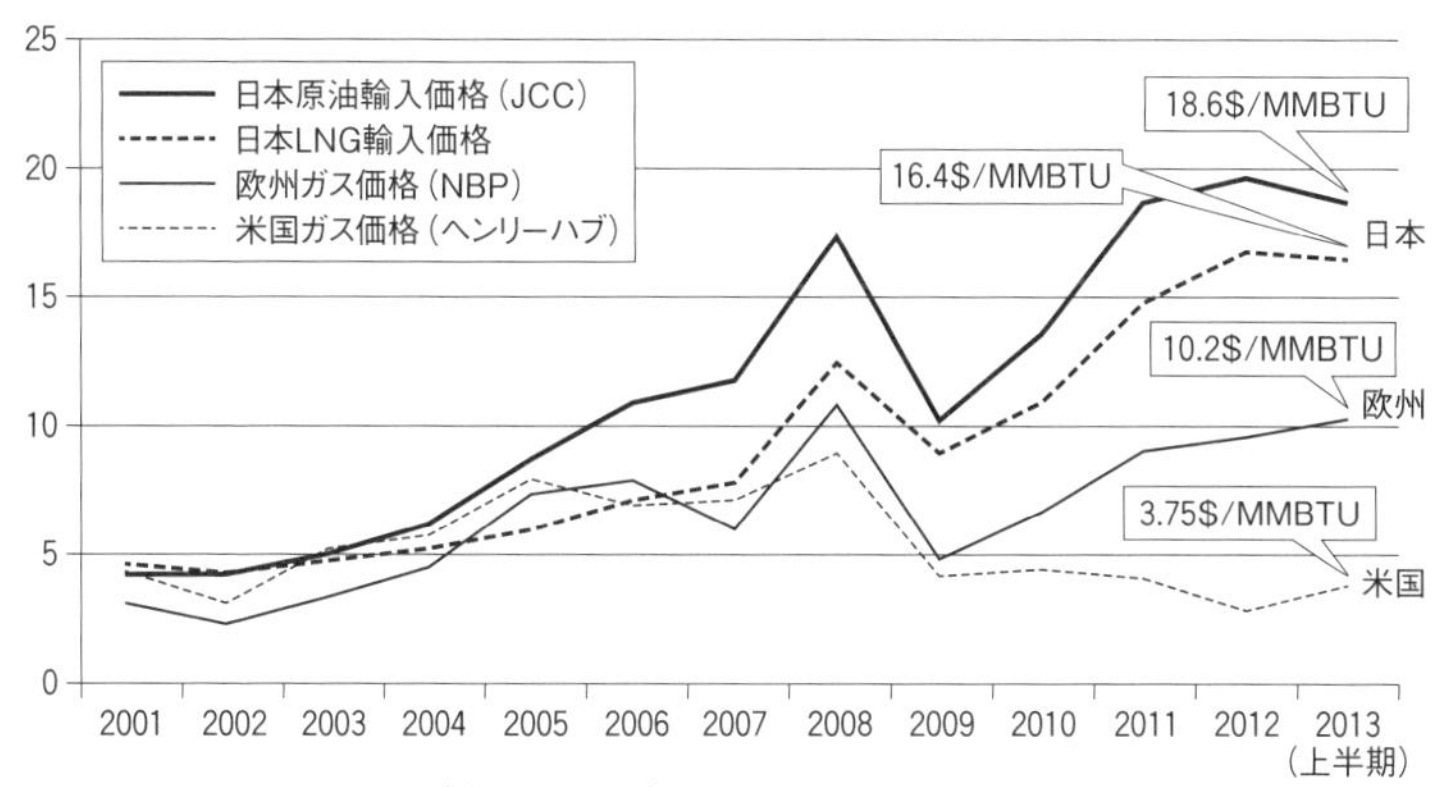

＊MMBTU＝100万BTU（英国熱量単位）
（出典：エネルギーコストと経済影響について、2013年8月
資源エネルギー庁　総合資源エネルギー調査会基本政策分科会資料）

盛んに呼びかけられた。

転換点は二〇〇八年だった。アメリカのサブプライムローン問題が表面化し、投機マネーが資源に流れ込んで原油の価格を押し上げた。連動して日本のLNGはMMBTU当たり一三ドルまで急上昇。欧州の価格も一〇ドルを突破する。

しかし、リーマン・ショックでバブルが崩壊し、価格は急降下する。日本のLNG価格は一〇ドルを割り、欧州とアメリカは五ドル程度まで下がった。

日米欧、三つの指標に決定的な変化が現れるのは、その後である。

原油価格は、中東、北アフリカ情勢の緊迫化の影響を受けて、ふたたび上昇する。核開発問題で産油国のイランが動揺し、チュニジアはジャスミン革命で長期政権が倒される。石油大国のリビアでは内戦が始まり、カダフィ政権が崩壊する。中東の動乱とともに石油価格は上昇する。つられて日本のＬＮＧ価格も上がった。二〇一一年初頭に一〇ドルを超え、震災後に一五ドル、年末から翌年の厳冬期にかけてピーク時は一九ドルを突破する。欧州も日本の半値とはいえ、一〇ドルを超えた。

かたや「シェール革命」が起きたアメリカの天然ガス価格は、日欧の反発を嘲笑うかのように四ドル、三ドルと下がっていく。アメリカを中心にカナダ、メキシコを含む北米には、天然ガスのパイプラインが上水道のように縦横無尽に張り巡らされている。生産したシェールガスは、メタンを主成分としており、そのままパイプラインに送って在来の天然ガスと混ぜられ、ヘンリーハブの市場価格で取引される。シェールであれ、在来のものであれ、ガスはガス。気体のまま供給できるインフラが、北米の安値を支えている。

欧州は、ロシアを主な供給源としてパイプラインが引かれ、天然ガスを利用している。その一方で北アフリカや中東からＬＮＧを受け入れる基地も整備されてきた。パイプラインとＬＮＧの併用で欧州はガス需要に対応している。ガス調達のふたつの選択肢が市場競争を促し、同じ中東産のＬＮＧでも、欧州向けは日本向けよりもかなり安い。

欧米のガス市場に比べると日本、韓国、台湾が主要メンバーの東アジア市場は競争力に乏しい。日本の天然ガスパイプラインは、極めて貧弱だ。新潟の南長岡ガス田や北海道の苫小牧勇払ガス田、秋田の由利原油ガス田を消費地とつなぐラインもあるが、自給率は低く、天然ガス消費のほとんどをＬＮＧの輸入に頼っている。

ＬＮＧは気体の天然ガスをマイナス一六二度に冷却して液化するコスト、専用船で運ぶコストがかかる。そのうえ購入契約の「仕向け地条項」でＬＮＧの受入れ場所は固定されている。決められた港でしか下ろせない。輸入したＬＮＧが余ったからといって第三者に転売することは許されていない。転売が可能なら、スポット的にガスが不足している国へ融通できるが、それも叶わず、市場競争力は低く抑えつけられている。

食うか食われるかの対ロ交渉

長期契約のＬＮＧ購入価格は、次のような計算式（フォーミュラ）で決められている。

ＬＮＧ価格＝係数Ａ×原油輸入平均価格＋定数Ｂ

私たちは、つい変動する原油価格にばかり目がいくが、契約上、重要なのは係数Ａや定数Ｂだ。係数Ａが一か〇・五かではＬＮＧ価格の上昇角度が全然違ってくる。長期契約はほぼ五年ごとに「見直し」が行われ、係数Ａや定数Ｂをめぐってかけ引きが行われる。

東アジア市場では石油メジャーや国営ガス会社など天然ガスを売る側が強い。過去に日本の電力会社やガス会社が厳しい交渉をして、有利な条件を勝ち取ったという例は無いに等しい。リーマン・ショック後の石油が底値だったころに結んだ契約は、価格が低く設定されている。しかし原油価格が上がれば、ＬＮＧ価格も上昇するのが東アジア市場の悲しき現実だ。

そこに原発事故が起きて、ＬＮＧ価格は高騰し、ジャパンプレミアムと呼ばれる。足もとをみられて高値で売りつけられる。石油価格の上昇に対して、日本の電力会社やガス会社はなすすべがなかった。状況への対応力が弱いとしか言いようがない。

調達派の官僚は、「ユーザーが必死でガスを獲りにいかなければ安く入らない」と語る。

「安定性を二の次にして、価格を下げることを最優先させる。これは、いままでやったことがないわけです。商社は、LNGを、わざわざ安く持ってくる必然性はない。高く売ったほうが儲けは大きい。だからガスに限らず、資源は最後に使うユーザーが死に物狂いで獲りにいかなくては安くなりません。電力会社は、床の間を背に商社相手に、おおそうか、持ってこい、とふんぞり返ってやってきたから、感覚が麻痺している」

産業界にとって、電気料金の高い、安いもさることながら、料金の「先見性」が重要だと調達派は指摘する。

「日本の電気は高いけれど、ほとんど停電が起きないから精密なモノでも心配せずにつくれます。水もいい。高価格に見合った安定性があり、料金が予見できるので事業計画を立てやすい。だけど、震災後、来年の電気料金を言ってみろ、三年後の料金を言ってみろとなったとき、誰も言えなくなった。エネ庁も政府も言えません。原発の再稼働次第だから、わからない。そのまま時間ばかり過ぎていく。ここはね、問題のど真ん中の『価格』を改善しない限り、どうしようもない。電力会社、ガス会社が本気で値段を下げることに挑戦する環境をつくるしかない。リアリティを追求していけば、自ずと目標は定まります」

調達派が狙ったのは、米国産のLNGであった。すでにシェールガスの上流開発には商社がアプローチしていたが、LNGを「死に物狂い」で獲りに行った例はなかった。新たなルートの開拓は、外交上の貴重なカードの意味も兼ね備えている。

「震災直後、いろんな国から玉石混淆のエネルギー支援要請がありました。中国は原油をあげます、とかね。だけどロシアは、そんな単発的な提案ではなく、中長期的に供給しましょう、と。要は日本を食いたい、と言ってきた。こういうオファーはロシアだけ。世界でガスは余っている。プーチンは大変苦しい状況で、協力の衣を羽織って近寄ってきた。総括原価方式を知っているから、足もとをみて高く売れると思ってる。易々とは乗れない。ロシアと食うか、食われるか。交渉するには米国産LNG輸入というカードが必要でした」

シェール革命で沸き立つ北米の天然ガスを、原油価格連動ではなく、ヘンリーハブの市場価格で買ってLNGに加工して輸入する。日本は石油メジャーやガス生産国の国営企業の金城湯池だった。そこに、まったく新しい「市場」のパイプをつなぎ、仕向け地制限のない、自由に転売できるLNGを手に入れようというのだ。

従来の秩序にくさびを打ち込み、市場を変える戦略的な挑戦である。仕掛けは小粒でも激辛の野心的な試みであった。

だが、アメリカのLNGを狙おうとすると、あちこちから反論がわき上がった。

「北米のLNGを運んでこられるのは、どんなに急いでも二〇一七年からだ。原発が再稼働しているはずだから使いみちがない」

「エネルギー資源を安全保障の要と考えるアメリカはガスを輸出しないだろう。エネルギー省は自由貿易協定（FTA）を結んでいない国には、輸出許可をださない。ガス生産者と購買契約を交わして、輸出許可が下りなければ、悲劇を通り越して喜劇だ」

「ジタバタせずに、原発が動くのを待てばいいんだよ」

電力業界主流の反応も、はかばかしくなかった。東電は瀕死の重傷を負った状態で、シェールガスどころではない。東電に次ぐ大勢力、関西電力は、若狭湾にずらりと原発を並べ、震災前は全発電量の約五割を原子力で賄っていた。福井県の地元との関係もあって、原発再稼働しか幹部の頭にはなく、少しでもマイナスの行動をとろうとはしなかった。

死に物狂いで米国産LNGを獲れ

調達派が各方面に根回しをしていると、朗報が届いた。米国産LNGの扉が開かれた。エネルギー省は、二〇一一年五月二十日、ルイジアナ州サビンパスでシェニエール・エナジーが手がけるLNG事業に「輸出許可」を与えたのだ。サビンパスのLNGを買い付けたのは韓国のガス公社、インドとスペインのエネルギー企業だった。日本の電力、ガス、商社も加わって争奪戦を展開していたが、レバノン系のシェニエールはアジア欧州連合を売り先に選んだ。

韓国はアメリカとの間でFTAを結んでいるが、インドやスペインは非締結国だ。条件付きとはいえ、アメリカはすべての貿易相手国への輸出を認めたことになる。いずれ、他のLNG輸出プロジェクト案件にも許可が出るだろう、と予想が立った。

「死に物狂いで米国産LNGを獲りにいく」ための手ごたえが得られた。

問題は、具体的にどのプロジェクトに、誰が突っ込むか、だ。

この時点で、ターゲットは三つあった。

ひとつは、アメリカ有数の電力会社ドミニオンが事業主体のメリーランド州コーヴポイントのプロジェクト。ドミニオンは老朽化したキウォーニ原発の売却を決めたが、買い手がつかず、廃炉へ踏み出そうとしていた。ドミニオンのLNGプロジェクトには、距離的に近いペンシルベニア州でシェールガス開発の権益を持つ住友商事の参入が有力だった。

二つ目は、ルイジアナ州でセンプラ・エナジーが推進するキャメロンLNGプロジェクト。センプラは、西海岸を供給エリアとする都市ガスや電力の公益会社を傘下に持っており、パイプライン事業やエネルギー、金属資源の取引、金融関連事業もグループに抱えている。こちらは、三菱商事、三井物産が狙いをつけていた。

そして、第三の案件が、テキサス州フリーポートで地元のフリーポート・デベロップメントが手がけるLNG事業である。コーヴポイントやキャメロンと比べて、事業主体の規模は小さく、投資家でジェネラルパートナーを務める人物が決裁権を握っていた。独立系のフリーポートは日本とは浅からぬ縁があった。

アメリカのLNG輸出プロジェクトは、もとはガス不足を予測して立てられた「輸入用基地」の建設計画を、シェール革命の影響で輸出用に切り替えたものだ。輸入の気化設備から、輸出の液化冷却設備へと一八〇度転換するわけだが、フリーポートの事業主体には、二〇〇八年に大阪ガスが一〇パーセントの出資をしていた。

当時、大阪ガスはアメリカのLNG輸入に関わって事業を拡大したいともくろんでいた。だがLNGがアメリカに入ってくる見通しは立たず、逆に輸出事業に切り替わった。それなら輸出用に液化するガスを自ら購入できれば言うことはない。

しかしフリーポート側の要求は厳しかった。液化設備一系列（ワントレイン）、年間生産量約四四〇万トンをそっくり購入しなければ相手にしない、と門前払いを食わされる。震災前の大阪ガスのLNG年間輸入量は七一三万トン。六割超の輸入をフリーポートに頼るのは、さすがにリスクが高い。フリーポートは当初、大阪ガスを相手にしなかった。紆余曲折を経て他の商談相手との交渉が暗礁に乗り上げ、消去法で、改めて大阪ガスに声が掛かった。千載一遇のチャンスだ。

ただし、大阪ガス一社では四四〇万トンを受け入れられない。

「相棒」が必要だった。

経産省の調達派は、公益事業者に北米市場価格でのLNG輸入の大義を説いて回った。

そして、フリーポートへの挑戦を、浜岡原発を停められた中部電力が決断する。

ここに「中部電力・大阪ガス連合」が結成されたのである。

中部電力の垣見祐二専務は、「AERA」（二〇一四年三月十七日号）の記事執筆に向けた私の一連の取材のなかで、フリーポートに標的を絞った理由を、こう語った。

「われわれも、二〇〇〇年代後半からカナダやアメリカのシェールガスを入れようと動いていて、やはり、どこかと組んでLNGをワントレインとろうとなってきた。ただ、入り方が問題でした。誰かにLNGを生産してもらって購買者として入るのか、そうではなく、生産者（液化事業者）にもなって入るのか、そのへんで各社、いろいろ思惑が違った。大阪ガスさんと話していたら、向こうも単なる買い手ではなく、生産者になりたいという意思が伝わってきました。ヘンリーハブリンクでガスを入れたい、と。互いのニーズが『安いLNGを日本に入れたい』で一致したんです」

ヘンリーハブの市場価格で輸出用のガスを調達できるかどうかは、一種の賭けだった。在来の天然ガス田を持つ石油メジャーは、日本のユーザーのヘンリーハブリンクを拒んでいた。商社も本音ではヘンリーハブに電力会社やガス会社が手を出すのを嫌がった。どちらも高いアジア価格と安いヘンリーハブの「差額」で儲けたい。ユーザーに「中抜き」でLNGを入れられたら、メジャーも商社も、存在価値がなくなってしまう。

中部電力・大阪ガス連合の頼みの綱は、北米の市場インフラの厚さだった。縦横に走るパイプラインにはガス生産者なら誰でもアクセスできる。メジャーといえどもこの市場インフラの安定性は容易には覆せない。だから競争力のある価格でガスが売買される。

じつは、アメリカ国内の天然ガス開発には、中小、独立系の有象無象も含めた一万社くらいの会社が群がっている。エプソンモービルやシェブロン、シェル、BPといったメジャーは海外権益に大きな比重をかけており、国内は手薄だ。

シェール革命の担い手は、メジャーではなく、その他大勢の小さな企業である。メジャーは技術的な困難さもあって、シェールの開発を見限っていた。それが「水圧破砕法」の技術が確立されて産出が容易になり、爆発的に生産量が拡大したのだ。

プレーヤーが中小の独立系エネルギー企業だったことは、シェール革命の見逃せない特徴である。もしもメジャーがシェール開発に最初から絡んでいたら、米国産LNGの価格も原油市況連動に持ち込まれていただろう。

いいタイミングで、中部電力・大阪ガス連合はフリーポートに挑みかかったともいえる。フリーポートも小さな独立系の会社だ。中部電力の垣見が言う。

「フリーポートは、いろんなスキームがきっちり決まっていたわけではなかった。ドミニオンやセンプラと比べれば、柔軟でした。だから生産者として入る余地も残されていた」

中部電力と組んだ大阪ガスの松坂英孝常務は、フリーポート側の「心理」をこう解説する。

「先方の幹部にインドネシアのLNGプロジェクトに関わって、中部電力、大阪ガスとおつき合いがあって、日本の事情がわかっている人もいました。日本の公益事業者が直接入るのは、商社とは違って、出口がはっきりしている。フリーポート側から見れば、直接、ユーザーをつかむのと一緒なわけです。契約上の取引を成立させるだけなら、商社でも、どことでもやればいいけど、最終ユーザーにつながっていません。フリーポート側は消費者に近いわれわれに興味を持ったのです」

中部電力・大阪ガス連合は、水面下でフリーポートへの接触を深めた。それぞれの社内で経営会議を頻繁に開き、意思決定を行った。プロジェクトの担当者は「契約しても輸出許可が下りなかったら、どうするのだ」と激しく突きあげられる。

「許可が下りるよう、エネ庁が必死で動いてくれています。国が太鼓判を押してくれています」と担当者は応じた。

フリーポート側、とくに実権を掌握するジェネラルパートナーは老獪だった。高圧的に迫ってくるかと思えば、懐柔策に出たり、ブラフを上げたり、一筋縄ではいかない。海千山千のネゴシエーターだった。フリーポートへの挑戦は難航した。

日立・三菱統合という「スクープ」

経産省で原発推進派と調達派が静かに火花を散らす。それは「原発か、天然ガス火力か」という電源選択にかかわる闘いでもあった。エネ庁内のつば競り合いを横目に「民」は大胆に行動する。

二〇一一年八月四日、日経新聞の朝刊一面に「日立・三菱重工統合へ」という大見出しが躍った。「13年春に新会社　世界受注へ巨大連合　きょう発表」「売上高12兆円超」「原発事故で環境激変　発電・鉄道・ITなど強化」と、中見出しが続く。

その日、他紙が経産省三首脳（松永和夫経産次官、寺坂信昭原子力安全・保安院長、細野哲弘資源エネルギー庁長官）の年次に沿った異動を政治家のパフォーマンスに目を奪われて「更迭」と報じたなかで、日経が驚天動地のスクープを放ったかにみえた。

連結売上高九兆三〇〇〇億円の日立と、三兆円の三菱重工は、ともに明治期から国家とともに歩み、発電や造船、産業機械、情報通信システムなどの社会インフラを築いてきた。東芝を含めて重電御三家と呼ばれ、激しい競争をくり広げている。

日立と三菱重工は、二〇〇〇年に製鉄機械部門で共同出資会社「三菱日立製鉄機械」を設立し、統合へと踏み出した。その後も鉄道事業で提携し、水力発電設備事業では三菱電機を交えた三社統合を決めたばかりだった。両社が完全に経営統合すれば、アメリカのGE、ドイツのシーメンスに比肩しうる巨大インフラ企業が生まれる。

日立の中西宏明社長は、早朝の記者のぶら下がり取材に「きょう夕方発表します」とコメントしている。焦点は、やはり電力関連だ。記事は、こう伝える。

「両社は主要な製品やシステムでも補完し合える。原子力発電プラントでは、三菱重工が世界で主流となりつつある加圧水型軽水炉（PWR）を、日立が沸騰水型軽水炉（BWR）の炉型をそれぞれ手掛け、各国のニーズに柔軟に対応できるようになる。火力発電でも三菱重工は環境負荷が小さいガスタービンを得意としているのに対し、日立は新興国の需要拡大が期待できる石炭火力向けの蒸気タービンに強い」

これだけ読むと、原子炉のタイプが加圧水型、沸騰水型の両方がそろって、三菱重工、日立、双方のメリットになるかのようだが、実際には加圧水型が世界の軽水炉の八割ちかくを占め、圧倒している。三菱重工は、当初、ウェスティングハウスと組み、同社が東芝に買収されてからはアレバと一緒に加圧水型をつくってきた。GEと一貫して沸騰水型を製造している日立は、世界的シェアを失い、福島の事故で強い逆風をあびている。

原子炉製造に視点を置けば、日立がGEとの縁を断ち切って、三菱にすがりつこうとしているようにも見える。GEがよくぞ日立と三菱重工の統合を認めたものだ、と推移を注視していると、即日、両社の広報は「そのような事実はありません」「(統合に)合意する予定はありません」と真っ向から否定した。

記事は「誤報」で片づけられる。

では、日立の中西社長は嘘をついたのだろうか。そうではない。両社は、全面統合はともかく、重要な電力部門の統合を模索し続けていた。そして、翌二〇一二年の暮れに火力発電事業の統合を正式発表する。統合の中心事業は、ガスタービンやボイラーなどの火力発電の中核設備機器の分野だ。三菱重工は、「ガスタービンコンバインド(複合)サイクル発電(GTCC)」で世界最高水準の技術を持っている。発電効率は、従来の火力プラントよりも二〇パーセントも高い五八パーセントが可能だという。このコンバインドガス火力に地熱や燃料電池を加えて事業統合へと踏み出した。

地域に縛りつけられる電力会社が、国策民営で建てた原発を背負い、その重圧から逃れられないのに対し、世界で戦う重電メーカーは電力の主流がガス火力や自然エネルギー、燃料電池へとシフトする趨勢に即応していた。

日立・三菱の統合は、原子力偏重時代への別れのワルツでもあった。両社の統合で、GEやシーメンスも安閑とはしていられなくなった。

日本が各国の原子力産業を「監視」せよ

日立・三菱統合の「誤報」が掲載された翌日、八月五日の日経新聞にCSIS所長、ジョン・ハムレの「原子力放棄、むしろ弊害大」「脱原発は誤り」と主張する論説コラムが掲載された。以後、アメリカのジャパン・ハンドラーと呼ばれる面々は、日本の原発維持、推進を説く際に、このハムレの論説を踏襲する。

コラムの要点を引用しておこう。

「……それ（脱原発）は大きな誤りである。中国は、原子力発電をやめるつもりはない。そして改めていうまでもなく、日本は中国の原子炉の風下にある。インドも原子力発電をやめない意向だし、韓国、南アフリカ、ブラジル、パキスタン、イランもそうだ。たとえ日本が打ち切っても、世界の多くの国は原子力発電を推進するだろう。

だが原発の建設と運転に関して、しっかりしたグローバルスタンダードを定める役割は、誰が果たすのだろうか。また、世界の商用原子力発電産業を監督し、『商用運転』を隠れみのに核兵器製造に手を染める行為を防ぐ役割は、誰が果たすのだろうか。

現時点では、この役割を国際原子力機関（IAEA）が担っている。IAEAで主導的な役割を果たしてきたのは日本と米国である」

中国の「風下」に位置する日本が原子力産業を監督する役割を果たせ、とハムレは力説する。アメリカは、これまで北朝鮮やイランが「商用運転を隠れみの」に核兵器製造に手を染めていると攻撃してきた。日本は番犬のように中国や韓国、南アフリカなどの原子力産業を見張れ、という。

アメリカの原子炉メーカー、ウェスティングハウスは東芝に買われ、ＧＥも日立との関係を強めた。実態的にアメリカの原子炉メーカーは日本企業に乗り移って生き延びている。日本の原子力放棄は許さない、というメッセージとも読める。

「責任能力に乏しい国の商用原子力開発には国際的な監視体制が必要だが、日米両国が原子力発電をやめたら、そうした仕組みを形成し主導できる国がなくなってしまう。（略）両国の安全思想にくみしない国々が原子力システムの運営責任を担う事態となれば、日本も米国も今よりはるかに安全でなくなるだろう」

ストレートに中国とは表現していないが、両国の安全思想にくみしない国に中国が含まれるのは間違いない。中国が原子力システムの運営責任を負うようになれば、日米とも危険になる、と中国脅威論に火をつける。さらに日本にこう呼びかける。

「……日本は原子力を放棄するのではなく、原発の安全性の面で世界のチャンピオンを目指すべきである。原発の安全運転で世界の一流を目指すという機運を国内で盛り上げ、卓越した技術に対する評判を取り戻さなければならない」

ハムレの論説は一貫して「アメリカの利益」を背景に書かれている。それは「核兵器不拡散と原子力の平和利用の両立」という、どの国の政府も表向きは反対できない名目に要約できる。だが、原子力と核兵器の開発は表裏一体、コインの裏表であり、矛盾の塊だ。パワーゲームで関係は決まってくる。そうした利害関係が錯綜するなかで、日本は原子力を死守せよ、と提言している。

このコラムは、国境を越えて利益を追うグローバリズムのために日本のナショナリズムを煽っている。ハムレは「原発の安全性の面で世界のチャンピオン」を目指せ、と日本人の自尊心をくすぐる。

世界の一流を目指す機運をつくれ、と託宣している。

多国籍企業が国境を越えて展開するグローバリズムと国家主義は本質的には対立をはらんでいるが、利用し合う関係でもある。多国籍企業が稼ぐには、愛国的な仮面が役に立つこともある。たとえば、超国家企業が「世界で戦おう。世界一を目指せ、国民は一致団結しよう」と鼓舞し、国の公的なしくみや資金を誘導する。呼応した政府は「世界で勝つために原発を輸出しよう」と突き進む。

そのような意図がハムレの論説から読み取れる。

イランからの撤退、屈辱の石油外交

一一年の晩秋を迎えて、オバマ政権は首相が野田佳彦に代わった民主党政権に「核兵器不拡散」の大義を押し立て、イランへの制裁強化に同調するよう圧力をかけてきた。すでにアメリカの方針に従い、大幅にイランにおける権益を失っていた日本政府は当惑した。

イランは、〇二年にウラン濃縮施設の存在が発覚し、パキスタンのカーン博士による「核の闇市場」から技術提供を受けた事実も明らかになった。核兵器開発疑惑が一挙に強まる。原子力発電が必要だと主張するイランは、IAEAに申告し直し、核兵器開発を否定した。ウラン濃縮活動の一時停止に合意したが、〇五年に対米強硬派のアフマディネジャドが大統領に就任し、ウラン濃縮を再開する。国際社会のイラン不信は高まった。

アメリカは一九七九年の「テヘラン米国大使館人質事件」以来、イランへの制裁措置を続けてきた。核兵器開発疑惑が強まって、一段と制裁を強める。英独仏がアメリカに足並みをそろえる一方、イラン南部で原発建設に協力するロシア、イランからの原油輸入が増える中国は制裁に消極的だった。親米国家のイスラエルが事実上核兵器を保有するのを放置し、大国間の核軍縮が停滞するなかでのイラン制裁強化は「核兵器不拡散条約（ＮＰＴ）」の偏りの表われでもあった。

一〇年秋に日本は辛うじて一割の権益を確保していたイランのアザデガン油田から「完全撤退」している。アザデガンの権益は経産大臣が筆頭株主の国際石油開発帝石（ＩＮＰＥＸ）が持っていた。アメリカから「完全撤退しない場合はＩＮＰＥＸもイラン制裁の対象企業に入れる」と仄めかされ、日本政府は長く保持してきたアザデガンの虎の子の権益を、断腸の思いで捨てたのである。

その傷が癒えるどころか、震災を経験し、石油や天然ガスが喉から手が出るほどほしい状況で、オバマ政権はイランからの原油輸入量をもっと減らすよう、さらに同調圧力をかけてきた。エネルギー資源をめぐる外交は、冷酷な打算で成り立っている。

日本は対イラン制裁の交渉カードに使われた。イランにとって日本は第二の石油輸出国である。日本への輸出量が減れば、大きな痛手を受ける。アメリカに言われるまま、日本はイランからの原油輸入量を二〇パーセント減らした。

屈辱的な石油外交の裏面で、日本側も一筋の可能性を求めて「抵抗」を試みてはいる。アメリカとの交渉過程を知る政府関係者は、こう証言する。

「原油輸入量を減らせば、当然、代替原油を手当てしなくてはならない。コストは上がる。貿易収支が壊れかけた状況で、野田政権は消費税の議論をしていました。国民に別途負担をお願いしなくちゃいけない。震災、原発事故、イラン制裁ときて、とにかく未曾有の危機だ。ここでイラン制裁への協力だけで終われば、何をやっているんだと猛烈な政治的インパクトがくる、とアメリカに強く言いました。そこで油と油の議論ではなく、シェールガスの輸出許可をしてくれ、と申し入れたのです」

政府内では、米国産ＬＮＧの輸出許可は個別交渉ではなく、環太平洋経済連携協定（ＴＰＰ）のトラックに乗せたほうが確実ではないか、との見方もあった。だが、ＴＰＰの先行きは不透明だった。経産省は、個別撃破を選んだ。

「アメリカでイラン制裁を担当しているのは、国務省や国防省、ホワイトハウスの連中なんです。彼らはイランへの制裁強化が震災後の日本のエネルギー事情を悪化させ、国民負担を強いるというのは初耳だった。彼らと米国産のＬＮＧの輸出許可をするとか、しないとかの議論はできませんが、そういう問題があることを日本側は伝えています。シェール絡みの輸出解禁には、そういう面があるんだと、タマを撃ち込んだ。相手は、政権でかなり鍵になるところにいました。そこにエネルギー問題を持ち込んだ」と政府関係者は語る。

対米交渉の推移を受けて、調達派は「政府も全力を尽くす」とＬＮＧ輸出プロジェクトに関心を持つ企業を口説いた。機をうかがっていた中部電力・大阪ガス連合がフリーポートへと走り込む。

神経をすり減らすフリーポート交渉

テキサス州の都市ヒューストンから南へ約一〇〇キロ、メキシコ湾に面した港町フリーポートに輸入から輸出へ切り替えられたＬＮＧ基地の用地が広がっている。二〇一二年三月、中部電力・大阪ガス連合にようやく「優先的交渉権」が与えられた。交渉部隊は、三日前に出張を命じられ、慌ただしく、フリーポートへやってきた。

交渉のなりゆきは、アジア諸国をはじめ、他の国々の事業者も息をつめて見守っていた。交渉に変調が兆したら、一気に攻め込もうと虎視眈々と狙っている。もたつけば乗り換えられる。時間との勝負でもあった。

四月中旬にフリーポートと中部電力・大阪ガス連合は基本合意に達した。ところが、それから交渉は遅々として進まなかった。五月の連休明けにヒューストンで日本側が提示した契約素案を、フリーポートの交渉責任者は拒絶する。

「これまでの合意を超えた要求だ。われわれには大きな隔たりがありすぎる。このままでは交渉は続けられない」と憤って、席を立った。交渉責任者は、自社に戻ると「日本チームは信用できない。決裂だ」と吠えまくった。

ブラフなのか、本気で決裂やむなしと怒っているのか……日本側は過去の事例を踏まえて常識的な条件を提示したつもりだったが、相手は予想外の反応を示した。交渉部隊は、相手の人物像を懸命に探った。もともと短気な人物ではあった。仕事を離れたディナーやパーティの席で、本音を探ると日本との商談をまとめたがっていた。しかし、条件は絶対に譲れない、と頑なである。

神経をすり減らす交渉が続き、七月末、ようやく一系列の天然ガス液化加工契約の最終合意に至る。中部電力と大阪ガスは、それぞれ年間約二二〇万トンの天然ガス液化能力を確保する。これによって、シェールガスはじめ米国産の天然ガスを自ら手当てし、液化を経てＬＮＧとして調達することができるようになった。

まだ輸出許可が下りていないにもかかわらず、フリーポート側はプレス発表をした。大阪ガスの松坂常務は、こうふり返る。

「ふつうなら対外的に発表しない内容の詰め具合です。フリーポート側が、フライング気味に無理やり発表しました。それで逆に政府も、われわれも大っぴらにできて、前向きに取り組めたともいえます。もっと確度の高いチェックをしたかったが、そんな悠長なことは言っていられなかった」

中部電力の垣見専務は自社のLNG受入れ設備の整備が奏功したと述べる。

「もともとうちは化石燃料、LNGの比率が高く、原子力は低い。化石燃料を重視して、3・11前から設備改修に手をつけていました。シェールガスはメタン中心なので、ものすごく軽質です。そんなに軽いガスは焚けないという電力会社が多いなかで、いつでも受け入れられるよう設備改修したんです。LNG専用船が入る港も、通常の二倍の船が入れるように改修しています。結果として、そうした準備が交渉面でも役に立ちました」


米エネルギー省は、一三年五月、フリーポートLNGプロジェクトに対して、FTA非締結国向けの輸出許可を発行した。イラン制裁をめぐって日本側がホワイトハウスに撃ち込んだタマが効いたかどうかは定かではないが、メジャーや国営ガス企業に牛耳られていたLNGの東アジア市場に改革の「風穴」が開いた。

フリーポートの輸出基地が稼働すれば、東アジア価格の三〜四割安のLNGが日本に輸入されるという。だが、確実にそうなるかといえば、日本の情勢はあまりに不透明だ。エネルギーの分野では「予見性」が何よりも重要視される。そのときどきの価格や、需給バランスよりも、数歩先が見えるかどうかが、より大切なのだが、見通せていない。

日本では電力源の火力、原子力、水力、太陽光など再生可能エネルギーの比率がどうなるか、まったく読めなかった。「一年後、三年後の電気料金を言ってみろ」と問われて答えられる者は、官邸にも資源エネルギー庁にもいなかった。

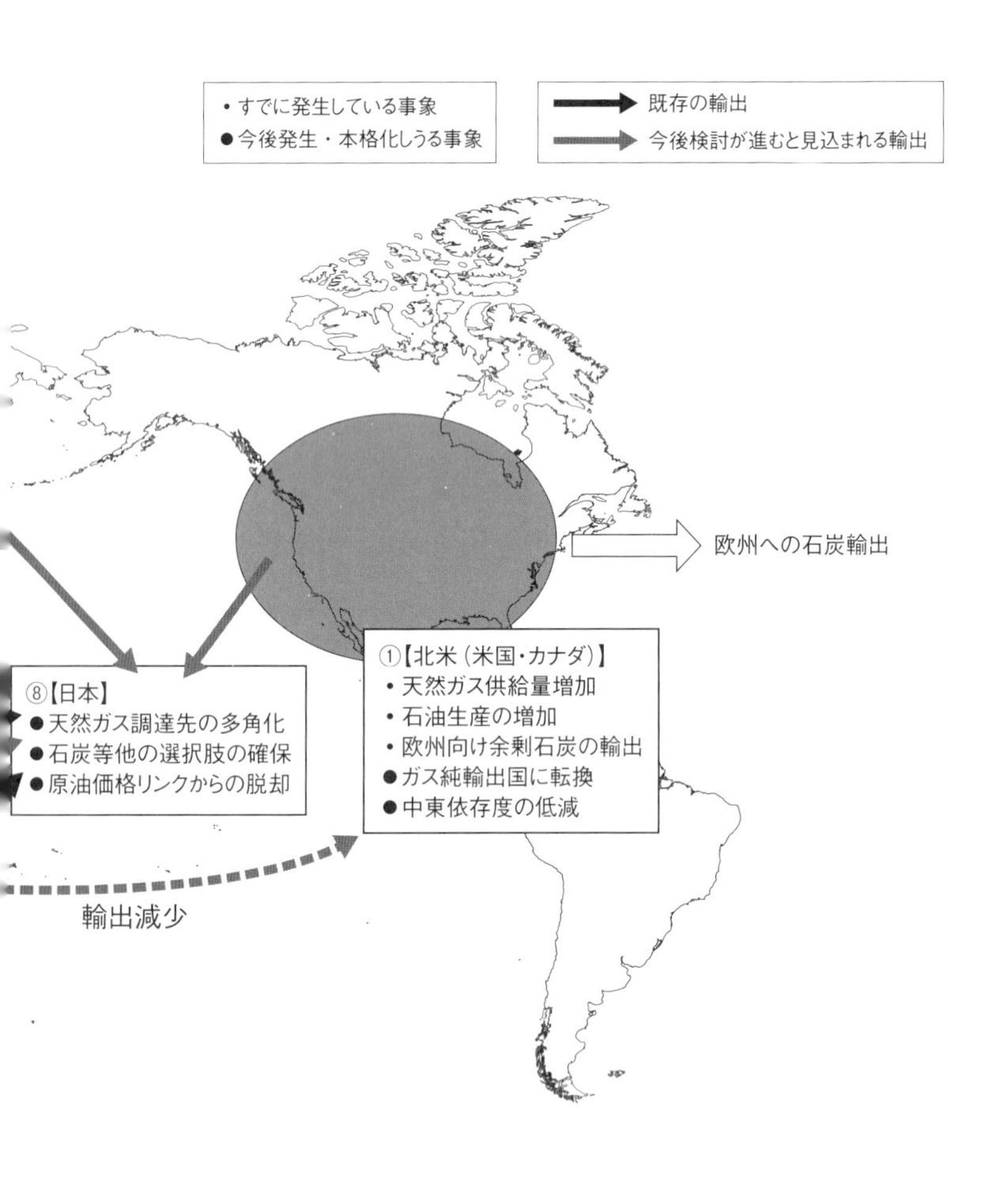

出典：「国際エネルギー情勢について」（2013年５月資源エネルギー庁、総合資源調査会総合部会、資料）

図5　シェール革命が世界に与える影響

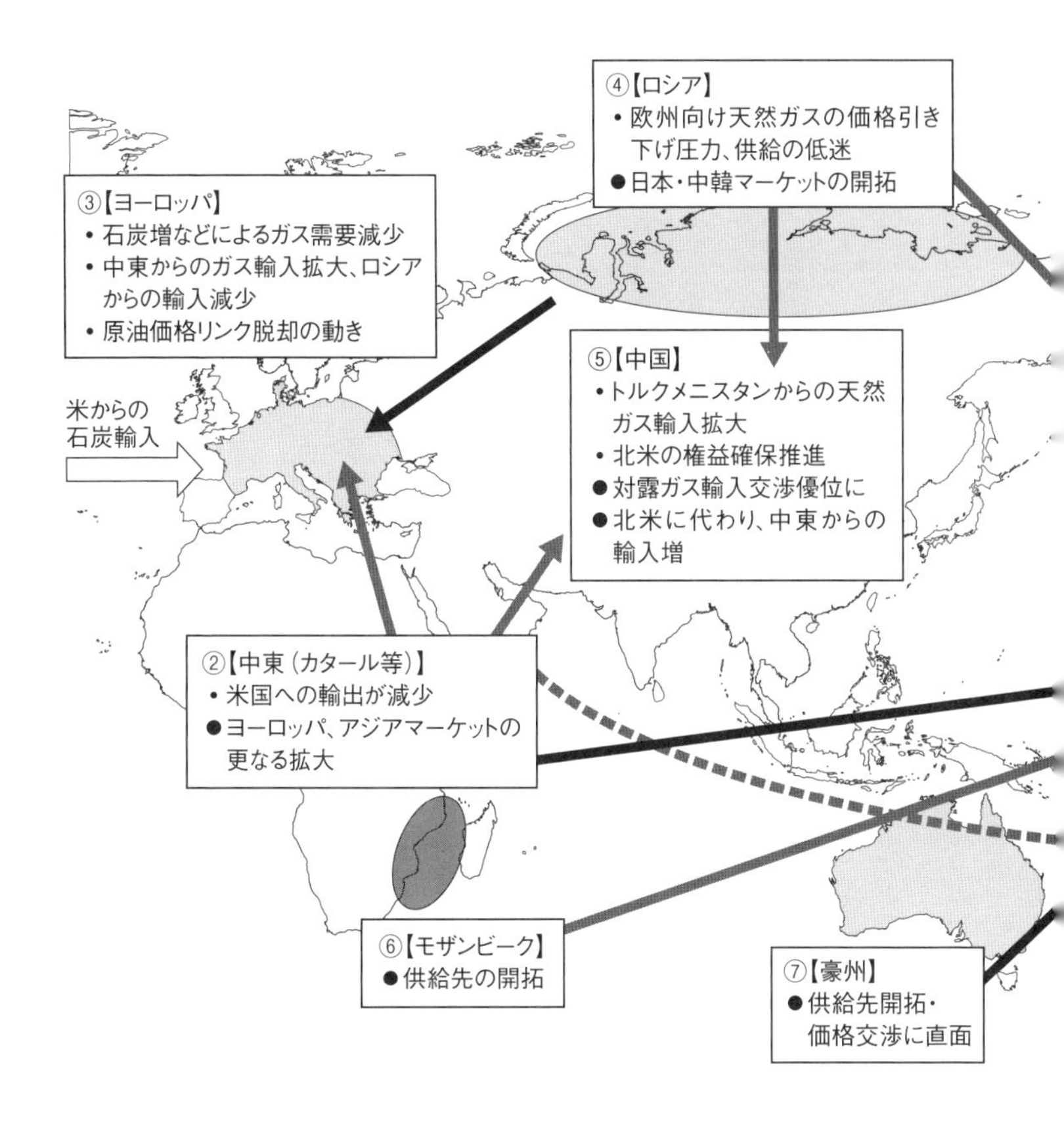

米国産ＬＮＧを死に物狂いで獲りにいった挑戦も、電力、エネルギー政策の変革の流れに照らせば、局地戦に過ぎなかった。本当の主戦場は、電力源の割合を定める攻防のなかにある。エネルギー源の配分をとおして「国のかたち」を決める戦いである。

激動する国際情勢のなかで、「持たざる国」日本はエネルギー資源の調達に奔走し、原発の増設、核燃料サイクルと核兵器不拡散の矛盾を抱えながら、一定の均衡を維持してきた。が、しかし、福島第一原発事故であらゆる前提が吹き飛んだ。

電力源の火力や原子力、水力、太陽光などの構成割合は一挙に突き崩された。電源のバランスは、国土の自然環境や政治、経済、文化、歴史が織りなす「国のかたち」であろう。欧州諸国やアメリカ、中国は石炭を、ロシアは天然ガスを主体とし、フランスは原子力を柱とする。ブラジルのように広大な河川の水力に頼っている国もある。与えられた条件のなかで、どの国も電源のバランスを最適化しようとしている。

日本にとって壊れた「国のかたち」を描き直すことは、ポスト「3・11」の方向を示す根本策である。電源のバランス、いわゆるエネルギーミックス、もしくはエネルギー・ベストミックスは、国民生活と経済活動の再生、国際的な資源調達や核と原子力の外交交渉を進めるための土台となる。エネルギーに関する多様な議論が絶えずそこにフィードバックされ、確認される。エネルギー・ベストミックスは、社会を支える価値の基盤である。

当然ながら、「国のかたち」が定まらなければ、人びとの暮らしは迷走し続ける……。

ここで、世界を俯瞰する視点から離れ、東日本大震災後の日本国内の政策バトルに目を向けよう。そして、福島第一原発事故を契機に描き直されるはずだった「国のかたち」が未だに放置されているのはなぜか、どんな議論が積み上げられ、それがどのように無視されたのか、何を私たちは決めなければならないのか、徐々に明らかにしたい。

「原発稼働ゼロ」の閣議決定

震災の発生直後から二〇一二年九月下旬にかけて、「国のかたち」を決める討議は、経産省の密室から解き放たれ、活発に行われた。そのプロセスは、初めてインターネット中継で国民に公開されている。それまで資源エネルギー庁の一室で政官財学の関係者が密かに決めていた政策が一般の目に晒される。ベストミックスを導く有識者の委員会は公開で度々開かれ、その答申をもとに選択肢が国民に提示された。さらに「国民的議論」を経て、「革新的エネルギー・環境戦略」という政府方針が打ち出されたのだった。

ベストミックスの議論と並行して、「核燃料サイクル」「電力システム改革（自由化等）」「東電の経営・賠償」「原発再稼働・安全規制」などの問題も話し合われている。革新的戦略と、これらの議論を比喩的にイメージするなら、「糸」「縄」「籠」のような関係といえよう。「核燃料サイクル」などの個別テーマは審議の場で糸のように紡がれ、それらの糸をより合わせてベストミックスの縄にする。その縄を編んで「革新的エネルギー・環境戦略」という籠がこしらえられた。革新的戦略は謳っている。

「三つの原則（四〇年運転制限の厳格適用、原子力規制委員会の安全確認を得たもののみ再稼働、原発の新増設はしない）を適用する中で、二〇三〇年代に原発稼働ゼロを可能とするよう、あらゆる政策資源を投入する」

紆余曲折を経て、「二〇三〇年代の原発稼働ゼロ」が革新的戦略に明記された。議論は積み重ねられている。ところが土壇場で革新的戦略の閣議決定の仕方を、メディアは集中的に批判した。野田内閣は、次の一文を閣議決定し、革新的戦略の全文を別添している。

「今後のエネルギー・環境政策については、『革新的エネルギー・環境戦略』を踏まえて、関係自治体や国際社会等と責任ある議論を行い、国民の理解を得つつ、柔軟性を持って不断の検証と見直しを行いながら遂行する」

一読しただけでは、確かに「二〇三〇年代に原発稼働ゼロ」を決めたかどうかが曖昧に感じられる。「柔軟性を持って不断の検証と見直し」をして政策を遂行するのであれば、「二〇三〇年代に原発稼働ゼロ」が撤回される可能性もあるように読める。

革新的戦略を取りまとめた国家戦略担当大臣の古川元久は、記者会見で、なぜ戦略全文を閣議決定しなかったのかと突っ込まれて、こう答えた。

「この戦略を踏まえて、今後グリーン政策大綱や地球温暖化対策の計画、エネルギー基本計画、原子力の人材や技術の維持・強化策といったエネルギー・環境政策の具体化を図ることとなりますので、そうした実際の政策決定プロセスを見据えたものでございまして、何らこの決定内容を変えたというものではございません。ちなみに本文をそのまま閣議決定しないというのは、原子力委員会の原子力政策大綱や規制改革会議の規制改革推進のための答申など、これまでもそういう形が様々とられておりまして、閣議決定の方式として、今回このような形をとらせていただいたということでございます」

古川は、原子力政策の長期計画を定めてきた「原子力政策大綱」を引き合いに出して、革新的戦略の決定内容＝「二〇三〇年代に原発稼働ゼロ」は有効だと言っている。結果論だが、古川は、もっと詳しく説明して原子力政策大綱の閣議決定と、革新的戦略のそれを比較して語るべきだったのではないか。実質的に革新的戦略は閣議決定されている。

当時、数々の公約違反で民主党の野田佳彦内閣はレームダック状態だった。これが精いっぱいだったのかもしれない。ただ、「国のかたち」を決める過程はかなり透明になった。「二〇三〇年代に原発稼働ゼロ」と戦略に書き込んだ事実も残った。それが一連の同時並行的議論の到達点であった。

しかし、メディアは一斉に閣議決定の有効性に疑問符をつけて批判する。九月二十日付の新聞各紙の「社説」には次のような見出しが並んだ。

「原発ゼロ方針　『戦略』の練り直しが不可欠だ」（読売新聞）
「原発ゼロ政策　政権の覚悟がみえない」（毎日新聞）
「脱原発政策―うやむやにするのか」（朝日新聞）
「思慮の浅さが招いた『原発ゼロ』目標の迷走」（日経新聞）
「原発ゼロ政策　首相は破綻認めて出直せ」（産経新聞）
「閣議決定見送り　脱原発の後退許されぬ」（東京新聞）

なぜ、これほどメディアは閣議決定の方法にこだわり、革新的戦略を評価しなかったのだろうか。不可解さがずっと澱のように私の心の底に残り続けた。

「可能な限り低減」へ

その後、政権を奪還した安倍晋三は、首相就任直後の国会答弁で革新的戦略は「ゼロベースで見直し、責任あるエネルギー政策を構築する」と自民党路線への回帰を口にする。二〇一四年四月に政府は新しい「エネルギー基本計画」を決定した。本来は革新的戦略を受けて策定されるはずだったが、一年半以上遅れた。新エネルギー基本計画は、向こう五〜六年の政策を方向づける。原子力について、こう位置づけた。

「運転コストが低廉で変動も少なく、運転時には温室効果ガスの排出もないことから、安全性の確保を大前提に、エネルギー需給構造の安定性に寄与する重要なベースロード電源である」

原子力の「安さ」を強調し、ベースロード電源と規定している。再稼働にも言及する。

「原子力規制委員会により世界で最も厳しい水準の規制基準に適合すると認められた場合には、その判断を尊重し原子力発電所の再稼働を進める」

「世界で最も厳しい水準」の根拠は明らかではない。判断を尊重するはずの原子力規制委員会のトップは「新規制基準を満たしたから安全とは言えない」「世界一の安全基準という言葉は政治的な発言」と言い、再稼働の判断から距離を置いた。

新エネルギー基本計画は「原発依存度の低減」にも触れる。

「原発依存度については、省エネルギー・再生可能エネルギーの導入や火力発電所の効率化などにより、可能な限り低減させる」

当面、新しい原発は再稼働し、古いものは「可能な限り低減」と解釈できる。いわゆる「縮原発」の物言いだが、いつまでにどれだけの原発を減らすか、どのように廃炉を進めていくかは決まっていない。なし崩し的な再稼働と原発依存度の低減という反対の内容を併記している。官僚の作文特有のいかようにでも解釈できる「霞が関文学」の極致である。

そして、最も大切な根本策、「国のかたち」に連なるエネルギー・ベストミックスについては、様子見を決め込んで、こう記す。

「エネルギーミックスについては、各エネルギー源の位置付けを踏まえ、原子力発電所の再稼働、固定価格買取制度に基づく再生可能エネルギーの導入や国連気候変動枠組条約締約国会議（COP）などの地球温暖化問題に関する国際的な議論の状況等を見極めて、速やかに示すこととする」

「速やかに示す」ときがいつかはわからない。くり返すが、新エネルギー基本計画は、二〇二〇年ごろまで政策を縛る。影響力の強い計画だ。根本策を定めずに再稼働を促す一方で、あれもこれもやろうと総花的にメニューを並べる。ひと言で評するなら全体の「目的」が見えない。目的が定まっていないから、手段が目的化し、政策は迷走する。

「国のかたち」は壊れたままだ。世論調査では、国民の六割超が原発の再稼働に反対している。国民的議論を踏まえた「二〇三〇年代に原発稼働ゼロ」は、一年数か月で反故にされた。政権が交代したとはいえ、国家の礎であるエネルギー政策の根幹がそう簡単に変えられていいのだろうか。

「国民的議論」で話し合われたこと

電力とエネルギーをめぐる論議は、複雑に絡み合い、全体像を把握するのは容易ではない。結果的に既得権を持つ産業界と、その周辺の族議員の思惑に沿って、天下り先を確保したい官僚がシナリオを作っていく。複雑さを逆手にとって、玉虫色の文言がひねり出される。

こうした欺きを見抜くには、複雑さに耐えて、一つひとつの議論を思い起こさねばならないだろう。二〇一二年の「国民的議論」で、どんなテーマが話し合われ、「二〇三〇年代に原発稼働ゼロ」という方針が出されたのか。もう一度、確かめておく必要がある。あの時点で浮上した課題は、エネルギー・ベストミックスにしても、核燃料サイクル、電力システム改革にしても、何ひとつ片づいてはいない。むしろ混迷の度を深めている。

そこで、「国民的議論」を経て「革新的エネルギー・環境戦略」に至る、一二年春から九月下旬の政策立案プロセスを図6に整理してみた。電力・エネルギー政策の見取り図のような感覚で眺めていただきたい。

議論全体のとりまとめは、Aの戦略づくりを先導した「エネルギー・環境会議（以下、エネ環会議）」が担っていた。事務局の国家戦略室は、各省からの出向者や民間任用された審議官らで構成される。国家戦略室は文字どおり戦略づくりの「司令塔」であった。

その国家戦略室でエネ環会議の事務を受け持ち、革新的戦略の草稿を作成したキーパーソンが伊原（いはら）智人（ともひと）だ。もともと伊原は経産官僚だったが、三十代半ばで退官し、民間企業で働いていた。原発事故が起きてエネルギー危機が到来し、新たなエネルギー戦略を立てねばならないと意を決して官界に舞い戻った。その働きぶりはおいおい記していこう。

司令塔のエネ環会議に対し、Bの資源エネルギー庁総合資源エネルギー調査会・基本問題委員会がベストミックスの審議をし、選択肢を示す役割を負った。同じく、Cの原子力委員会は核燃料サイクル政策、Dの中央環境審議会は温暖化対策の選択肢をエネ環会議に示す。これらの選択肢を受けて、エネ環会議は、「二〇三〇年度の原発依存度」を「ゼロ」「一五パーセント」「二〇〜二五パーセント」の三つのシナリオにまとめて国民に提示する。そのうえで前例のない「討論型世論調査」などを行い、国民的議論を展開して革新的戦略を決定。その内容をB、C、Dにフィードバックして、新しい「エ

新エネルギー基本計画づくり／電源のベストミックス

◆経産相
▲資源エネルギー庁
（総合資源エネルギー調査会・基本問題委員会）

◎電源のベストミックスの選択肢を示す

［新エネルギー基本計画］

B

原発再稼働・安全規制

◆総理、官房長官、経産相、原発相（四大臣）
▲四大臣会議、地方議会

◎大飯原発の再稼働を決める

◎国会で原子力規制委員会・原子力規制庁の設置が決まる

▲関西広域連合
（大阪府、京都府、滋賀県など2府5県）

G

革新的エネルギー・環境戦略づくり

◆国家戦略相
▲エネルギー・環境会議
（コスト等検証委員会・電力需給等検証委員会）

◎日本のエネルギー戦略の選択肢に関する中間的整理（2030年の原発依存度「0%」「15%」「20〜25%」）

◎「エネルギー・環境に関する選択肢」を提示。上記中間整理をもとに「ゼロシナリオ」「15%シナリオ」「20〜25%シナリオ」にまとめ、討論型世論調査などの国民的議論へ。

国民的議論の展開（7〜8月）

［革新的エネルギー・環境戦略の決定］

A

2012年9月下旬

原発をどのように減らすか？
「国策民営」を転換できるか？
エネルギーの未来像は描けるか？

◆担当大臣　▲担当する組織
◎政策づくりの方向性　［　］政策名

図6 「革新的エネルギー・環境戦略」に至る政策決定の流れ

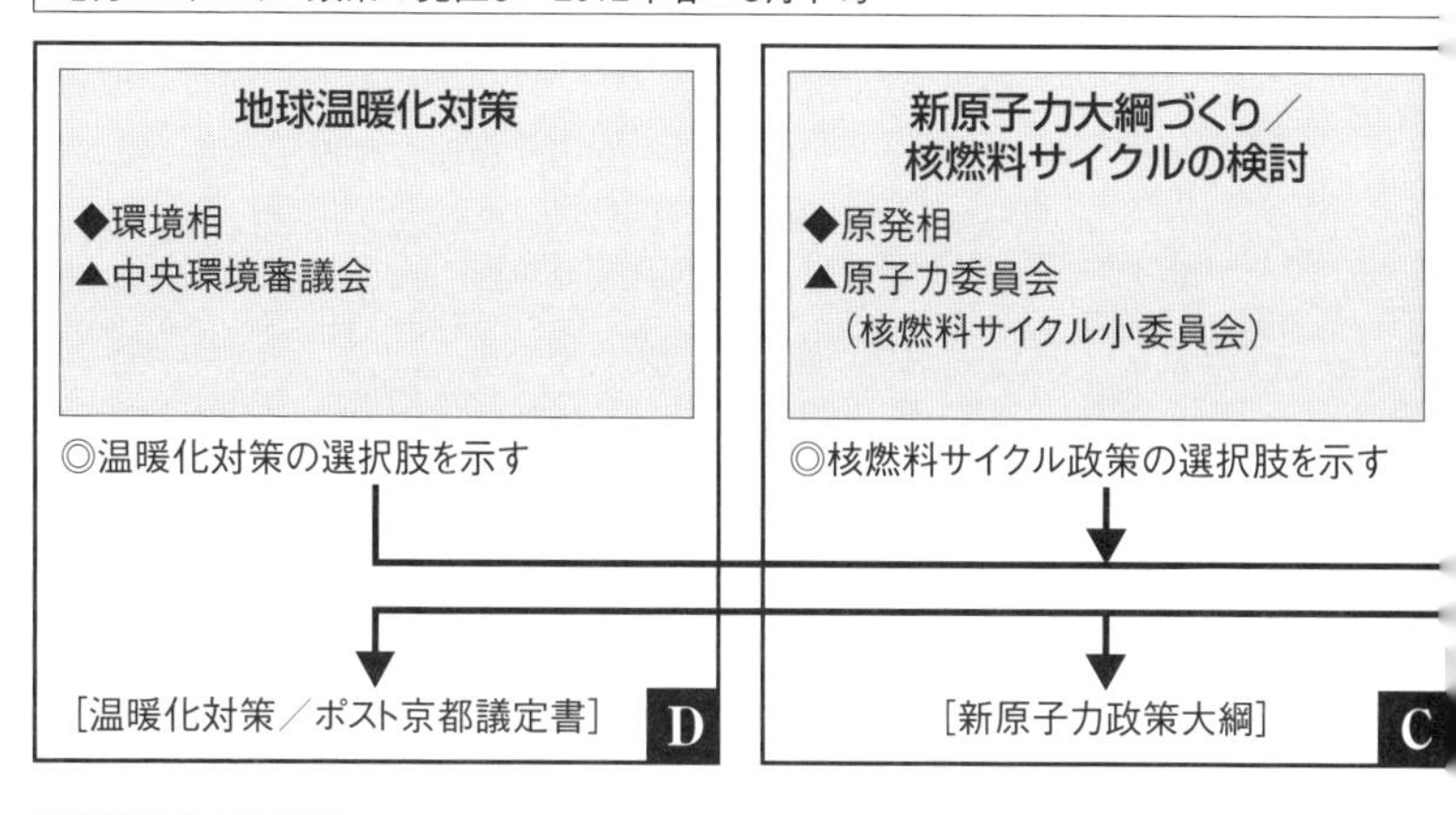

関連する政策と課題

電力システム改革（自由化等）

◆経産相
▲資源エネルギー庁
（総合資源エネルギー調査会・
電力システム改革委員会）

◎電力自由化（発送電分離、送配電部門の広域化と中立化）についての方針を定める

▲資源エネルギー庁
（調達価格等算定委員会）

◎自然エネルギーの買取り価格
（太陽光42円／kWで決着）を示す

◎7月1日より、自然エネルギーの
買取り開始

E

東電経営・賠償

◆経産相・原発相
▲原子力損害賠償支援機構・
東京電力

◎東電総合特別事業計画の策定、
東電実質国有化の方針を定める

◎東電株主総会で事実上の国有化が
決まる

▲資源エネルギー庁（総合資源エネルギー調査会・電気料金審査専門委員会）

◎電気料金値上げの検討

F

（出典：日経ビジネスオンライン「山岡淳一郎の『電力・夏の陣』」より）

ネルギー基本計画」「原子力政策大綱」「温暖化対策」を策定する工程が敷かれた。

ベストミックスを含む「国のかたち」を議論する主戦場は、Aエネ環会議、B総合資源エネ調査会・基本問題委員会、C原子力委員会・核燃料サイクル小委員会であった。Dの地球温暖化対策は震災後の緊急時とあって、やや影が薄かった。

一方、ベストミックスの議論と直接的な関係はないが、Eの「電力自由化」や「再生可能エネルギーの固定価格買取制度（FIT）」、Fの「東電経営・被災者賠償」と「電気料金の値上げ」、Gの「原発再稼働・安全規制」の議論も極めて重要だった。各テーマは電力・エネルギー政策を左右し、「国のかたち」に直結している。E〜Gの議論は局地戦のようだが、主戦場のAやBに与える影響は大きかった。

では、激論が飛び交う、審議のステージをいま一度、再現してみよう。

消し飛んだエネルギー基本計画

まずは本丸の「エネルギー・環境会議」と事務局の「国家戦略室」にフォーカスを絞ろう。エネ環会議は、震災後に原発維持で一枚岩となった政官財学の原子力ムラに対して民主党政権が打ち込んだ強烈な楔だった。

エネ環会議は、国家戦略相を議長とし、経産相と環境相が副議長を務め、外相、文科相、農水相、国交相、経済財政相、内閣官房副長官らで構成される。その事務局は、これまでエネルギー政策を統括してきた経産省ではなく、内閣官房国家戦略室に置くと決定される。官界では経産省の手足を引きちぎる処置だと囁かれる。霞が関に強い衝撃が走った。

「国家戦略室がエネルギー政策の司令塔だって？　何だ、それ」と経産省の主流は呆れた。

エネルギー政策は、戦後、一貫して経産省（旧通産省）の縄張りだった。一九七三年に通産省外局で発足した資源エネルギー庁は、エネルギーの安定供給と電力関連の政策を一手に握る。二〇〇二年にエネルギー政策基本法が制定され、「エネルギー基本計画」で将来の需給や構造を見すえてエネルギー・ベストミックスが示されるようになった。二〇一〇年に策定されたエネルギー基本計画は、向こう二〇年間に原発を一四基新設し、原子力の発電割合を現行の二六パーセントから五三パーセントに引き上げると宣言している。

このエネルギー基本計画は、原発事故で消し飛んだ。福島第一と第二、合わせて一〇基の原発の稼働は事実上不可能となり、計画は頓挫する。しかし、経産省主流は、政策の破綻には触れず、体制の護持に全精力を傾ける。電力、エネルギー業界も変革を望まなかった。体制の変動自体が事業経営の大きなリスクだったからだ。

政官業は三つ巴の関係だといわれる。電力業界は、許認可権を握られた官僚に頭が上がらない。官を牽制するために政界に献金をして電力族議員を養う。大臣に就いた政治家は官僚の人事権を握る。意に沿わない官僚の耳元で「きみは電力のウケがいまひとつだな」と囁くだけで効果てきめん。政策に電力業界の意向が反映される、という按配だ。

官と業の力関係は、戦後から高度成長期を経て、震災前には電力側にやや分があった。電力会社は市場の地域独占で「産業の王」として君臨する。東京電力を頂点に関西電力、中部電力が続く支配体制を敷き、電気事業連合会を拠点に権勢を誇った。

そこに、原発事故の災禍が降りかかる。政官業は行きがかりを捨てて体制護持で団結する。バラバラに泳いでいた魚の群れが難敵と遭遇し、瞬時に巨大な魚影を形づくるように体制護持で結束した。そして、政治主導を掲げる民主党政権と真っ向からぶつかる。

内閣官房国家戦略室は、その矢面に立つことになったのである。

首相直属の国家戦略室は、民主党政権の政治主導の象徴として設けられており、エネ環会議の事務局に指定されて活気づく。二〇一一年六月二十二日、第一回の「エネルギー・環境会議」が開かれ、司令塔として動きだした。エネ環会議は、「革新的エネルギー・環境戦略」を一年かけて練り上げていく。同戦略は新しい「エネルギー基本計画」を包み込む政策の大黒柱とみなされていた。

攻め込まれる経産省

非公開のエネ環会議は冒頭から白熱した。環境大臣の松本龍が「省エネ・再エネを新たな基幹的な柱に」と訴え、経産省の消極性を突いた。G20各国の再生エネルギー投資（二〇一〇年）を比べ、一位中国（五四四億ドル）、二位ドイツ（四一二億ドル）、三位アメリカ（三四〇億ドル）と続き、日本はひとケタ少ない三五億ドルで十一位とデータを示す。風力発電のメーカー別世界シェア（二〇〇九年末）のトップ10に日本メーカーは一社も入っていない。太陽光パネルの世界シェアでは、〇三年にはシャープ、京セラ、三菱、サンヨーなどで世界の約半分、四九パーセントを占めていたにも関わらず、〇九年にシャープ、京セラ、サンヨーを合わせて一二パーセントに後退した事実を指摘する。

わずか数年で日本の再生エネルギー産業は国際競争から完全に脱落していた。

松本は、大震災を機に、大容量の原発でつくった電力を遠路はるばる都市圏に送る「大規模集中型」の供給体制から脱却しようと訴える。原発は、過酷事故が起きると、その影響で全国的な稼働停止に至る。福島の原発事故では、消費地の首都圏が「計画停電」に追い込まれた。一律の計画停電や使用制限をしなければ需要を抑えられない。大規模電源の遠隔地集中立地の弱点が露呈している。

松本環境相は、地域ごとに電源を分散し、自立的に需給調整をして大規模災害が起きれば互いに融通できるような電力システムに変えようと説く。環境省は、すでに再生エネルギー導入のための「固定価格買い取り制度（ＦＩＴ）」の法案を国会に提出していた。

経産省側は、一気に自陣に攻め込まれた。

海江田万里経産大臣は、「当面のエネルギー需給体制について」という文書を出し、反撃に転じる。「一、二年の短期的な対策と、原発の再稼働問題を含むこの夏の電力需給の問題という極めて緊急性の高い問題は、きちんと分けて整理すべきだ」と主張した。

「脱原発も一つのメッセージだが、電力供給不安に伴う産業界の海外シフトについて懸念がある。十分な電力を供給する体制を早急に構築する、などのメッセージが伝わるようなものにしてほしい」と語りかける。

エネ環会議を所管する玄葉光一郎は、両者の対立を引き取って、「大きな方向性」を示した。

「脱原発と原発推進の二項対立を乗り越えて新たな国民合意の形成をしなくてはなりません。この大きな方向性について、一方では原子力の安全性への挑戦と同時に、原発への依存を徐々に減らしていくことを考えていかねばならないでしょう。省エネルギー、再生可能エネルギー、化石燃料のクリーン化といったフロンティアを、世界に先駆けて開拓していくことが求められます」

エネ環会議は、「新たな国民合意の形成」と「原発を徐々に減らしていくこと」をメンバーの共通認識とした。「国民合意」と「減原発」という方針が示されたのだった。

経産省は焦っていた。これまでエネルギー政策は資源エネルギー庁の「総合資源エネルギー調査会」が掌握してきた。そこに批判が集中したので、慌てて「エネルギー政策賢人会議（今後のエネルギー政策に関する有識者会議）」なるものを立ち上げた。原発に反対しないことを条件に、東大名誉教授の有馬朗人、ジャーナリストの立花隆、日本総研理事長の寺島実郎ら七人の「賢人」が集められ、エネルギー政策が見直される、はずだった。

しかし賢人たちは言いっ放しの拡散的な議論をくり返す。原発の安全対策とともに新型小型原子炉や、核融合の研究に力を入れろ、と緊迫感のない意見が出るに及んで、経産省も賢人会議を見限った。提言をまとめるでもなく、賢人会議は打ち切られる。

巻き返しを期す経産省は、国家戦略室に選り抜きの人材を送り込む。そのリーダーが内閣官房内閣審議官として国家戦略室に入った日下部聡だった。八二年に横浜国立大学を卒業して通産省に入った日下部は、東大閥が牛耳る省内で猛烈に仕事をこなして頭角を現した。新日鉄の元会長を叔父に持つ今井尚哉や、元財務大臣の与謝野馨の懐刀といわれた嶋田隆らと同期だ。この三人は当時「仙谷三人組」とも呼ばれ、官房副長官の仙谷由人と密接に連絡をとりながら、被災者の賠償や東電経営、エネルギー政策の根回しに動いていた。毛並みの良さと強引さを併せ持つ今井、親分肌で国士的匂いが漂う嶋田、仕事師で秩序を重んじる日下部と、三者三様の個性を備えていた。

日下部は原発に関しては「推進」でも「反対」でもないニュートラルな姿勢を保っていた。資源エネルギー庁公益事業部にいたころには電力の「小売自由化」の制度を設計している。工場や百貨店、大規模オフィスといった大口顧客への小売自由化の扉を開け、ＰＰＳ（特定規模電気事業者）が電力会社の送配電網を利用（託送）して大口顧客に売るしくみをつくった。電力会社が嫌がる「発送電分離」にも前向きだった。

総勢五〇名弱の国家戦略室は、官民混成の部隊で、もともと機能が二つに分かれていた。国家戦略大臣の下で政策を動かす官僚の「A」チーム、もうひとつが総理にセカンドオピニオンを上げる「B」チームで、こちらは研究機関などから派遣された民間人が多かった。

そこに震災後、日下部がトップのエネルギー・環境会議事務局が立ち上がり、経産省から職員が送り込まれて「K」チームが生まれる。かくして国家戦略室は冗談交じりに「AKB48」と呼ばれた。

賢人会議を見限った経産省主流は「実」を取る作戦に切り替える。国家戦略室がいかに高邁な理念で「革新的エネルギー・環境戦略」を組み立てようと、ベストミックスの議論は資源エネルギー庁に蓄積された情報とノウハウを抜きには進められない。電源構成比こそがエネルギー戦略の核心だ。ベストミックスの審議の場は、絶対に他省庁に渡してはならない、と経産省は陣取り合戦の対象を絞る。

経産幹部はエネ庁内にベストミックスの審議をする委員会を設けようと策動する。振り付けのできる委員の人選に取りかかった。

経産省が「実」に狙いを定めた裏には、AKB48がコントロールのきかない「関東軍」になりはしないか、という一抹の不安もあった。

「発電コスト」をめぐる攻防戦

こうして官邸と経産省がエネルギー政策をめぐってさや当てをくり広げるなか、伊原智人が内閣官房国家戦略室に着任した。年齢は四十三歳、課長級の企画調整官の肩書で任期は二年である。時限の官僚職なので任期が終われば、また民間に戻るかどうか、身の振り方を考えなくてはならない。経産官僚時代、「ロボコップ」と渾名されたタフな男が、霞が関に帰ってきた。

上司の日下部は、まずは仕事の流れを把握するよう伊原に指示した。伊原が加わったエネルギーチームは、一〇人ほどのメンバーがフル回転していた。

政策の立案は、「ペーパーの闘い」である。原案の文書を作成した者が主導権を握り、展開をリードできる。従来の内閣官房は、立案より調整に回るケースが多かったが、原発事故を機に流れは変わった。国家戦略室は、自ら原案をこしらえ、他省と渡り合う権限が与えられている。やり方次第で、イニシアティブを握れる。

伊原に委ねられたのは、交錯するエネルギー論議の「原点」、発電コストの検証であった。発電コストの高低は電源の選択の鍵を握っている。原発は、コストが安くて、経済的だといわれてきた。低コストが原発推進のよりどころである。

伊原はエネ環会議内に設けられた「コスト等検証委員会」の事務方に就き、発電コストの精査に取り掛かった。震災発生時点で、政府が公表していた発電コストは、一キロワット時当たり、原子力五〜六円、LNG火力七〜八円、水力八〜一三円、風力一〇〜一四円、地熱八〜二二円、太陽光四九円だった(二〇〇四年版エネルギー白書)。

この数字が正しければ、原子力はかなり安い。

コスト計算の方法は、発電方法ごとにモデルプラントを想定して行われる。発電所を一定期間運転した場合、平均してどれだけの発電単価になるかを計算する。モデルプラントによる発電コストの推計は、OECD(経済協力開発機構)でも用いられる標準的なやり方だ。この方法で計算された数値を根拠に、長い間、原発は安いと言われてきたが、はたしてそうなのか。
コスト計算の概要は、次の式で表現できる。

発電コスト＝総発電費用÷発電量
総発電費用＝資本費＋燃料費＋運転維持費
発電量＝設備容量×三六五日×二四時間×設備利用率×運転年数

もう少し、細かくみると、「資本費」は減価償却費、固定資産税、水利使用料、設備の廃棄費の合計だ。「運転維持費」には人件費、修繕費、諸費、業務分担費などが含まれる。「燃料費」は単位数量当たりの燃料価格に必要燃料量を乗じた値で、原子力の場合は核燃料サイクル費用として別途算出されている。

一見、もっともな計算式で、なるほど原子力は安価だと思い込みそうだが、「総発電費用」で大きく欠落している要素があった。「コスト等検証委員会」の初会合で、伊原はまっさきにそこに触れた。
「今回の試算に当たりましては、事故リスクのコストや国が原発立地に支払う交付金など『社会的費用』についても、ご議論いただきたい。国民が電気料金とは別に税金として負担している隠れたコストも洗い出していただきたいのです」

原発の過酷事故では、被害者への賠償、事故収束、除染や廃炉、被災地でのモニタリングや検診などで莫大な費用が派生している。以前の計算式では、重大な事故は起きないという「安全神話」のもとに、そこがすっぽりと抜け落ちていた。伊原は「社会的費用」と呼んで、見えなかったコストをあぶり出す。かくして原発の総発電費用は、次のようになる。

総発電費用＝資本費＋燃料費＋運転維持費＋社会的費用（事故リスク費用＋政策経費＋環境対策費用）

過去の政府や国際機関の発電コスト試算で、社会的費用を勘案した例は皆無だった。世界で初めて、原発の社会的費用が検証の対象にされる。コスト等検証委員会は、一〇日に一度のハイペースで会議を開き、議論を積み重ねた。

間もなく、伊原の古巣、経産省の資源エネルギー庁から「論理的整合性がとれていない」と横槍が入った。原発の発電コストに事故リスクを加味するのなら、石炭火力や水力ダム発電も同様に扱え、というのである。伊原は、原発以外の事故リスクについても、コスト等検証委員会に諮った。すると委員たちは「無視できる話だ」と退ける。

逆にコスト等検証委員会は、エネ庁が門外不出の秘伝のように抱え込んでいた電力コストの試算ソフトを公開させる。当初、エネ庁はあれこれ理由をつけて公開を渋ったが、内閣官房を背に伊原は議論の主導権を握り、「経産省の試算モデルを他省の関係者が理解できなければ国民への説明がつかない。『国民的合意の形成』が革新的戦略立案の大前提だ」と論破し、開示させた。試算ソフトを制度議論の共通基盤と位置づける。

その試算ソフトは、現在も内閣官房のホームページに掲載されている「発電コスト試算シート」である（http://www.cas.go.jp/jp/seisaku/npu/policy09/archive02_shisan_sheet.html）。

試算ソフトはMicrosoft Excel2003ファイルにまとめられており、数値を入力すれば発電単価が試算できる。専門的な知識が必要とはいえ、試算ファイルの公開で、多くの人が試算の前提や考え方、計算式を評価できるようになった。コスト等検証委員会は、地味だが、時代を超えて継承されるツールを、そっと歴史の波間に「灯台」のように立てた。

内閣官房と環境省のスタッフも勉強会でエクセルの使い方を身につける。経産省が一方的に試算するのではなく、他省のメンバーも数字を打ち込んで計算内容を確認した。

二〇一一年十一月半ばに火力や水力、太陽光の発電単価は出そろってきた。

崩れていく「低コスト神話」

難関は、やはり原発の事故リスクの試算だった。最初は「保険」の考え方を応用しようとしたが、補償金や除染、廃炉などの追加的なコストがどこまで膨らむかわからず、保険料の算出ができない。経営論的には民間の電力事業者が保険の掛からない生産設備を所有するのは道理に合わない。

無理が通ったのは、国策で事故リスクが社会に転嫁され、いざとなれば電気料金や税金で補えばいいとして、市場メカニズムとは別の理屈で原発が推進されてきたからだった。その理屈の皮を剝がしていけば、経済成長と核兵器開発という権力者の腹の底に巣くう「ふたつの欲望」に行きつくだろう。原発は政治が欲したものである。

結局、発電コストの算出に際して、原発の事故リスク費用は、政府が公にしたものを積み上げた。損害賠償費五兆八八六〇億円、除染関連費用一兆一四八二億円、追加的廃炉費用九六四三億円、行政経費九三四〇億円、しめて九兆円ちかくになる。これらの諸費用は、瞬く間に増加するのだが、二〇一一年十一月時点で、ひとまず事故リスク費用として計上した。

原発を覆っていた不透明なヴェールが、コスト検証によって一枚、一枚、剝がされていく。

コスト等検証委員会は、十二月十九日に「報告書」を発表した。その試算結果が、図7の「主な電源の発電コスト」である（「コスト等検証委員会報告書」平成二十三年十二月十九日、エネルギー・環境会議、コスト等検証委員会、六三頁）。

原発の稼働年数四〇年、設備利用率七〇パーセント、割引率三パーセントという現状に忠実な条件で試算したところ、原子力の発電コストは五円台から一気にはね上がり、下限で八・九円。上限は事故リスクがどこまで膨らむかわからないので、「?」と結論づけられる。他の電源では、石炭火力が一〇・三〜一〇・六円、LNG火力一〇・九〜一一・四円、石油火力は二五・一〜二八円、住宅用太陽光九・九〜二〇円、風力八・六〜二三・一円と試算される。

ここに原発の「低コスト神話」は崩れ去った。コスト等検証委員会は、議論の信頼性を高める観点から原子力関係者だけでなく、環境経済学者や経済人も委員に加えている。投資用資産の管理会社、スパークス・グループの阿部修平社長も委員のひとりだった。阿部は伊原の働きをこう語る。

「伊原さんの最大の貢献は、ブラックボックス化していた計算モデルを経産省から出させて、エクセルで発電コストを計算できるようにしたことですよ。彼は電力政策を考える基盤をつくった。政策を議論するための制度的なインフラを構築した。この意味は大きいですよ。時代を超えて継承できます。いつでも、誰でも、一定のノウハウを身につけたら、将来にわたって、電力コストを検証できるのですからね」

公開された「発電コスト試算シート」は、原子力の「低コスト神話」を突き崩した。

その後、福島第一原発の事故処理費用は増え続ける。二〇一二〜一三年の二年間で東京電力の要賠償額見通しは約四兆円増、除染費用は中間貯蔵施設の建設費を含めて二兆五〇〇〇億円増、廃炉費用は一兆円増えた。放射性廃棄物の最終処分費用や、メルトダウン（炉心溶融）で原子炉内に溜まった燃料デブリ（燃料と被覆管などが溶融し再び固まったもの）の取り出し費用などはまだ見通せておらず、事故リスク費用がどこまで膨張するかわからない。これらも原発コストに含まれる社会的費用だ。

原発の発電単価は一兆円の経費増で〇・一円上がる。二〇一四年現在の原発コストをエネルギー問題の専門家に試算してもらった。国際エネルギー機関（IEA）の「World Energy Outlook 2013」のデータを「発電コスト試算シート」に入力し、燃料費に比べて流動的な為替の変化率を除くと、一キロワット時当たり、原子力は一〇円以上で上限なし、LNG火力は一四・三円、石炭火力は九・五円、住宅用太陽光は二九・八円と試算された。原子力は石炭よりも高い。

アメリカ系のエネルギー問題の調査機関「ブルームバーグ・ニュー・エナジー・ファイナンス（BNEF）」は、一四年九月中旬、もっと衝撃的な発電コストデータを発表した。BNEFによれば、一キロワット時当たり、原子力は平均一四セント（約一五円）で太陽光発電とほぼ同じ。陸上風力や高効率ガス発電の八・二セントより、はるかに高い試算結果が公表されたのだった。

BNEFは、二三種類の発電手法について、一四年上期の世界各国の設備費、燃料費、資金調達に必要な債務費などを調査し、施設の耐用年数で均してコストを試算している。原発はメルトダウンのような過酷事故への対策強化が求められるようになって、発電コストが急上昇しており、設備利用率を九〇パーセントとしても発電単価は一四セント程度だという。ここに廃炉費用は含まれていない。

もはや原子力が安いと言い募るのは不可能だろう。

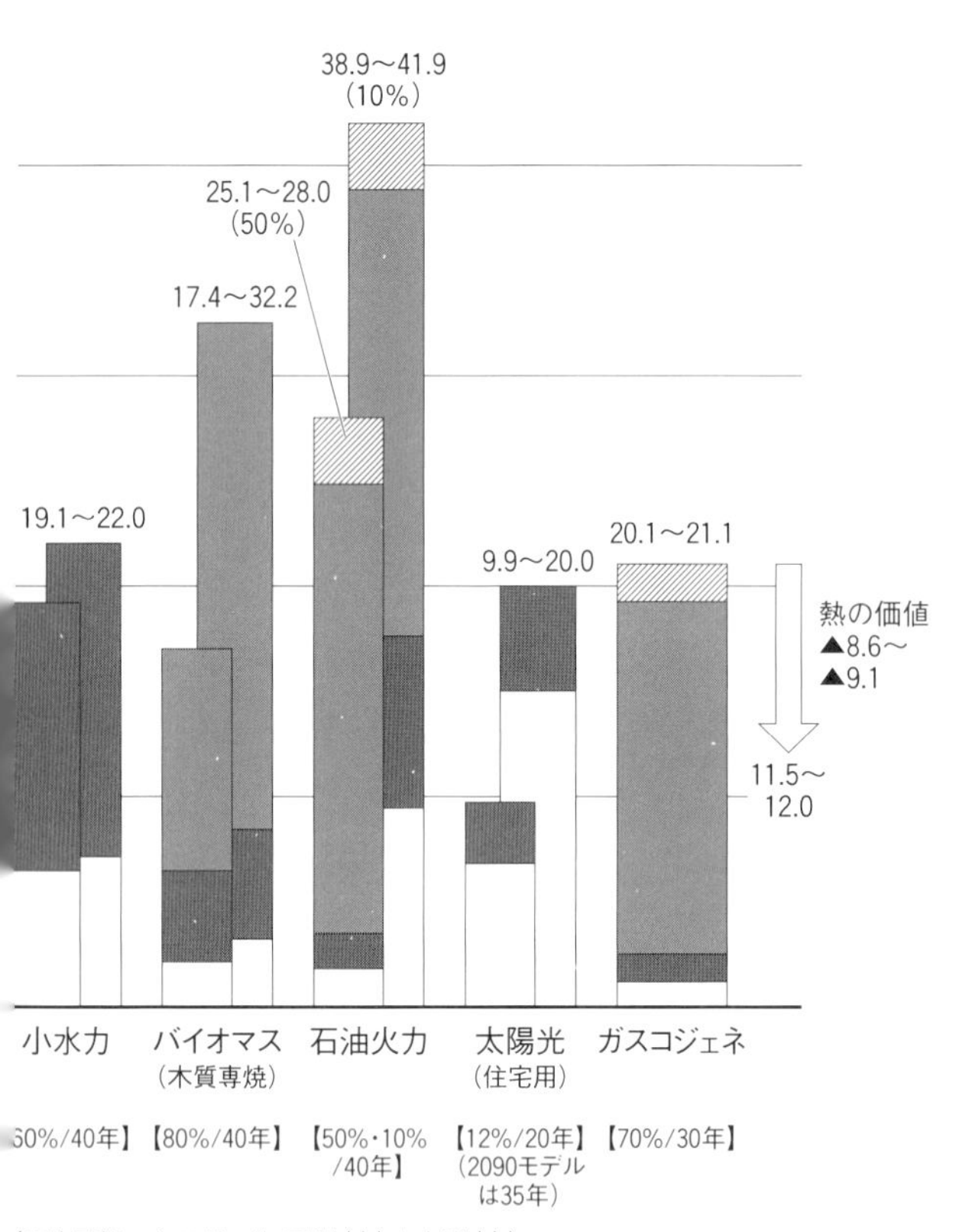

(再生可能エネルギーは、下限(左)と上限(右)。
石油火力は、設備利用率50%(左)と設備利用率10%(右)。)

図7　主な電源の発電コスト（2030年モデルプラント）

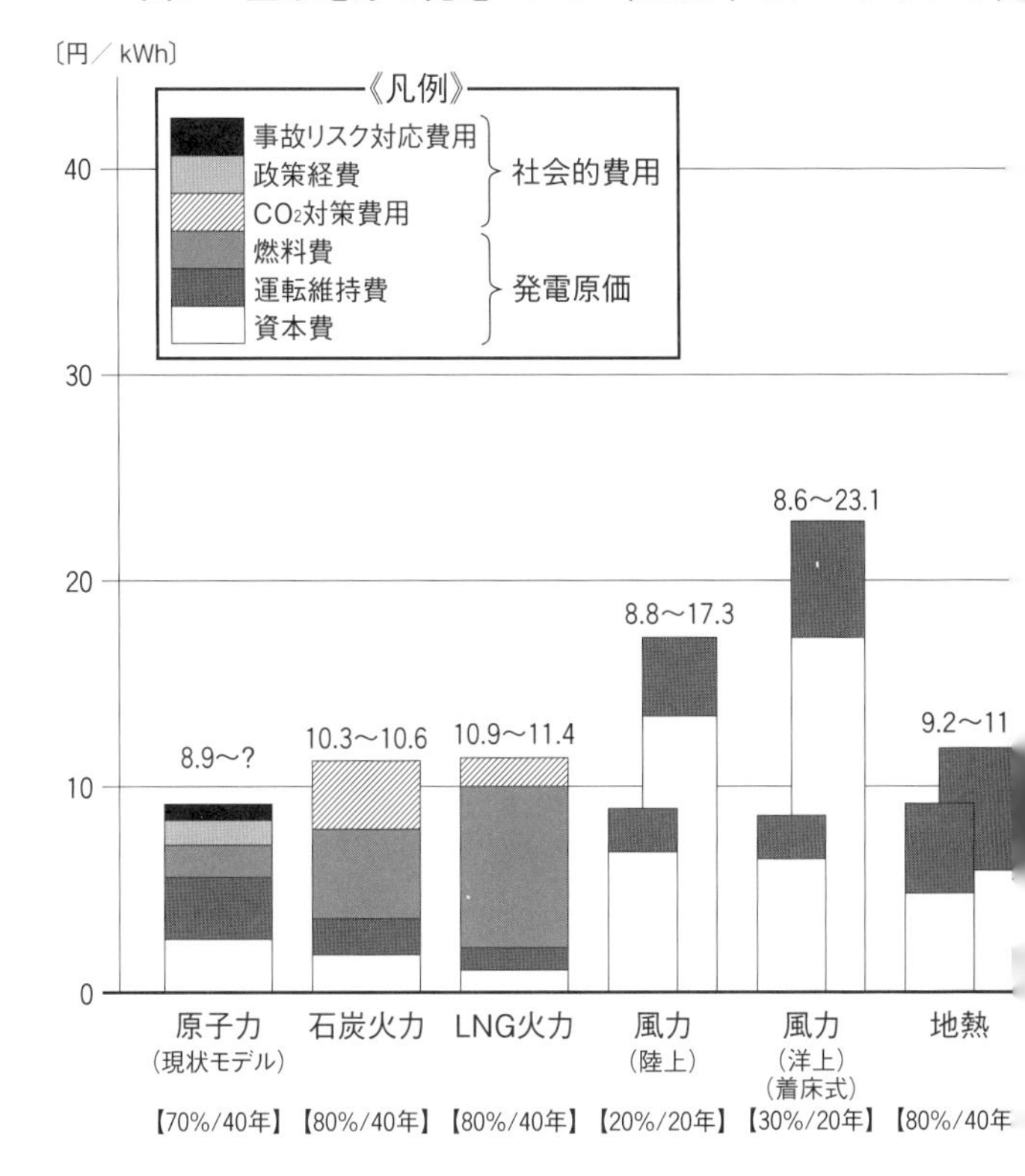

【設備利用率（%）／稼働年数（年）】（割引率３%）

低コスト神話が崩壊するに伴い、経産省はなりふり構わぬ原発保護策を打ち出す。背景には「電力自由化」の潮流がある。

日本でも二〇一六年四月から電力の小売が全面的に自由化されて、市場競争で電気料金が決まるようになる。電力会社が事業に必要な経費や報酬をすべて料金に転嫁する「総括原価方式」は一八～二〇年を目処に廃止される。加えて市場の「地域独占」も崩れる。電力会社を守ってきた砦が次々と落ちるのだ。当然、市場競争が激しくなれば、事故リスク対応や施設の建設、維持、運転に莫大なコストがかかる原発は不利になる。競争力のない原発は市場原理に駆逐される運命にある。

そこで、経産省は、一四年八月下旬、原発を持つ電力会社が負う「財務・会計面でのリスクを合理的な範囲とする措置」を提案したのである。具体的には原発で発電した電気に「基準価格」を設定し、その価格より市場価格が下回れば、差額を料金などに上乗せして利用者に負担させるものだ。要するに原発の「電気価格保証」をし、電力会社に利益を与える仕掛けである。経産省は、あれほど原子力は安い、安いと言っておきながら、市場競争に耐えられないとわかると、臆面もなく利益保護策に転じた。これはイギリス政府がヒンクリーポイントに新規建設予定の原発に採り入れた制度を真似たものだが、法制化しようとすれば世論の反発を招くのは必至だ。

さらには、十月上旬、参院予算委員会で経産大臣の小渕優子は、事故や災害など想定外の事態が起きても原発事業者が赤字にならないよう「税制上の優遇制度を検討している」と述べた。これは経産省自身が事故リスク費用を含めた原発コストが高いと認めたと同然だ。政府は世論の反発にもかかわらず、原発の運転コストは低廉だとして安全性が認められれば再稼働を進める方針をとってきた。その根拠が足もとから崩壊している。

東京電力管内では、震災後の三年間で電気料金が四割ちかく上がった。中小零細企業は電気料金の高騰とアベノミクスによる円安で塗炭の苦しみを味わっている。廃業に追い込まれる製造業も少なくない。発電コストはエネルギー論議の原点だ。コストを突きつめれば、電源ごとの合理性が明らかになってくる。「コスト等検証委員会」がブラックボックス化していた計算モデルをオープンにした事実は、世代を超えた、根源的な価値を内包していたといえるだろう。

「ゼロパーセント」と「三五パーセント」

では、次にエネルギー・ベストミックスをテーマに激論が交わされた総合資源エネルギー調査会・基本問題委員会に照準を当てよう。経産省幹部は、当初、基本問題委員会の委員を原発推進派で固めようとしたが、官邸に反対されて断念する。

二〇一一年十月三日、基本問題委員会の第一回会議が招集された。いよいよ将来的な電源構成比、ベストミックスの議論を戦わせる天王山の舞台が設えられた。

委員長の椅子に座ったのは、新日鉄会長の三村明夫だった。原子力産業協会会長の今井敬、経産官僚の今井尚哉と新日鉄ラインでつながっている。三村は、原発推進を盛り込んだ二〇一〇年のエネルギー基本計画の策定にも関わっていた。

二四人の委員は、飯田哲也環境エネルギー政策研究所所長、植田和弘京都大学大学院教授、高橋洋富士通総研主任研究員ら脱原発派が三分の一、豊田正和日本エネルギー経済研究所理事長、山地憲治地球環境産業技術研究機構理事、榊原定征東レ会長ら原発推進派が三分の一、残りの三分の一を中間派が占めた。

会議の冒頭、経産大臣の枝野幸男は、「専門的な部分も含めて議論はインターネットも利用して全面公開したい」と提案し、委員たちも賛同する。「国民的合意の形成」には、議論の透明化が不可欠だった。もはや専門家の密室での合議でエネルギー政策を決めるのは許されなかった。

続いて、国家戦略室の日下部が資料を示しながら、今後のスケジュールを説明する。

二〇一二年夏の「革新的戦略」の決定に向けて、「電源のベストミックス」は基本問題委員会、「核燃料サイクル」が原子力委員会、「電力システム改革」はエネ庁の総合資源エネルギー調査会、原発の「安全対策と再稼働」が四大臣会議（首相、経産相、官房長官、原発相）、「賠償と東電の経営問題」は原子力損害賠償支援機構……と、テーマごとに担当が割り振られる。同時並行で多様な議論が進んでいく。

日下部は、すべての議論の大前提として、原発や火力、再生可能エネルギーのコストの検証が最も重要なファクターだと念を押す。伊原が進めていた検証作業を紹介する。

初回会議は、委員の顔見せで終わるはずだったが、いきなり舌戦がくりひろげられた。口火を切ったのは脱原発派の急先鋒、飯田哲也だ。委員長の人選に疑問を投げかける。

「前のエネルギー基本計画を作られた方がそのまま、しかも経団連及び個別の企業を背負っておられる方が委員長ということでは、国民の目線から見て本当に正当性がある運営をされているのか、と痛くもない腹を探られる」と飯田は述べ、枝野に意見を求めた。

枝野は、自分も委員長は委員の「互選」で決まると思っていたが、制度的に問題はない、経験や年齢を考慮して三村に委員長を依頼した、と応える。

いきなり冷水を浴びせられた三村は憮然たる表情で、ふたりのやりとりを聞いていた。

この時点で、政府内で検討する電力政策は複雑に絡み合い、情報は錯綜し、メディアの多くもエネルギー政策の根幹にかかわる主戦場がどこか、正確に把握できていなかった。主戦場は、この基本問題委員会とエネルギー環境会議であった。

基本問題委員会は、滑り出してみると脱原発派、中間派、原発推進派、それぞれの委員が持論を展開し、一向に議論がかみ合わなかった。各自のプレゼンテーションで時間ばかりが過ぎる。

二〇一二年の春を迎え、事故処理と損害賠償で経営危機に陥った東京電力の「国有化」や、再稼働問題が盛んに報じられるようになり、すべての電力政策の根幹がベストミックスであることにメディアも気づく。そして、ようやく具体案が浮上する。

基本問題委員会は、エネ環会議に対して「ベストミックスの選択肢」を提示する役目を負っている。その選択肢はエネ環会議で精査された後、「国民的議論」にかけられる。エネ環会議は、国民的議論を踏まえて、電力・エネルギー政策の根本策「革新的エネルギー・環境戦略」を決定する。これに基づいて、基本問題委員会は具体的な施策を方向づける「エネルギー基本計画」案を新しく決める。ここまでが基本問題委員会の任務とされていた。

「二〇三〇年には、どのような電力源の構成比がよいか」という問題設定で、各委員がベストミックス案を出し合った。

原発事故前、二〇一〇年の電源比率は、原子力二六パーセント、火力五七パーセント、水力を含む自然エネルギー一一パーセント、コジェネ・自家発電は六パーセントであった。二〇三〇年に、原発の比率をいくつにするのか。国内すべての原発が定期点検で止まり、稼働ゼロに突入する。基本問題委員会では、「ゼロパーセント」「二〇パーセント」「二五パーセント」「三五パーセント」の四つの案

（シナリオ）が示された。

ゼロパーセント案を推したのは脱原発派の委員たちだ。その顔触れは、阿南久・全国消費者団体連絡会事務局長、飯田哲也・環境エネルギー政策研究所長、枝廣淳子・幸せ経済社会研究所長、高橋洋・富士通総研主任研究員、辰巳菊子・日本消費生活アドバイザー・コンサルタント協会理事、伴英幸・原子力資料情報室共同代表である。この選択肢には三〇年を待たず、できるだけ早く原発をゼロにしようという意思が込められている。

二〇パーセント案は、柏木孝夫・東工大教授、橘川武郎・一橋大学教授、崎田裕子・環境カウンセラー、寺島実郎・日本総研理事長らが推した。今後も、原発に一定の役割を期待した数字である。

二五パーセント案には原発を推進してきた産学官の面々が集まった。槍田松瑩・三井物産会長、榊原定征・東レ会長、田中知・東大教授、豊田正和・日本エネルギー経済研究所理事長たちは、事故前と同程度の電源比率を維持し、原発を推進する姿勢を示す。

驚いたことに事故前の比率を超えた三五パーセント案も提案される。山地憲治・地球環境産業技術研究機構理事の案で、事故前と同程度の原発設備容量を維持するというものだ。

ベストミックスの四つのシナリオ

原発事故後、政府は「四〇年廃炉」の原則を適用する方針を出していた。この原則に立てば、各シナリオにこめた経産省の「狙い」が透けて見える。

事故によって福島第一原発の六基、第二原発の四基、計一〇基は事実上、廃炉にせざるをえない状況に至った。残り四四基の原発に「四〇年廃炉」の原則を適用すると、三〇年末で稼働しているのは一八基に減る。その場合、原発の電源比率は一五パーセント程度となる見込みだ。

つまり、二〇パーセント以上のシナリオには新増設が求められる。三五パーセントを目指せば、エネルギー消費量を一割削減しても二〇基以上を新設しなくてはならない。この現実離れした選択肢は、全体の数値を高めに誘導するためのブラフととれる。

三五パーセント案を見て、脱原発派の飯田委員が「原発の依存度を下げると言いながら、こんな選択肢を出すのか」と指弾すると、推進派の田中委員は「政府方針に縛られない自由な議論が、委員会では認められている」と擁護した。双方とも譲らなかった。

そこで、ここぞとばかり一五パーセント案が追加される。議論を現実的方向へ導こうとする政権の意図が伝わってくる。細野豪志原発担当相は「原発運転期間四〇年が政府方針。それに沿ったものだ。一五パーセントがひとつのベースとなりうる」とフォローした。古い原発から廃炉にし、二〇三〇年には一八基残っていればよし、とする案である。

政府内では、一五パーセント案が有力とみられていた。

喧々囂々の議論の末、基本問題委員会は、一二年六月下旬、以下の四つの選択肢を、エネルギー・環境会議に提示する。さすがに三五パーセント案は削られている。

選択肢① 原子力発電〇パーセント、再生可能エネルギー約三五パーセント、火力発電約五〇パーセント、コジェネ約一五パーセント。使用済み核燃料は、そのまま地下に埋める直接処分。使用済み核燃料の再処理工場は廃止する。
選択肢② 原子力発電約一五パーセント、再生可能エネルギー約三〇パーセント、火力発電約四

○パーセント、コジェネ約一五パーセント。使用済み核燃料は、プルトニウムを取り出す再処理と直接処分の併存。再処理工場は稼働する。

選択肢③　原子力発電二○～二五パーセント、再生可能エネルギー約二五～三○パーセント、火力発電約三五パーセント、コジェネ約一五パーセント。使用済み核燃料は、全量再処理、もしくは直接処分との併存。再処理工場は稼働する。

選択肢④　定量的なイメージは示さない。市場メカニズムにより効率的なエネルギーミックスを実現させる。

基本問題委員会の提案を受けたエネルギー・環境会議は、④を捨て、「ゼロ」「一五パーセント」「二○～二五パーセント」の三つのシナリオに選択肢を絞った。

紛糾する「意見聴取会」

伊原は、日下部の下で国民的議論の場づくりに没頭した。従来型のパブリックコメントの収集だけでなく、国家戦略室のホームページに「〝話そう〟エネルギーと環境のみらい」という特設コーナーを設け、専門的な壁に阻まれがちな電力・エネルギー問題を分かりやすく解説し、一般の人びとに意見を求めた。

七月上旬から全国一一か所で直接、国民の声を聞く「意見聴取会」を開き、「討論型世論調査」を行う予定を立てた。討論型世論調査は本邦初の試みである。

まず三つのシナリオについて、無作為抽出で全国二十歳以上の男女三○○○名余りに電話世論調査を行う。その回答者のなかから二〇〇～三〇〇名に討論資料や交通チケットを渡して、東京の慶應大学三田キャンパスに集まってもらい、二日間にわたって討論フォーラムを開く。フォーラムの前と後にアンケート調査を行い、意見の推移をまとめるというものだ。

オープンな場づくりに伊原は心を砕いた。

ようやく準備が整い、七月十四日のさいたま市を皮切りに意見聴取会が始まる。

翌十五日の仙台市で開かれた聴取会で、異変が起きた。東北電力の企画部長が「会社の考えをまとめて話したい。二〇～二五パーセント必要だ。電力安定供給には原発を使う必要がある。経済活動や国民負担に打撃のないように」と語り、場の空気が張りつめる。さらに東北エネルギー懇談会の専務理事が「再生可能エネルギーを増やすには時間がかかり、コストも高い。原発を減らしていくのは現実的ではない」と発言し、会場は紛糾する。

「やらせの人選ではないか！」と野次、怒号が飛び交い、意見聴取会はしばし中断した。三つの選択肢でそれぞれ三人ずつ発言する段取りになっていたのだが、「二〇～二五」を支持する発言者のうち二人が電力業界の人間だった。またしても「やらせ」か……。

伊原は、予想外の事態に慌てた。会の運営は、委託先の大手広告代理店、博報堂に任せていた。民間に委託したのは、政府の関与を避けたかったからだ。政府が会を運営すれば、それだけで「国がコントロールしている」と批判される。発言者の人選もすべて博報堂に任せていた。

博報堂は、意見を述べたい人をインターネットで受け付け、選択肢ごとに三人ずつ平等に抽選にしたという。しかし、「ゼロ」の支持者が六～八割を占め、「一五」と「二〇～二五」は合わせて二～三割と少数だった。このため「二〇～二五」の支持者のうち電力会社の関係者が選ばれる確率が高くなる。「ゼロ」支持者は「市民の意見を反映していない」と政府を糾弾した。

十六日、名古屋市の意見聴取会では、中部電力原子力部の課長が「二〇~二五」の支持を唱えた。福島第一原発事故で「放射能の直接的影響で亡くなった人は一人もいない」と言い、避難途上で家族を亡くした被害者たちが激怒する。事故後の避難の大混乱のなかで高齢者を中心に多くの人が命を落としている。放射能に追い立てられ、津波で行方不明になった肉親を探すことも許されず、血涙を流しながら避難した人たちの心中を想えばあまりに無責任な発言だ。長引く避難で震災関連死は増える一方だった。

国民の神経を逆なでする発言が相次ぎ、伊原らは「ゼロ」支持の発言者を増やし、意見聴取会の運営を改める。政府は、電力会社の職員の意見表明を禁じた。結果的に電力関係者の「二〇~二五」支持の発言は逆効果だった。

どの意見聴取会場でも「ゼロ」支持者がどんどん増える。毎週金曜日の夕方、国会周辺は「再稼働反対」「脱原発」を叫ぶ人びとであふれ返った。

八月初旬、野田首相は広島で開かれた平和記念式典の後、「将来、原発依存度をゼロにする場合にどんな課題があるか……」と初めて「ゼロ」に触れた。その二日後、野党の自民、公明両党に「ちかいうちに国民の信を問う」と伝え、解散風を吹かせる。選挙を意識して民主党の若い議員は次々と「ゼロ」支持に回った。脱原発の民意を取り込もうと、若手議員は「ゼロ」を連呼する。

経団連の猛反発

経団連は「ゼロ」シナリオに猛反発した。日本の財界と深いつながりのあるアメリカの戦略国際問題研究所（ＣＳＩＳ）は、リチャード・Ｌ・アーミテージとジョセフ・Ｓ・ナイの連名で「米日同盟――アジアの安定を保持する」というレポートを発表し、日本の脱原発の動きを強く牽制した。基本的な論旨はＣＳＩＳ所長のジョン・ハムレが日本経済新聞に載せたコラムを踏襲した中国への対抗論である。一部を引用しておこう。

「中国は、フクシマ以降の一年以上、原子炉の認可を保留した（しかし、進行中のプロジェクトの進展は止めなかった）が、新たなプロジェクトの国内建設を再開しており、実際に重要な国際的な売り手として登場できるだろう。中国は、民間の原子力のグローバルな開発というメジャーリーグにおいて、ロシア、韓国およびフランスと組むことを計画しているので、日本は、世界が効率的で信頼できる、安全な原子炉と核のサービスから利益を受けるべきなら、その後塵を拝することはできない。

その点で米国は、使用済み核廃棄物の処理をめぐる不確実性を取り除き、明確な認可プロセスを実施する必要がある。われわれは、フクシマに学び、是正された安全措置を実施する必要性を十分に認識しているが、原子力はなおも、エネルギー安全保障や経済成長、環境上の利点という分野で著しい可能性を持っている。日本と米国は、安全で信頼できる民間の原子力を国内的、国際的に推進するうえでの共通の政治的、商業的な利益を持っている。東京とワシントンは、この分野での同盟を再活性化し、フクシマの教訓を受けとめつつ、安全な原子炉の設計と健全な規制の実施をグローバルに進めるリーダーシップの役割を担わなければならない」

重要な局面でしばしば顔を出すＣＳＩＳは、外交官の養成で知られるジョージタウン大学のなかにあり、「米陸海空軍直系のシンクタンク」といわれる。ロックフェラー財団と親密なヘンリー・キッシンジャー元国務長官を顧問とし、オバマ大統領のブレーンのひとり、ズビグニー・ブレジンスキーも理事に名を連ねる。

日本人では小泉進次郎、浜田和幸らが一時、在籍した。京セラの創業者、稲盛和夫の財団は、五〇〇万ドルをCSISに寄付して基金を設け、「アブシャイア・イナモリインターシップアカデミー」を設けている。日本の財界とCSISのつながりは深い。

誰が「ドラフト」を書くのか

八月半ばを過ぎ、脱原発のうねりは国会周辺を取り巻いた。パブリックコメントでは「ゼロ」を推す意見が約九割を占める。意見聴取会では発言希望者の六八パーセントが「ゼロ」を唱え、討論型世論調査でも討論後に「ゼロ」支持が三四パーセントから四七パーセントに増えている。「革新的エネルギー・環境戦略」を主管する古川国家戦略相は、原発ゼロを支持する考えを鮮明にした。

しかし、民主党内には原発推進を掲げる電力総連に支えられる議員もおり、足並みは揃わない。アメリカの原発推進派や再処理工場が立地する青森県、経産、文部科学両省の意思を慮って、ゼロシナリオに猛然と抗う議員もいた。予断を許さない状況で、革新的戦略の「ドラフト（草稿）」を誰が執筆するかが永田町、霞が関の注目の的となった。起草者は政策立案に強い影響を及ぼすのだ。

その朝、伊原が国家戦略室に登庁すると、同僚が近寄ってきて、耳打ちした。

「大変なことになっていますよ。昨日の『3プラス2』で、古川さんと枝野さんが革新的戦略は政治主導でやらなければいけない、ドラフトを書くメンバーを決めてやろう、と言いだしましてね。六人の名前があがりました。そのなかに伊原さんが入っていますよ」

「えっ、本当に」と応えて、伊原は絶句した。まったく知らされていなかったのだ。

「3プラス2」とは、三閣僚（枝野経産相、古川国家戦略相、細野環境相兼原発担当相）に官邸の斎藤勁官房副長官、民主党政調会長代行の仙谷由人を加えた会合をさす。野田政権発足後、電力・エネルギー関連の重要案件は「3プラス2」が意思決定を行っていた。事務方で「3プラス2」を支えたのが、原子力損害賠償支援機構の理事に就いた嶋田隆、エネ庁で電力システムを担当する今井尚哉、そしてエネ環会議を切り盛りする国家戦略室の日下部の三人だった。

「ドラフト作成六人衆」の顔ぶれは、伊原の他に電力自由化に詳しい富士通総研研究員の高橋洋、エコノミストの河野龍太郎、東京大学教授の松村敏弘、国家戦略室の小田正規、菅前首相の広報ブレーンで元テレビキャスターの下村健一だ。いずれも原発や核燃料サイクルに消極的な論客だった。

民間人の高橋、河野、下村らは草稿作成メンバーとはいえ、行政文書には通じていない。小田はもともと民主党の「公共政策プラットフォーム（プラトン）」のスタッフで、戦略室の発足時に官邸に入っている。実質的に伊原をドラフト起草者に指名した人選であった。

伊原は、上司の日下部の名が入っていないことに驚いた。大方は国家戦略室がドラフトを起草するだろうと予想していた。スタッフ案を日下部がチェックしてまとめて叩き台をつくり、大臣に上げるのが常道である。

だが、古川国家戦略相と枝野経産大臣は、日下部の頭越しに伊原を指名し、「われわれでまとめよう」と言い切った。本籍が経産省の日下部には草稿に指一本触れさせようとしない思いが伝わってくる。日下部の胸中を思えば、何とも言えない「気まずさ」を伊原は感じたが、迷いを振り切る。二年任期で企画調整官を務めたあと、霞が関に残るつもりはなかった。官界で生きるのなら上司との関係に気も使わねばならないだろうが、それが嫌で一度は霞が関を飛び出た身だ。ここを先途と働いて、思いきりドラフトを書こうと腹をくくった。

激昂した仙谷由人

八月二十二日午後七時、古川国家戦略相は、東京赤坂のANAインターコンチネンタルホテル内の中華レストランに「六人衆」を極秘で集めた。古川は、一枚のペーパーを配る。そこには、原発事業に懐疑的な六人ですら、思わず息をのむ内容が記されていた。

- 原発ゼロ—再生可能エネルギー、省エネルギーの推進と化石燃料火力の効率化
- 四〇年廃炉の徹底
- 原発の新増設はしない
- 安全性が確認された原発のみ再稼働
- 核燃料サイクル計画の中止
- 高速増殖原型炉「もんじゅ」の廃止
- 原発を国の一元管理下に置く

古川は、「これを盛り込んだドラフトを皆さんで書いてほしい」と要望した。「革新的エネルギー・環境戦略」を実現させる関連法案の提出にも触れる。六人衆と古川は食事を終えるとホテル内の会議室に移動し、午後九時過ぎに経産相の枝野と、原発相の細野、そして「3プラス2」を仕切る仙谷が合流した。

古川が用意したペーパーに視線を落とした仙谷は、みるみる表情をこわばらせ、鬼の形相で吼えた。

「無責任だ。おれたちは、野党の国民運動じゃない、政治をやってるんだ。政府であり、与党なんだ。市民運動みたいなことをやりたいのなら、菅と一緒にやれッ！」

両手で机を激しく叩いて、仙谷は激昂し、怒声を張り上げる。

「積み上げたデータでちゃんとやれ！　おれたちは政治をしてるんだ。政府で、与党だ」

仙谷は、民主党代表選挙や「近いうち」に行われる解散・総選挙に目がくらんで、電力の安定供給、核燃料サイクルをめぐる青森と政府、多国間の関係などを無視して原発ゼロを政府が表明するのは責任の放棄だと怒った。「陰の総理」といわれた男の感情の爆発に気圧されて、会議室は水を打ったように静まり返った。

一五パーセント案に肩入れする細野は、「これが漏れたら、大変なことになる。紙は回収したほうがいい」と言い、ペーパーを取り戻す。

ここで枝野は革新的戦略を実行するために、その内容を「閣議決定しよう」と提案した。

全大臣合意で決まる閣議決定事項は最高位の政府方針であり、政権が変わっても踏襲される。閣議決定に沿って法整備をしなくてはならない。閣議決定の一つひとつが、日本の将来を左右する。革新的戦略も当然、閣議決定して次の世代につなげなければ意味がない。

問題は、政治状況である。野田首相が「近いうちに国民に信を問う」と宣言した民主党政権は風前の灯だった。革新的戦略の全文を閣議決定しようとすれば、各省庁から変更や訂正要求が次々と寄せられ、骨抜きにされかねない。下手をすれば時間切れで政権の命脈が尽きてしまう。

そこで「革新的戦略を最大限尊重する」という趣旨だけを別紙に記して閣議決定をする方策を採っ

た。全文を別添にして各省庁の反攻をかわす作戦だ。この方法自体、さほど珍しくはない。原子力政策の基本方針で、長期計画を定めた「原子力政策大綱」や、規制改革推進のための諮問委員会の答申も、全文別添方式で閣議決定されている。

六人衆は、古川のペーパーどおりに事が運ぶとは思えなかったが、「核燃料サイクルをやめられないから原発を続けるのは本末転倒。問題から目をそらさず書いてみよう」と確認し合う。あるべき姿を示すために「(原発擁護派には厳しい)高めの球をどんどん投げよう」と草稿づくりに着手した。

草稿を書くうえで最も高い壁が核燃料サイクルの「バックエンド問題」だった。

使用済み核燃料を四六都道府県で

バックエンドとは、使用済み核燃料の処理や廃炉の範疇を指す。使用済み核燃料は溜まり続けて、いまや全国で約一万七〇〇〇トンに及んでいる。一般的に使用済み核燃料は、燃料プールで三〜五年保管される。その後、再処理工場に送られてプルトニウムを取り出してMOX燃料に加工される。残った高レベル放射性廃棄物は専用施設で長期保管されるが、最終処分の具体的方策は決まっていない。

日本は、長年、使用済み核燃料をイギリスやフランスの再処理施設に送り、再処理後、返還された高レベル放射性廃棄物を青森県六ヶ所村と茨城県東海村の原子力研究開発機構の施設に保管してきた。国内でも本格的に再処理事業を行おうと六ヶ所村に再処理工場の建設が始まったが、二〇年以上の歳月をかけ、当初予算の三倍以上の二兆二〇〇〇億円の巨費を投じ、工事ミスや不具合などで二一回も完成予定を変更しながらなお建設中である。

青森県は一九九〇年代に放射性廃棄物の貯蔵施設や再処理工場を受け入れた際、国との間で「(地元を）最終処分地にはしない」という約束を交わした。危険な高レベル放射性廃棄物を最終処分地に搬出するまで、三〇〜五〇年の期限をつけて保管している。

仮に原発事業が中止されれば、核のゴミを押しつけられるのではないかと青森県は深刻な不安を抱えていた。「約束を守ってほしい。そうでなければ、預かっている放射性廃棄物を各原発サイトにお返しします」と、青森県は主張する。

原発を止めれば、バックエンドの難題が噴き出す。再稼働すれば、バックエンドの矛盾を「先送り」できるが、使用済み核燃料は増え、危険なプルトニウムも蓄積される。もう一度、原発が過酷事故を起こせば、日本は間違いなく沈没してしまう。

バックエンド問題は、適正な解を見出しにくい、難題中の難題である。ベストでなくても、次善の対応策はないのだろうか。当時、積極的にバックエンド問題について発言をしていた元国土交通大臣の馬淵澄夫と私は日経ビジネスオンライン（二〇一二年三月十六日）で対談をした。民主党で核燃料サイクルの勉強会を主宰した馬淵は、第一次提言を出したばかりだった。「提言はあくまで問題提起」とことわったうえで、こう語った。

「技術的にも、経済的にも核燃料サイクルはフィクションです。基本的に『立ち止まって考えるべき』だと思う。その時間を確保することが大切です。国際競争の観点からも、複数の政策を可能にする時間が必要です。なので、将来的な目処が立つまで、放射性廃棄物を、五〇〜一〇〇年間くらい、責任をもって保管する体制に転換していきます。具体的には、使用済み核燃料については、その需要者（電力会社）と負担者（自治体）の公平性が保てる状況を築きながら、『ドライキャスク（乾式貯蔵容器）』で保管すればいい」

問題は長期間の保管場所だ。青森県は難しい。他に候補地があるのか。

「一つの案として、沖縄を除く各都道府県に一か所ずつ、この責任保管場所を設置することを原則としました。ただし、自治体間で合意があれば、ある自治体が他の自治体の保管すべき使用済み核燃料を引き受けることも認める、としています」

実際に四六都道府県に使用済み核燃料を分散すれば、猛烈な反対運動が起きるに違いない。しかし危険で厄介なモノを排除したい欲求と、誰かが負担しなくては日本が沈む現実に折り合いをつけるには「受益と負担の公平」が大原則だと馬淵は力説する。

「もちろん、いずれの場合でも責任保管場所から半径三〇キロ圏内の自治体あるいは住民に対する財政措置は必要でしょう。財源としては、原子力発電を行っている電力会社の顧客への賦課金の創設や、電源三法の見直しなど、いろいろお金の出し方はある。そこは考えなきゃいかん。ただね、大事なのは、どのような原則で、何から議論するかという順番だと思います。まずは、使用済み核燃料の処理は、電力を使う自分たちの問題なのだという原則を、全国で負担を分け合う議論から始めることで確認しなくてはなりません」

最も難しいのは放射性廃棄物の保管に伴うセキュリティだ。

「そりゃ、安全保障の観点からは、集約化した方がいいわけです。警備の点から見ても。じゃあ、集約化するには何処がいいかとなると、またすぐに、青森の六ヶ所村があるじゃないかという人が出てくる。でも集約化するから青森では、何の見直しにもならない。そういう話にした瞬間、受益と負担の公平性の大前提が崩れるわけです」

馬淵とのやりとりを、日経ビジネスオンラインに、そのまま載せた。

案の定、対談記事は読者から凄まじいバッシングを受けた。ものの見事に「炎上」した。「放射能を四六都道府県にばら撒くのは愚の骨頂、狂気の沙汰」「非常識、机上の空論だ」「日本を放射能まみれにするのか」「東京に保管したら、首都壊滅」……と徹底的に叩かれた。一つひとつの批判は正面から受けとめねばならないだろう。

だが、それでも「受益と負担の公平」という原則は、議論の入り口として考える価値はあると思う。最終的には放射性廃棄物の保管場所は特定のどこかに決めなくてはならないだろうが、「受益と負担の公平」の原則は「公」の意識を呼び覚ます糸口になるだろう。

東京電力の経営・賠償問題

バックエンドの難題は、原発事故を起こし、廃炉と直面する東京電力の経営・賠償問題ともリンクしている。事故直後、東電に対しては「法的整理」をして再出発させるか、生かして「賠償」主体として働かせるか、二つの意見が戦わされた。政府が選んだのは後者だった。ただし東電に賠償能力はなく、国策で原発を推進した国が資金的に支えねばならない。免責せず、破綻もさせず、賠償のために東電を働かせ続けるにはどうすればいいか……。

そこからひねり出されたのが「原子力損害賠償機構」による枠組みである。東電は必要な賠償額を政府に請求する。政府がその請求額を審査し、原賠機構は交付国債を原資とした資金支援を無制限で東電に行う。他の電力会社も原賠機構に出資する。会計上は「東電への支援を債務と認識させない手法」がとられている。東電の経営が三年後に黒字化する秘密はここにある。原賠機構は官民一体の「互助組織」としてスタートした。

東電の組織は延命された。ただ、東電の台所は火の車で、債務超過への坂道を転がり落ちていた。政府は東電に経営再建に向けて原賠機構とともに「総合特別事業計画」を立てるよう命じた。ここで「3プラス2」のリーダー、仙谷は「再稼働が必要」と唱える。その根拠は「三兆円の国富流出」だった。仙谷は自著にこう記す。

「原発が再稼働できないと、沖縄電力を除く電力9社の燃料費は年間3兆円以上増えると試算されている。その分、国富が失われるのだ。2011年のわが国の貿易収支は、化石燃料の輸入増大によって31年ぶりの赤字転落となったが、脱原発は、日本経済が稼げば稼ぐほど原油の相当部分が国外へ流出する悪循環に陥る恐れをかかえている」(『エネルギー・原子力大転換』)

官僚たちは貿易収支の悪化を懸念していた。国富流出論は、しかし原発の負の側面を隠す方便にも使える。負の側面とは、原発自体が「不良資産(不良債権)」となるリスクを常に抱えているということだ。アメリカの原発離れも、つきつめればそこに行きつく。

三兆円の国富流出論には、三つの疑問がつきまとう。第一に三兆円という数字だ。政府は、事故前と比べて減った原発発電量(電力九社の合計)すべてを火力発電が代替すると想定し、二〇一二年度は「三・一兆円」の燃料費増と試算している。震災前と二〇一二年度の原発発電量の差「二五九三億kWh」を火力に置き換え、三・一兆円とはじいている。

だが、実際の二〇一二年度の火力発電量は、大幅に節電が進んだこともあって「一八一三億kWh」増えただけだ。政府の想定値よりも約三〇パーセントも少ない。実態に即して、自然エネルギー財団(孫正義会長)が検証したところ、燃料費の増加額は「二・一兆円」となっている。

さらに同財団がＬＮＧや原油の価格上昇、為替変動という「価格要因」を控除し、純粋に燃料が増えた分を試算すると「一・六兆円」と、政府試算のほぼ半分に圧縮される。代替で増えた天然ガス火力は、コンバインド化で発電効率を高めれば、燃料費を約三割削減できる。技術革新と工夫の余地はまだ十分にあるだろう。

第二に、そもそも燃料費増イコール経営悪化には結びつかないのではないか、という疑問がある。電力会社は、総括原価方式で燃料コストの上昇分を料金に上乗せできるしくみを持っている。電力会社が利益の約七割を得る一般家庭向け電力は、燃料費の上昇分が三か月ごとに計算されて「調整額」名目で料金に加算される。これは料金値上げとは別立てだ。実際、震災後も、電気料金は調整額で何度も上げられ、燃料費増がカバーされている。そのことに電力会社は触れたがらない。

ならば、電力会社の経営を傾かせる真の理由とは何か。これが三つ目の懐疑だ。そこで、実態をみると安全性が担保されない原発の「不良資産」化が浮かび上がってくる。

電力会社の二〇一一年度の財務状況では、経常損益の赤字が最も大きいのは東電で四〇八三億円、次が関西電力の三〇二〇億円、三番目は九州電力の二二八五億円だ。純資産額が関西電力よりも多く、九州電力の倍ちかい中部電力の経常赤字は、七七四億円と非常に少ない。この差は、電力会社の原発依存度と深く関わっている。

震災前、関西電力の総発電量に占める原発の割合は五一パーセント、九州電力のそれは三九パーセントと突出して高く、中部電力は一五パーセントと低かった。この違いが財務状況に表れている。原発は一基当たり三千億円から五千億円の建設費を要する。大規模集中的に複数基をつくると電力会社は数兆円単位の借金を背負う。しかも原発は停止中も放置するわけにはいかず、多額のメンテナンス費用がかかる。原発の停止分を火力で補おうとすれば、古い火力発電所の稼働に人、モノ、金を回さなければならない。

安全性を担保できずに停まった原発は、利益を生まないどころか莫大な借金の塊となり、なおかつ金を食い続けるモンスター的不良資産へと変わるのだ。

一方で、長く運転して減価償却が進んだ古い原発は、動かせば動かすほど利益を生む。関西電力が大飯原発の再稼働にこだわり、九州電力が関係者に「やらせメール」まで送って玄海原発を動かそうとした背景には、そういう事情がある。原発を不良資産として抱え込みたくない。その一念で電力会社は再稼働を進めたがっていた。

東電の「実質国有化」

二〇一二年初頭、東電は債務超過寸前だった。事故処理、廃炉、除染にかかる膨大な資金需要を鑑みれば、資金調達力を強めねばならない。東電を生かし、ふたたび起債できる体力を養うには、純資産を食いつぶさせてはなるまい。低下した自己資本比率の復元は絶対条件である。

そこで、「3プラス2」は、東電の「国有化」に行きつく。東電が六〇年にわたって掲げてきた「民営の灯り」を「官」のコントロール下に置こうというのだ。原賠機構を通じて財政資金を投じ、自己資本比率を回復させる一方で、国が「経営権」を握り、経営改革を断行しようと考えた。料金の値上げと柏崎刈羽原発の再稼働は「国有化の大前提」と位置づける。

政府は、抵抗する東電首脳をねじ伏せ、原賠機構による一兆円、議決権比率五〇・一一パーセントの出資をのませ、「実質国有化」をかち取った。もっとも、霞が関の官僚が東電の運営をできるはずもなく、東電の社員がリストラや組織再編をしながら再建を担う仕儀となる。

「3プラス2」は、原子力発電の始末のつけ方も検討している。「新しい電力インフラの構築への道筋」と題したA4判五ページの方針書が、一一年暮れに密かに関係者に配られた。東電の実質国有化の手順もポイントを絞って記されている。

たとえば、東電が国有化に抵抗したら、「法的整理（機構が特別事業計画を作らない）という手段を見せつつ、交渉すること」と記してあり、仙谷はこのとおり東電首脳を追い込んだ。ペーパーには「原子力の国有化」も明記されている。筋書きはこうだ。

「原子力国営会社」を設立して、東電以外の電力会社の原発も引き受ける。原発の提供を渋る電力会社に対しては、「今後、バックエンドの費用も含めて、無限責任を自社で全部負う」と脅せば、「ほとんどの電力会社は原子力国営会社に参画」する、と見通す。バックエンド事業が各電力会社の重荷になっているのは間違いない。バックエンド事業を引き取る場合は、買い取り価格も含めて「モラルハザード」が生じないよう方法や条件を考慮する必要がある、と記している。

さらに国有後の原発事業のオペレーションは基本的に民間委託で、その委託先は必ずしも「東電である必要はない」と踏み込む。「官」が九電力に無条件降伏を求めているかのようだ。

しかし、国営会社が掌中に入れた原発を再稼働して事業を継続すれば、苦労して原発を維持してきた電力各社は猛然と反抗するだろう。世論も、脱原発、原発推進の立場を超えて批判するに違いない。原子力事業の国有化は、手段であり、目的ではない。その目的が「脱」か「推進」かふらついて定まらない。「3プラス2」も原子力国有化案は公表できなかった。

すべてのテーマの根本がベストミックスである。原発を捨てるか、残すか、残すならどの程度残すのか。「革新的エネルギー・環境戦略」の草稿づくりが急ピッチで進められる。

革新的戦略に絡みつく、もう一つの課題が「電力自由化」へのレールを敷くことだった。

発送電を分離する

電力自由化のなかでも発電部門と送電部門の分離は、電力会社の地域独占体制を覆す大手術である。全国一〇の地域ごと（北海道、東北、東京、中部、関西、北陸、中国、四国、九州、沖縄）の電力会社は、発電から送配電、顧客への小売までの電力系統と取引契約を独占してきた。一九九五年に発電部門の一部で自由化が始まり、二〇〇〇年には大口需要家の工場やデパート、オフィスビル向けの小売も自由化される。それを機に新電力やPPS（特定規模電気事業者）が参入し、電力会社の系統を使って（託送）大口顧客への販売を始めた。だが一〇年経っても、そのシェアは全体の四パーセント足らずにとどまっていた。

小売自由化が伸びないのは、電力会社が送配電網の使用料（託送料）を高く設定し、新規参入を阻んでいるからだと言われた。電力料金自体が「総括原価方式」で決められており、価格競争力はゼロに等しい。

経産省は、一般家庭を含めて小売部門の全面自由化を断行し、新規参入の販売業者を募って市場競争を採り入れようと企図する。さらに発送電分離で、発電所と送配電網を組織的に切り離す。発電部門には既存の電力会社の他に、地域ごとの再生可能エネルギー事業者やPPSを呼び込もうと考えた。

発送電分離のポイントは、「送配電網の中立、広域一元的な運営」である。新たに創設される「系統運営機関」は、どんな事業者も差別せず、中立的に送配電網を使って電気を送り、全国規模で一元的にコントロールしなくてはならない。送配電網は、電力会社の「私有財産」から「公益」を重視した「幹線道路」のような存在に変わるのである。

この大手術に対して、電力界の反発は激しかった。安定供給のためには発電から販売まで一貫した体制のほうが有効だと反旗を翻す。

電力自由化と体制護持の矛盾は、市場競争の激化で電力会社が原発を持てなくなる点に集約される。原発は莫大なコストがかかり、過酷事故を起こせば電力会社の経営基盤は吹き飛ぶ。使用済み核燃料の処分も先が見えない。リスクの大きな原発は、原理的に自由市場になじまない。現にアメリカでは大手電力会社が次々と原発を閉じている。

この論理矛盾を抱え込んでいたからこそ、経産省は電力システム改革の主導権を国家戦略室に渡さず、エネ庁の委員会でコントロールしなくてはならなかった。絡まった糸をほぐし、手段を目的化させないためには、大局的な根本策を定める必要がある。革新的戦略の影響力は日に日に高まった。

イギリスから放たれた矢

草稿作成を任された六人衆は、一日おきにホテルで、伊原の案を叩き台に深夜まで肉付け作業を行った。ようやく草案ができて、各省庁との文言調整に入ると、壮絶な巻き返しに晒される。文科省の抵抗で高速増殖炉もんじゅは「廃止」から「研究を行う」と百八十度転換した。エネ庁は核燃料サイクルの中止を「中長期的にぶれずに推進」と逆転する。古川ペーパーの重要項目は切り崩され、伊原は都合一四回も草稿を書き改める。

一二年の九月に入り、民主党内では「二〇三〇年までに原発ゼロでなければ選挙は戦えない」という脱原発派と、電力労連や財界寄りの原発擁護派が衝突した。政調会長の前原誠司は、期限を曖昧にして落とし所を見つけようと、同じ京都が地盤の参議院議員、松井孝治に相談を持ちかける。松井も経産省出身だ。松井は、次の表現をひねり出す。

「二〇三〇年代に原発稼働ゼロを可能とするよう、あらゆる政策資源を投入する」

脱原発派、原発擁護派、どちらからも批判を浴びようが、「脱党」に歯止めがかからない民主党ではぎりぎりの言い回しであった。

青森の「核燃料サイクル中止」への反発は激烈だった。「今後、一切の放射性廃棄物を受け入れない。保管している放射性廃棄物を引き取れ」と一歩も引かない。アメリカ政府は「原発ゼロを掲げて、再処理を続ければプルトニウムが溜まるだけだ。容認できない」とプレッシャーをかけてくる。

野田内閣が迷走を続ける九月十一日、ピンポイントのタイミングでウォレン駐日イギリス大使が首相官邸を訪れ、藤村修官房長官に面談を求めた。

ウォレン大使は藤村長官と向き合うや、ずばりと斬り込んだ。

「セラフィールドの再処理工場で預かっている高レベル放射性廃棄物のガラス固化体を、きちんと引き取っていただきたい」

藤村は慌てふためいた。予想外の方向から矢を射かけられた。「ノー」の選択肢は与えられていない。これまで日本の電力会社は使用済み核燃料をセラフィールドの再処理工場に送り、プルトニウムを抽出した後の高レベル放射性廃棄物を引き取ってきた。イギリス側は放射性廃棄物をガラス固化体に入れ、量がまとまったところで日本に戻す。

ちょうど、関西、中部、中国の三電力会社のガラス固化体二八本（一一三・五トン）の返還時期が迫っていた。イギリス側は秋にもガラス固化体を積んだ船をバロー港から出航させ、パナマ運河経由で日本の六ヶ所村へ運ぶつもりだった。青森県が放射性廃棄物の受け入れを拒めば、ガラス固化体を積んだ船はどこの港にも入れず、日本近海を延々と漂う。そうなれば、日本は国際社会で完全に孤立する。官邸は追い込まれた。

ここが大きな分岐点だった。

駐日イギリス大使の来訪から三日後、エネルギー・環境会議は「革新的エネルギー・環境戦略」を策定した。訪米して革新的戦略について説明する政府関係者に、アメリカの国家安全保障会議（NSC）のフロマン補佐官らは「閣議決定を懸念する」と圧力をかける。そして九月十九日、野田内閣は「今後のエネルギー・環境政策については、『革新的エネルギー・環境戦略』を踏まえて、関係自治体や国際社会等と責任ある議論を行い、国民の理解を得つつ、柔軟性を持って不断の検証と見直しを行いながら遂行する」の一文を閣議決定し、革新的戦略の全文を別添する。「二〇三〇年代に原発稼働ゼロを可能とするよう、あらゆる政策資源を投入する」と戦略は謳った。紆余曲折を経て、二〇三〇年代の原発ゼロは明記されたのである。

だが、一方で核燃料サイクルの継続が宣言される。この問題が国内外の政治課題として、どれだけ処し難いか想像できよう。革新的戦略は記す。

「青森県を最終処分地にしないとの約束は厳守する。他方、国際社会との関係では核不拡散と原子力の平和的利用という責務を果たしていかなければならない。こうした国際的責務を果たしつつ、引き続き従来の方針に従い再処理事業に取り組みながら、（略）責任を持って議論する」

革新的戦略は、脱原発派、原発擁護派、双方から「中途半端」と集中砲火を浴びる。原子力政策の長期計画を定めた原子力大綱のように全文別添方式で閣議決定したにも関わらず、メディアの指弾を受ける。戦略を閣議決定していないと批判するなら、原子力大綱の有効性も問わねばならない。

しかし、新聞各紙は社説で一斉に「閣議決定見送り」「閣議決定を断念」「閣議決定せず」と書き、それを改めようとしなかった。じつは政府関係者のリークでメディアは一斉に「閣議決定見送り」になびいている。あからさまな情報操作が行われた。

この「国のかたち」は、いったい誰が決めているのだろうか……。

ポピュリズムか、ビジョンの提示か「国民的議論」の教訓

革新的戦略の策定から二年半の歳月が過ぎた。

伊原智人は自民党が政権に復帰して間もなく、霞が関を去った。「戦略に書いたことを実践する」ためにバイオエタノールを生産するベンチャー企業の経営者に転じている。官と民をつなぐ「回転扉」を通って、ふたたび民間に戻ったのだった。企画調整官として革新的戦略の作成に心血を注いだ日々を、伊原はこうふり返る。

「本気で日本が原子力から脱却して、やっていくためには化石燃料に頼るのは本道ではない。やはり再生可能エネルギーでしょう。固定価格買取制度を採り入れて、国が導入を促進しても、それだけでは困難です。本当の意味で再エネを基幹電源にするには、民間投資を、この分野に呼びこまなければなりません。そのときに、大きな目標として、原発ゼロにターゲットを決めて、それを国民、民間が信じられればグリーン産業に投資を促せる。そこが曖昧だと、リスクをとった投資は難しい」

さらに伊原は自分の判断を次のように語った。

「国民的議論の結果、過半以上の人が脱原発を望んでいるなら、それを実現する代替エネルギーが必

要で、そこに民間投資を呼び込むには政府がはっきりしたビジョンを示すほうが適切です。ゼロと書くこと自身、ベターだと僕は思いました」

伊原が長く慕ってきた経産省の幹部は、伊原の実力を認めながらも、こう批判する。

「国民的議論は、オープンな形式をつくるのに熱心で、結果的にポピュリズムに陥った。だって、誰が出てくるかわからない会議をやってどうするの。エネルギー政策は、リアリズムの世界です。その人が政策を語るだけの基礎知識やファクトを押さえていて、それで議論するならいいけど、そうではなかった。オープンに見える形式にこだわり、ゼロの結論ありきで、議論を引っ張った」

しかし、伊原の考え方は違う。

「これまでは政策決定のプロセスが見えませんでした。それを見えるようにするために客観的、中立的なデータをもとにして国民的議論をしたわけです。方法についていろんな批判はあるでしょう。ただ、原発は反対、賛成の二項対立がずっと続いてきた。それを乗り越えるためには国民の一定の支持があることが前提です。エネルギー政策は国民の支持なくしては考えられない。そこを議論した結果、国民の過半が原発に依存しない社会を望むのなら、そのことを政策に書くことは悪い意味でのポピュリズムではない」

経産省幹部は、「伊原の生き方はまっとうだ。マスコミに出て、官僚時代のルサンチマンを晴らすのとは対極にある」と理解を示したうえで、こう述べた。

「経産省と東電は、福島であれだけの事故を起こし、重たい十字架を背負った。この十字架を東電がかなぐり捨てようとするのなら潰したほうがいい。国も、当然、この十字架を東電にだけ背負わせるのではなく、国策民営で一緒にやってきたわけだから、背負わなきゃいけない。実質国有化とはそういうことです。国が東電に入って、先行きを明るくしなくてはいけません。ただ、エネルギー政策の根源、過去からの経緯と政策の根本は譲れない。ここを譲れと言われたら、職を賭して暴れるくらいの覚悟を、われわれ当事者はもっていますよ。きれいごとじゃない。根源を守るには泥をかぶってでもやらなきゃいけないことがある」

では、幹部官僚の言う「政策の根源」とは何か。

それを見極めるには歴史の針を、戦中から戦後にかけて「官」と「民」の電力支配をめぐる闘争の時代に戻さねばならないだろう。レッセフェール（自由放任主義）で市場競争を展開してきた民間電力各社が、軍靴の音の高まりとともに「官」に統制され、特殊法人の日本発送電株式会社に束ねられる。敗戦後、ＧＨＱの指導を受けて、日本発送電は解体され、「民」が中心に戻って、電力会社は地域独占で盤石の体制を敷く。

その激動の過程に官が死守しようとする「政策の根源」が潜んでいる。歴史をさかのぼって、過去から現在へ光を投げかけてみたい。

第4章　電力支配をめぐる闘争――統制を壊す「電力の鬼」

電力は、常に国家の針路と緊密に連携している。

トーマス・エジソンが世界初の電力会社、エジソン・ジェネラル・エレクトリック会社（ＧＥの前身）を創設して一二〇年余り、電力は国の命運を左右してきた。

ここで視点を、現代の電力とエネルギー資源を俯瞰する高みから下げて、時代をさかのぼる歴史的まなざしへと転換しよう。

かつて、日本において電力は経済を統制し、戦争に向けて国家総動員体制を築くための重要な鍵であった。「官」は、自由競争を大前提に「民」がしのぎを削って発展させてきた電力を掌中に収めようと巻き返しを図る。官民の攻防は、産業界の動力源の配分を決定づけ、日本を開戦の淵へと追い込んでいった。

「持たざる国」日本が背負った宿命は、ポスト「３・11」の現在にも持ちこされている。歴史の教訓は、どこまで受け継がれているのだろうか。

革新官僚と国家総動員体制

ときは昭和のはじめ、軍部を中心に現状を打破しようとする勢力が、政党や財閥と結ぶ保守陣営に襲いかかっていた。その怒りの源は貧困と格差だった。農村は、恐慌の嵐に翻弄され、不況と不作が重なって塗炭の苦しみを味わっていた。

たとえば、兵隊の供給地でもあった東北地方。貧農が地主や高利貸から金を借りると五分〜一割が手数料として天引きされ、二割四分の利息がついた。借金の証文は半年ごとに書き換えられ、「六か月ころがし」と呼ばれる。

この手法で、二年半余りの間に借金は二倍、五年目の元利合計は三倍以上に膨れ上がる。貧しい農家は借金苦で一家離散、心中、娘の身売りへと奈落に転がり落ちた。

一方で、政党とつながる財閥は不況で潰れた会社を呑みこんで事業を拡張する。

世間の顰蹙を買ったのが、財閥系銀行の「ドル買い」である。

一九三一（昭和六）年九月、国際金融の中核イギリスが資金流出に耐えかねて金輸出を再禁止（金本位制からの離脱）すると、モルガン財閥傘下のシティ銀行とともに三井、住友、三菱の金融機関が一斉にドル買いに走った。日本も追随し、為替レートが大幅に円安に振れると読んで、しこたまドルを買い込んだ。頃合いをみて、買ったドルを売れば大儲けができる。シティ銀行は二億七〇〇〇万円、三井財閥は一億円を注ぎ込んでドルを買っている。

法に則った商行為ではあったが、大蔵大臣の井上準之助は、金本位制を必死で守ろうとする政府への「裏切り」と決めつけ、「国賊、売国的行為」と罵る。もとをただせば、井上の世界恐慌下での時機を逸した金輸出解禁が招いた混乱ではあったのだが……。

デモ隊が「奸悪の牙城を粉砕せよ」と三井銀行本店に押しかける。三井の首脳はテロの標的に浮かび上がった。

大陸に目をやれば、満州事変を起こした関東軍は、政府の不拡大方針を無視して軍を進めていた。主力部隊は岩手、青森の出身者が占めている。窮乏に耐えかねて、人びとは良心を眠らせ、激情の赴くままに理性のタガをそっと外す。恐慌の鬼子が目を覚ました。

一九三二年二月、日蓮宗の僧侶、井上日召の「一人一殺」思想に感化されたテロリストが井上準之助を射殺する。三月には三井財閥の団琢磨も殺害された。「血盟団」事件が起きたのだ。首謀者の日召は、海軍の青年士官に「次のテロ」を指示した、と検事に話している。続けて「五・一五」事件が発生し、海軍中尉が犬養毅首相の命を奪って政党内閣に終止符が打たれる。血盟団と「五・一五」は一体のものだった。

現状打破を狙う勢力の中心に躍り出た軍部は、しかし経済運営のノウハウを持ってはいなかった。戦争を行うには莫大な軍事費がかかる。陸軍は、三四年十月、「国防の本義とその強化の提唱」というパンフレットを発行し、国家総動員体制の必要性を説く。

「たたかいは創造の父、文化の母である」

と、書き出された陸軍パンフは、国家総動員体制を次のように規定している。

「武力戦は単独に行わるることなく、外交、経済、思想戦等の部門と同時に、または前後して併行的に展開されることとなった。従って、右の要素を戦争目的のため統制し、平時より戦争指導体系を準備することが、戦勝のため不可欠の問題たるに至った」

問題は、統制的な国家総動員体制を誰が、どのように計画し、実行するかである。

そこで、実務者として舞台に登場したのが「革新官僚」たちだ。

革新官僚とは、ナチス・ドイツの「強制的同一化」やスターリンの「五カ年計画」をモデルに公的介入を強めて社会の改革、刷新をめざす役人をさす。統制的手法を好む点は共通しているが、思想的には右翼と左翼の両極を含んでいた。彼らは、軍部が掲げる「対外進出」や「挙国一致」、あるいは「日本主義」に感応して政府内で動きだす。

一九三五(昭和十)年五月、政府は、総理直属の国策立案機関「内閣調査局」を設け、各省の有力な中堅若手を集めた。そのなかに、電力政策を司る逓信省の革新官僚、奥村喜和男(一九〇〇〜六九)の姿もあった。右派革新官僚の首領は商工省で「重要産業統制法」を起草した岸信介、大蔵省の迫水久常であり、奥村や、同じく内閣調査局調査官に就いた陸軍の鈴木貞一なども、その系譜に入る。

内閣調査局は、合法的に総力戦体制を築こうとする陸軍の「統制派」と、「勤労階級」を代表する「社会大衆党」がともに支えていた。右翼と左翼の結節点で、内閣調査局は国家社会主義を盛りつける器として生み落とされている。

ほどなく内閣調査局は「企画院」に組織を拡大し、戦時統制経済の推進機関へと変わっていく。その先導役が奥村であり、彼の使命は逓信省の宿願ともいえる「電力国営」を実現することだった。

では、近代日本に電力が定着した経緯をたどり、奥村の行動を追っていこう。

電力業者たちの仁義なき戦い

日本の電力産業は、明治半ばの東京電燈(東京電力の前身)創設以来、自由競争を旨として成長した。電灯照明用の火力発電に始まり、水力発電がひろまるにつれて供給量は増えたが、当初、「官」は電気事業に触手を伸ばさなかった。

官営で育てた鉄道や製鉄と異なり、電気事業は会社の設立を県知事に願い出ると、「人民の相対に任せる」と放任される。官は、漏電を防ぐ保安上の取締りをする程度で競争に介入しなかった。役人が電力産業の潜在力を見誤ったとしか考えられない。明治末期に電気事業法が制定されたものの「公益」の観点は薄く、事業免許は警察許可にとどまった。

その間、大小さまざまな電力会社が入り乱れ、「仁義なき戦い」がくり返される。

第一次世界大戦を機に電力業界は急成長を遂げる。日本の産業界は戦火に包まれた欧州に軍需品などの物資を輸出した。生産体制が崩れたイギリスに代わって、アジアに綿製品を送りだす。国内総生産は第一次大戦が始まった一九一四年から、わずか五年間で約三倍、工業生産高は五倍強に増えている。この超高度成長を支えたのが電力であった。

大戦前、工場の電動機使用率は一〇パーセント台で蒸気機関の七〇パーセントに遠く及ばなかったが、一九一七年には電動機五一・三パーセント、蒸気機関二〇・一パーセントと逆転。猪苗代や木曽川の大規模水力、消費地の大型火力開発が進み、高圧送電網が敷かれる。京浜、中京、阪神、北九州の四大工業地帯の基盤がつくられた。

市場の成長とともに、事業者どうしの「電力戦」は一層激化した。

大谷健の著書『興亡』は、次のように伝える。

「とりわけ大消費地東京をめぐる競争は激烈だった。関東大震災のあと、家が建つと、待ち構えていた某社が内線を引く。すると、他者が配電線をこれにつないで送電する。怒った某社が配電線を引きちぎって自社のをつなぐと、他社は器物破損で訴え、刑事事件となる。気の弱い需要家はことわり切れず、表からA社、裏口からB社の配電を受ける」

電力自由化の極北の姿がここにある。大手電力会社間の陣取り合戦も凄まじかった。関東大震災の二年後には「鶴見騒擾事件」という日本最大の喧嘩が起きている。

当時、全国に六九〇社の電力会社が乱立する状況で、「電力王」の異名を持つ松永安左エ門（一八七五～一九七一）は、東邦電力を率いて九州、中京地区を制覇し、首都圏進出を図った。松永は関東の電力会社を買収し、東京の城南地区から京浜地帯に電力を送る「東京電力（通称・東力、現在の東京電力とは別）」を興す。

かたや老舗の東京電燈は、巨大な「お化け煙突」で知られる千住火力発電所を建設し、迎撃態勢を整える。東力は、震災後、川崎の白石町に火力発電所の建設を始めた。発電施設の工事入札は、基礎の水路と上物の建屋に分けて行われ、基礎を間組、建屋は清水組（現清水建設）が落札する。先に間組が基礎をつくって、清水組に現場を譲る約束で着工した。

ところが、基礎が完成しても間組の下請業者が現場に居すわり、清水組の起工を妨げる。背後には土木業界を牛耳る博徒が控えていた。清水組は、とび職の親方を送って博徒と交渉させるが、話はまとまらない。とうとう総勢一四〇〇人の荒くれが銃や刀、匕首に仕込み杖、竹槍を携えて横浜市鶴見区潮田の市街地で血戦をくりひろげた。

大喧嘩は、清水組側が相手の事務所に攻め入り、看板を奪って収まったが、一度に五〇〇人以上が検挙されている。「血で血を洗う」抗争の背景には、電力会社の過当競争があった。

電力会社は、採算無視のダンピング競争で互いの首を絞めていた。おまけに二大政党の「政友会」と「民政党」が我田引水ならぬ「我田引電」で行政に圧力をかけ、供給区域の許可を乱発させる。過当競争の電力会社は同じ区域に重複して電気を送り、紛争と値下げに明け暮れる。電力会社の自己資本はどんどん先細り、やがて金融機関に操られるようになる。

電力の自由競争は「乱脈と腐敗」のイメージを世のなかに植えつけ、非難を浴びた。

共倒れの危機を感じた五大大手電力会社――最も規模が大きい東京電燈、松永が采配を揮う東邦電力、木曽川を開発した大同電力、関西が拠点の宇治川電気、黒部川流域の水力を活用する日本電力の五社は、「手打ち」を図る。金融機関の斡旋で、五大電力は逓信次官の立ち合いのもと「電力連盟」を結成し、重複供給の整理や紛争の裁定、二重投資回避などを盛り込んだカルテルを結んだのである。それは血盟団事件が起きた一九三二年のことだった。

初代の電力連盟書記長のポストには、戦後、経団連を拠点に影響力を発揮する松根宗一（一八九七〜一九八七）が就いている。愛媛県宇和島市に生まれた松根は、東京商科大学（現一橋大学）を卒業後、日本興業銀行に入った。三十代半ばで電力連盟に転じ、「民」の立場で電力界に深くかかわる。松根宗一の名は頭の隅にとどめておいていただきたい。

自由競争の混沌から「国営化」へ

電力連盟が発足すると、逓信省は、いよいよ業界統制に本腰を入れる。法改正で電気事業の公益性を認め、事業者の供給義務を明文化して統制の楔を打ち込んだ。

世論も電力会社に厳しかった。軍需を中心に電力需要が増えて電力会社の経営が安定してくると、あちこちから「電気料金値下げ」の大合唱が沸き起こる。

新潟県下では料金不払い同盟、廃燈同盟が結成されて地元の電力会社が未収金に頭を抱えた。東京商店連盟は、東京電燈に街灯料金の三割値下げを突きつける。鉄道会社の東武や西武も東電に値下げを執拗に求め、軍部もこれに同調する。海軍の横須賀海軍工廠は、東電に料金引き下げを要求し、拒絶されると海軍大臣は帝国議会で不満を述べた。

一般大衆から産業界、軍部まで「低廉な電力」を渇望したのである。

逓信省は、世の電力批判の波に乗じ、「安くて豊富な電力の確保」と「業界の健全化」を名分に「国営化」を提唱する。奥村喜和男は民の抵抗を抑え、国営化の青写真を描く段階に至ったと判断した。折しも陸軍がパンフレットを発行し、統制風は強まっている。軍と官のあうんの呼吸で頃やよし、内閣調査局の奥村は、奮然と国営化の起案へと突き進んだ。

この当時、電力業界の全資本は五〇億円に達し、日本の株式会社の総資本の四分の一を占めていた。国営化で大産業に発展した電力の根本を革(あらた)めようというのだから、中途半端な覚悟ではできない。しかも財政状況は急速に悪化していた。一九三五年度の国家予算は二二億六四五四万円で、軍事費が四七・一パーセント、一〇億三九二四万円を占めている。赤字公債は一〇〇億円に達し、軍事費はさらに膨張していた。国が電力産業を買収して懐に入れる余裕はない。財政の壁が立ちふさがっている。どう料理したものか。まずは国営化の大義を立てねばならない。

奥村は国営化の要点を、次のように整理している。

「(電力は) 発生と消費とは同一瞬間なんですね。ですから、発電と消費との調整がもっとも必要です。発電と供給を全国的に連携させたほうが効率が上がるわけですね。また、河川の発電所は一ぺんつくったらまたつくれませんから、国家としてはいちばん最大ユニットとしてつくりたいんです。水資源というものの最大限、かつ能率的な利用という二点のためには、営利を基本とする私営的な立場ではいかん、イデオロギー的に申しますと公益優先と申しますか国家的要望でものを判断しなければいけません」(『昭和経済史への証言　中』、カッコ内は著者注。以下同)

大蔵大臣の高橋是清は、国営化を公債で後押しすると力づけた。だが、奥村は上司に「公債なんて財政状況からして、とてもだめだと思います」と具申し、腹案を伝える。

「公債を出さんで、しかも電力国営をやる方法があります。それは手品でもなんでもなく、要するに有と用を分ける、つまり所有と管理をいっしょに考えないで、国家は国家という立場から電力の管理運営をやって、電力設備の所有はどこまでも民間資本にまかせるという特殊な案を、私は考究中です」

奥村案の眼目は、発電と送電を国家が管理して全国一系統とし、その設備は民間が所有する。末端の配電事業は商業的要素が多いので、従来の私営、または自治体による公営のままにしておく、というものだった。奥村案は「民有国営」と呼ばれた。

高橋蔵相や逓信大臣の望月圭介も興味を示し、国営の具体化にとりかかる。

その矢先の三六年二月二十六日、帝都東京を揺るがす大事件が勃発した。天皇親政による国家改造「昭和維新」を目ざす陸軍「皇道派」の青年将校らが、一四八三名の兵を率いて決起したのだ。電力国営化どころではなくなった。岡田啓介内閣は銃と軍刀で破壊され、総辞職に追い込まれる。二・二六事件が出来したのであった。

反乱軍兵士は、首相官邸はじめ東京市内の要所を襲撃し、内大臣で元総理の斎藤実、高橋蔵相、陸軍教育総監の渡辺錠太郎を殺した。岡田首相は、襲撃者の誤認で命拾いをしたが、代わりに警護秘書官の義弟が殺害される。岡田は官邸内の小部屋に身を隠して難を逃れた。

「重臣」を失った昭和天皇は、青年将校部隊に敵意を燃やし、軍部に鎮圧を命じる。事件への対応で、重い責務を担ったのが、内務大臣の後藤文夫（ごとうふみお）（一八八四〜一九八〇）とその秘書官、橋本清之助（はしもとせいのすけ）（一八九四〜一九八一）であった。

後藤文夫と橋本清之助の名は、覚えておいていただきたい。ふたりは戦後、原子力発電の導入にかかわる重要な局面で顔を出す。橋本は、後半生を原子力産業界のフィクサーとして生きる。原子力を電源の主軸に押し上げたキーパーソンだ。後藤と橋本の人物像を記憶に刻むために、二・二六事件発生直後の彼らの動きを再現しておこう。

二・二六の橋本清之助

事件当日、内務大臣の後藤文夫は渋谷区金王町（現渋谷ヒカリエの裏手）の私邸で休んでいた。暁方、首相官邸からの電話で「いまここに兵が来ております」と伝えられ、後藤は軍事クーデターの発生を知り、警戒感を強める。内務大臣官邸も襲撃されていた。

午前四時、後藤は横浜本牧の自宅にいた橋本に電話を入れる。橋本は、直ちに自動車で渋谷に向かい、五時十五分ごろに着く。警察官の護衛が三、四人いたが、反乱軍に襲われる危険があり、後藤と近くの一宮房治郎（衆議院議員）邸に移り、各方面と連絡をとった。

午前十時、首相秘書官から「岡田総理は官邸内で生きている」と連絡が届く。後藤は宮内大臣に岡田の生存を伝え、善後策を練った。ふたりは、神宮外苑の日本青年館に移動し、警察庁に治安維持の厳命を下す。正午ごろ、後藤は橋本を伴って坂下門から宮城（皇居）に入る。各大臣も集まり、臨時閣議が開かれて総辞職を決めたうえで、閣内で序列が上位の後藤が総理大臣臨時代理に就いた。ここで後藤は一世一代の大芝居を打つ。

閣議には川島義之陸軍大臣も参加しており、反乱軍を庇おうとする気配がうかがえた。万一、岡田首相が官邸内で生きていることが外に漏れればその命が危ない。後藤は、あくまでも「岡田がいない」

ものとして政務を執る。その間、皇道派の将軍らが閣僚室にやってきて、東京に「戒厳令」を布くようせっついたが、後藤は、はねつける。

「一般国民は何ら動揺していない。治安は維持されている。問題は陸軍内部のことであり、陸軍自体が収拾すればよいのだから、戒厳令の必要はない」

正式に戒厳令を布けば治安の全権が戒厳司令官の手に渡り、軍事革命の成功を裏づけることになる。後藤は、緊急勅令で区域を限定し、騒乱鎮圧を目的とする「行政戒厳」で応じた。

後藤が軍部と渡り合っている間、秘書官の橋本は警視総監と岡田首相救出の方法を考え出す。翌二十七日、身代わりで亡くなった警護秘書官の遺体を棺桶に入れて運びだす一群に、変装した岡田を紛れ込ませて脱出させる。岡田は本郷の真浄寺に身を寄せ、ようやく人心地ついた。

次の課題は岡田を他の閣僚が待つ宮中へいかに参内させ、事件を収束させるか、であった。橋本は宮中と岡田の隠れ家を密かに往復し、東京憲兵司令官と掛け合って首相参内への協力を取り付ける。そのようすが『橋本清之助遺稿』に綴られている。

「……岡田首相は無事であり、しかも現在反乱軍の官邸から脱出されたことを話し、今夜何としても宮中に参内したいから協力してもらいたいと話した。純情な岩佐少将（東京憲兵司令官）は私の話を終わりまで聞かぬうちはらはらと涙を流し、『自分の身命を賭して総理を無事宮中に御案内します』と言ってくれた。余（橋本）は（風邪で）発熱四十度の痛々しい司令官を伴って本郷の首相休息の寺院に向かった。（二十八日）七時頃、岡田首相は東京憲兵司令官の車に同乗せられ、無事坂下門を通過して参内した」

橋本清之助の働きは水際立っていた。舞台裏で策動するために生まれてきたような男だった。二十九日に陸軍首脳部も武力鎮圧を決意し、一七名の現役将校と三名の元将校は自首をして収監される。兵は原隊に復帰した。反乱軍を思想的に導いた北一輝と青年将校らは死刑に処せられる。二・二六事件は民衆の支持を得られず、頼みの天皇にも見放され、宮中革命の蹉跌に終わった。

陸軍では、これを機に皇道派が一掃され、政治を利用して総力戦体制に築こうとする統制派が一気に勢力を拡大してゆく。

電力国家管理要綱

後藤文夫は総理大臣臨時代理の職を解かれ、下野した。後継の内閣は、前外務大臣の広田弘毅が陸軍寄りの「政友会」、反軍国主義を唱える「民政党」の両党から二名ずつ入閣させて組織する。「挙国一致内閣」の体裁をとった。

民意は「反ファッショ」を望んでいた。二・二六事件の六日前に行われた総選挙では民政党が勝利をおさめ、社会大衆党が議席を増やしている。ただ、社会大衆党も「国民生活の向上」と「国防の充実」を二大政策に掲げており、どちらに転ぶかわからない危うさを秘めていた。広田の挙国一致内閣は、混濁した政治状況の引き写しであった。

「国防」を軸に民意と政権がねじれた状態で、国家統制が奇妙な磁力で政治勢力をひきつける。新聞界出身で時流に乗った民政党総務の頼母木桂吉(たのもぎけいいち)が逓信大臣に就任すると、電力国営化に飛びついた。

頼母木は、浅草の自宅の風呂や台所、暖房はもちろんトイレも電気装置にして、排泄物を一晩で焼き尽くす設備を入れるほどの電気好きだった。逓相に就くと奥村を呼び、国営化策を聞きとる。その直後、電力国営策が新聞に大々的に報じられ、財界は混乱した。電力株は一気に下がり、内閣書記官長（現在の内閣官房長官）は火消しに躍起となる。

頼母木は、奥村の進言で革新官僚の大和田悌二（一八八八～一九八七）を逓信省電気局長に任命し、国営化の政策立案を指示した。大和田は省内の調査会を受け皿にして、「電力国策要綱」をまとめる。その内容は、国が特殊会社を設立し、その株式と引き換えに民間に電圧五万ボルト以上の送電線と発電設備を現物出資させる。政府は特殊会社から設備の提供を受けて発電、送電を行い、民間の配電事業に電力を卸すというものだった。

頼母木は要綱を閣議にかけ、「国営化すれば現行料金の約二割の値下げが可能」と閣僚たちを口説いた。三六年十月、閣議は原案に若干の修正を加えた「電力国家管理案要綱」を承認する。大和田を中心に逓信官僚が特殊会社の設立や電力事業にかかわる法案作成を進める。

そして、一九三七年一月十九日、電力国営化法案が第七〇帝国議会に上程されたのである。

一斉に電力会社、財界各方面から轟々たる反対の声が上がった。議会での論戦必至と官民とも固唾をのんで見守っていると、またしても政局で法案が宙に浮く。反軍国、反ファシズムの強烈な意思表示が電力の国家統制の出鼻をくじく。広田内閣の軍国路線が議会で糾弾され、広田内閣は瓦解したのだ。主役は、ベテラン代議士の浜田国松だった。

「国民の知らない間に」

一月二十一日、衆議院本会議で質問に立った政友会の浜田は、雛壇の寺内寿一陸相を睨みつけ、軍部の政治への関与を批判した。浜田は「軍部における思想の底を流れて滔々として尽きざるもの」を警戒し、こう述べた。

「これが政治の方面、経済の方面、社会の方面に頭を出すのであります。五・一五事件然り、二・二六事件然り、軍の一角より時々種々なる機関を経て放送せらるるところの、独裁政治思想に関する政治意見然り、議員制度調査会における陸相懇談会の経緯然り……」

浜田は、軍部が粛軍を理由に進めた陸海軍大臣現役武官制への制度改正を槍玉にあげる。現役武官制の導入で文官はもちろん予備役や退役武官ですら、軍部大臣には就けなくなった。ますます軍部は政治介入しやすくなる。文民統制が崩れる。浜田は声を励まして指弾した。

「国民の知らない間に、政党の覚(さと)らない間に、昨年特別議会のどさくさの間において、この改正を致したりということは、（略）その当否を広く国民に諮って、その官制の改正の当否を卜(ぼく)せらるる（選び定める）も、決して不親切なる行為ではないと私は考える」

さらに広田内閣がナチス・ドイツと「日独防共協定」を結んだことを浜田は痛罵する。

「……右傾化の総本山であり、『ファシズム』の本拠であり、統制経済の本元であるドイツと日本が協定を結ぶことは、これは日本政治をして『ファシズム』たらしむるも可なり、独裁たらしむるも可なり、左傾は厳禁であるが右傾は厳禁でない、かような誤解を国民の思想上にあたうることにおいて、政府の不用意甚だしきものありと私は断言致します」

浜田国松、六十九歳。その気合いに押された広田首相は「外交の刷新につきましては十分なる検討を加え、的確なる方針をたてて進んでおります」と答えるのが精いっぱいだった。寺内陸相は「幻影に眩惑されているのではないか」と浜田を小馬鹿にし、「軍人に対しましていささか侮蔑さるる……」と恫喝した。

寺内の答弁に、浜田は烈火のごとく怒った。

「私が、国家の名誉ある軍隊を侮辱したという喧嘩を吹っ掛けられて後へは退けませぬ。私の何等の言辞が軍を侮辱致しましたか。事実をあげなさい」

たじたじの寺内が「速記録をご覧ください」とかわそうとするが、浜田は舌鋒を弛めない。「速記録を調べて僕が軍隊を侮辱した言葉があったら割腹して君に謝する。なかったら君、割腹せよ」。

寺内は「よく速記録を調べて……」とその場を切り抜けたものの、切腹も謝罪もしたくないと広田に衆議院の解散を求める。困惑した広田は、

「近時の政情は重大にして、微力その任にあらず」と、総辞職を選んだのだった。

「官吏は人間のくずである」

この時期まで政財界にも軍部や革新官僚の台頭を「ファシズム」と直言し、批判する硬骨漢がいたのである。ちょうど広田内閣が崩壊した一月二十三日、長崎では市と商工会議所の主催で「新興産業と中小商工業について」という座談会が開かれていた。

ここでも強烈な官僚批判が行われている。

発言者は、翌日に東邦電力長崎支店の新館落成式に社長として出席する予定の松永安左エ門である。松永は、商工省が進める「産業合理化運動」をけなし、毒づいた。

「産業は民間の諸君の自主発奮と努力にまたねばならぬ。官庁に頼るなどもってのほかで、官吏は人間のくずである。この考えを改めない限りは、日本の発展は望めない」

「官吏は人間のくず」とは言いも言ったりだった。松永は電力国営化の関連法案をつくっている大和田や奥村の顔を浮かべていたのだろうか。慶應義塾で福沢諭吉の薫陶を受けた松永は、それまでも、

官よりも民を尊ぶ師匠譲りの言説をあちこちで披瀝していた。

ところが、その場には気位の高い長崎県水産課長、丸亀秀雄が居合わせた。三十二歳で自尊心の強い役人の丸亀は、即座に反論しようとしたが、上役に押しとどめられる。「陛下の善良な官吏」を愚弄した松永への腹立ちは収まらず、その夜、丸亀はピストルを磨いて松永との単独面談に備えた。翌朝、相手が謝罪しなければ「一発撃ち込む」つもりで丸亀は料亭に向かった。

松永は、友人を介して官僚がピストル持参で訪ねてくると知った。料亭で丸亀と向き合った松永は、座って両手をつき、畳に額をこすりつけんばかりにして謝った。

「昨日は、大変失礼な暴言を吐きまして、なんとも申しわけありません。年がいもないことでありました。どうぞお許しをお願いいします」

六十二歳の松永は、親子ほど歳の離れた内務官僚に二度も伏して謝った。丸亀は「これ以上の謝罪の方法はないという誠心誠意を示していただきたい」と突き放す。松永が「知事に謝罪する」と応えると「それだけですか」と絡みつく。新聞への謝罪広告掲載を松永が口にすると、「それだけですか」と食い下がる。許されないなら社長を辞めると言うと、「お示しの謝罪が実行されるのを見守っております」と、その場は引き下がったが、丸亀はなおも松永をいたぶった。東邦電力長崎支店の落成式への役人の参加をすべて止めさせ、祝詞をあげる神官を引き揚げさせる。全国紙に謝罪広告が掲載されても、蛇のような執念でまとわりつき、丸亀は自ら担当する神社創業事業に賛助金五万円を松永に寄付させたのである。

陸軍と若い革新官僚を覆った下剋上、暴力肯定の思潮は、電力国営化を端緒に国家総動員体制の確立へと日本を押し流していく。

電力の国営化が成るかどうかは、日本の軍国化のバロメーターでもあった。

日本発送電株式会社の誕生

三七年六月、公家の高い家格に生まれた近衛文麿が、四十五歳にして総理大臣に就任した。五摂家筆頭の近衛家は、祖先が藤原鎌足にさかのぼるといわれ、天皇家に次ぐ名門だった。

プリンス近衛文麿の登場を、政官財、軍部や右翼、反ファッショの知識人、一般大衆はこぞって歓呼の声で迎えた。第一次近衛内閣の人気は異常なほど高かった。

京都帝国大学で学んだ近衛は、社会主義の影響を受けた「昭和研究会」の面々をブレーンに抱えていた。昭和研究会とは、政治活動家の後藤隆之助の発案で「国内改革」「既成政党の排撃」「ファシズムへの反対」を根本方針として設立された政策研究機関である。政治学者の蠟山政道、経済評論家の高橋亀吉、哲学者の三木清、朝日新聞記者の笠信太郎、さらには政治家の後藤文夫らが手弁当で集まり、軍人と親しい革新官僚もそこに加わっている。

近衛内閣は左翼と右翼が「統制」という手法でつながったジグソーパズル、あるいは泥田に浮かぶ蓮の花のようだった。遠目には美しく見えたが、足もとの政治基盤は混濁し、軍部が頭を出している。革新、改革を唱えればすべてが肯定され、一方向に傾く危険性をはらんでいた。近衛は心情的には陸軍皇道派に肩入れをする。統制的な革新政策を進めて「軍部を取り込み、その信認によって軍部の行き過ぎを抑えよう」と夢想していたのである。

だが、首相就任わずか一か月で、近衛のもくろみは打ち砕かれる。七月七日、北京郊外の盧溝橋で日中両軍が戦火を交え、日中戦争が始まった。近衛内閣の米内光政海軍大臣は、不拡大、現地解決を主張したが、陸軍が派兵を譲らず、天皇も派兵を裁可する。近衛は言論界、政財界の要職者百人を集めて、「中国に反省を促すために派兵」と正当化した。

戦闘は、華中に飛び火し、八月には上海に飛び火し、日本軍は南京へ進攻する。国民党政府を率いる蔣介石は十二月に南京を脱出したが、近衛政権は和平の糸口を見つけられず、戦争は泥沼にはまっていく。戦時が到来し、経済統制への敷居は低くなった。

電力の国家管理化は、近衛に一本釣りされて入閣した永井柳太郎逓信大臣が推し進めた。

永井が大和田につくらせた国家管理案は、頼母木―奥村の「民有国営」案とは事業形態がやや異なっていた。民有国営案は、特殊会社が発電と送電の設備を保有する。その設備を政府が借り上げて発電し、電力の卸売りを行う。設備は民が所有し、国が事業を営む形態だ。

これに対し、永井案は、国策会社を新設し、水力発電を除く、火力発電所と主要送電線を所有させ、発電と送電の業務を担わせて電力を配電会社に卸す。表面的には「民有民営」のかたちをとり、政府が新設会社の設備建設計画や料金、役員の任免、社債発行などの認可を握ってコントロールしようというものだ。電力会社との摩擦を避けようと、大規模な水力発電を出資対象から外してはいるが、主要送電線を保有して「卸売り」を統括するのだから、実質的な国家管理には違いなかった。新設会社が、永井案の肝である。

永井逓信相は、電力国家管理を官民協力の産物にしようと「臨時電力調査会」を立ち上げる。五大電力会社の経営者を含む三五名を委員に任命し、「電力の国家管理をなし、国力の充実、国民生活の安定を図り、戦時体制に順応」の具体策を調査会に諮問する。しかし電力側は、反発した。

初回の調査会総会で日本電力社長の池尾芳蔵は、「国管はすでに前提になっており、協力できない」

と抗う。五大電力は、第二回の会合に共同で「電力統制に関する意見書」を出して代案を示す。次の二点を強調した。

一　国家非常事態下で企業形態を変更するのは激流を渡る途中で馬を乗り替えるようなもので危険。むしろ軍国動員の主要資源として電力の拡充と動員調整を行うべき。

二　日本、満洲、朝鮮の水力、火力の総合開発と調整を新たな電力統制の大方針とすべき。

この趣旨に沿って、五大電力は全国を北海道、東北、関東、中部、関西、中国、四国、九州のブロックに分け、統制委員会と配給指令部が電力の経済的運用と融通調節を行う代案を提示した。政府に電力庁を設けて統制委員会を指導するよう付け加えた。

電力業界は形勢不利と覚って、自主的な統制策を提案したわけだが、逆に「時局の圧迫を感じた結果、やむなく、かかる案をつくったにすぎず、ごまかし案にほかならぬ」と社会大衆党の委員に痛罵される始末だった。折れない電力業界に腹を立てた革新官僚の大和田は、実務折衝のための臨時電力調査会小委員会で、高圧的に国家主義を唱えた。

「日本の国体は一君万民、全体本位に共に栄えるというのが日本の政治であります。国管についても、ひとつこの電気を国家のため、君国のためにバンザイを唱えて戦死される兵士のごとく、産業全体の基礎としての兵士たる電力は全産業のため、全体のためにバンザイを唱えて、この際戦死をされたらどうか。営利を念としないで経営するというのは営利事業の戦死である。しかしながら、これは名誉の戦死であります」

逓信省は、国策の特殊会社の設立を核とする「答申案」をまとめた。

東邦電力の松永安左エ門は「答申案の経済的基礎においては疑問が多い」と答申案に逆らった。東京電燈会長の小林一三は「財界に不安を与えないという明確な確信が得られない」と述べ、日本銀行の総裁や民間金融機関のトップの意見を聞くよう調査会事務局に勧める。財界も国家管理を危惧していた。日本電力の池尾は「国家管理を打出の小槌か、魔法使いの杖かのように万能のものと決めてかかっている」と批判する。経済界は電力国管に関して次のような懸念を並べた。

- 官営は鉄道、製鉄、煙草や電信電話なども、ことごとく非能率的である。
- 新設の発送電会社が開業するまで民間の新規開発が禁じられるので電力不足になる。
- 外国債の担保になっている発電、送電設備を出資すれば、外債の債権者に不安を与え、日本の国際的信用が揺らぐ。
- 電力の国家管理計画は、石炭などの燃料単価の見積りがずさんで、国家管理によってどれだけ料金が下がるのか見通せない……。

永井逓信相は、さまざまな反論に目もくれず、「賛意が得られた」と強弁して臨時電力調査会を解散し、官僚に法案作成を命じる。新設の特殊会社は「日本発送電株式会社」と名付けられた。年が明け、大和田らが第七三回帝国議会に「電力国家管理法案」「日本発送電株式会社法」など関連四法案の提出の準備を進めていた一月十六日、近衛首相は驚天動地の声明を出す。ドイツの仲介で陸軍参謀本部が蔣介石の国民党政府との間で進めていた和平交渉について、近衛は、

「国民政府は帝国の真意を解せず、みだりに抗戦を策し、内民人塗炭の苦しみを察せず、外東亜全局の和平を顧みるところなし。よって帝国政府は、爾後、国民政府を対手とせず」

と、一方的に打ち切ったのだ。稀にみる「愚策」である。日中和平の望みは木端微塵に吹き飛び、近衛は「しまった」と舌打ちして関係修復を試みるが、あとの祭りだった。

松永安左エ門は、九州選出の代議士だった二〇年ばかり前、欧州外遊中に近衛と初めて会ったときのことを思い出した。近衛は第一次大戦後のパリ講和会議に出席する西園寺公望に随行していた。松永はパリで友人に近衛を紹介され、ロンドンで再会する。

ふたりは連れだってテームズ河畔の私娼窟に二度、三度と通った。四度目は「次の金曜日」と近衛が約束した。当日、松永が近衛の泊まっているホテルへ誘いに行くと、「僕はいかないよ。疲れた。あなた、行って何とか始末してくれませんか」とプリンスは動かない。仕方なく、松永はひとりで私娼の家に行く。約束を断って待っていた女は、「イギリスの貴族にはあんな卑怯な嘘つきはいない。もうコノエには会いませんから、そう伝えてください」とピシャリ。翌日、昼過ぎに松永がホテルを訪ねると近衛はまだベッドのなかにいた。

「僕はあれから別のところに行った。女が一晩じゅう眠らせてくれないものだから……」

と、近衛は目をこすり、大あくびをした。松永はこの男の本性を見たようだった。

「こいつは信用できない」と直観する。近衛は移り気で、自分勝手だった。無類の聞き上手と言われ、誰もが近衛と対話して鋭い質問に舌を巻いたというが、裏を返せば定見がなかった。

「国民政府を対手とせず」の声明から一週間後、電力国家管理関連法案は議会に上程される。特別委員会に法案は付託された。ひと月遅れで「国家総動員法案」も提出されている。

総動員とは「戦時に際し、国防目的達成のため、国の全力を最も有効に発揮せしむるよう人的および物的資源を統制運用する」ことである。

その範囲は、国民の徴用から物資の生産や移動、施設の収容、工場や船舶の管理、事業の統制、出版物の制限……と、あらゆる分野に及ぶ。これだけの権限が軍部と一体化した政府に与えられれば、好き放題である。産業界も政党も激しく抵抗する。政府は「将来の不測に備えたもので、いますぐ適用するつもりはない」と国家総動員法の趣旨を弁解した。

電力の国家管理から国家総動員へ

軍部は電力国家管理を国家総動員への「突破口」とみなしていた。陸軍側説明員の佐藤賢了中佐は「電力の国家管理によって豊富低廉に動力を準備し置き、国家総動員の用意をなすことができ、この意味において国家管理は総動員法のもととなる」と議会で答弁している。衆議院では反論が沸騰し、とても原案がそのまま通る状況ではなかった。特別委員会で、電力国管関連法案は大幅に修正される。修正ポイントはふたつだった。

第一は出資株式の買取り規定だ。民間の電力会社は、発電、送電設備を出資した見返りに日本発送電の株式を交付されることになっていた。電力会社が出資から三年の間に株式の買取りを請求すれば、日本発送電は応じなければならない。政府案では社債を交替交付すればよいとされていたが、電力側は納得しない。特別委員会は社債を「政府保証債」とし、交替交付は出資者の同意が必要と修正した。

つまり政府はあらかじめ数億円の保証をつけねばならず、電力会社側が同意しなければ日本発送電は現金を支払わなくてはいけない。株式や社債という「紙きれ」で、濡れ手に泡で発電、送電の設備を手に入れようとしていた官僚たちはうろたえた。

第二の修正点は日本発送電への「天下り制限」である。「監督官吏は官庁退職後五年間、日本発送電には入社できない」という規定を追加したのだ。統制圧力が日ごとに増すなかで、衆議院で代議士たちは懸命に官僚の統制策に抗った。

だが……、三月七日に衆議院本会議で電力国管法案が可決し、翌日貴族院に送られると、様相は一変する。当初、貴族院でも政府の思惑どおりには議論は進まなかった。困った永井逓信相は首相官邸を訪れ、近衛に貴族院工作を依頼する。近衛は貴族院特別委員会に出席し、「本法案は現内閣のもっとも重きを置く政策のひとつである。ぜひ原案どおり通過せんことを希望する」と発言した。貴族院の希望の星、近衛の言葉は重たかった。

決定的だったのは、近衛側近が放った「総辞職」の流言である。貴族の華である近衛が内閣を投げ出せば間違いなく軍人が後を継ぐ。そうなれば、ひと足早く成立した国家総動員法を使って、軍部の思うままにされてしまう。近衛公を見捨てるな、と貴族院は電力国営法案を再修正して可決してしまう。政府保証債の支払いについては「特別の事情のある場合」、官僚の天下り制限に関しては「ただし主務大臣において必要と認めたるときはこの限りにあらず」と抜け道をつけたのである。衆議院の修正案は、完全に骨抜きにされたのだった。

こうして三八年三月二十六日、電力国家管理関係四法が成立した。新設の国策会社、日本発送電株式会社は、翌年に発足し、業務を開始すると決まった。

電力国家管理の顚末をたどってきて、私は歴史の反復性を感じる。前章で、経産省の官僚が不良資産化した原発、核燃料サイクル設備の「国有化」もしくは「国家管理化」を考えていると記した。経産官僚は、戦前、戦中の国家管理の経緯を徹底的に分析しているだろう。「政策の根源」は、ここにある。

奥村案の「民有国営」で進めるのか、永井案のような「民有民営」の形態をとりつつ許認可、監督権で支配をするのか、現代の経産官僚は検討したに違いない。おそらく後者を想定しただろう。

歴史は市場競争への教訓も残している。電力自由化は、こんにちの政府内で既定路線のようだが、自由化を金科玉条のように掲げ、自由競争にのめりこめば危険がともなう。ゆき過ぎた競争は、血で血を洗う「電力戦」につながる。「官か民か」の単純な二者択一論は旗幟鮮明でわかりやすいが、陥穽が待ち受けていることも心しておかねばなるまい。

肝心なのは「官も民も」であろう。いかにバランスを保つかが重要なのだが、政治はついつい「熱」で動かされてしまう。

近衛政権下、軍部の台頭で統制への圧力が強まると、政府は電力国管を露払いに国家総動員体制へと一気に突き進む。その結果、日本はどうなったのか……。話を「昭和」に戻そう。発足したばかりの国策会社、日本発送電株式会社は、いきなり躓いている。

電力「飢饉」の到来

一九三九年四月、日本発送電（日発）は業務を開始した。一年間の準備中に電力業界の勢力図は、大きく塗り替えられていた。国家管理に反抗した五大電力も、実際に特殊会社の日本発送電が創設されると、勢力の維持、体制内での影響力の確保に執着する。反対から協力へと態度を百八十度改めて、現実的な生き残りに転じたのである。

なかでも木曽川の水力発電を基盤に関西、中部、関東の電気事業者に卸売りをしていた大同電力は、日発に現物出資をすると事業が継続できないとあって変わり身が早かった。大同電力は、すべての設備を差し出し、社員も含めて日発に乗り移る。会社ぐるみで日発になだれ込み、大同は姿を消している。日本電力も日発に恭順した。

四月十八日、七億四〇〇〇万円の資本金を有する日本一の大国策会社、日発は、東京小石川の本社広場に各界の名士七〇〇余名、社員一五〇〇余名を集めて開業式を執り行う。初代総裁として挨拶をしたのは、先日まで大同電力の社長だった増田次郎である。

盛大な船出を飾った日発は、しかし、すぐに壁にぶち当たる。この年は春から雨が少なく、空梅雨で夏には西日本を中心に旱魃に見舞われた。電力会社の主軸は水力である。雨が降らねば発電できない。中国地方では過去一〇年の二割強まで発電可能量が落ちる。

当然、日発がごっそり抱えこんだ火力に電力不足を補う期待が寄せられた。「豊富で低廉な電力」の供給が日発の使命なのだ。ところが、日発は事務方任せの石炭調達で失敗を重ね、思うように発電できない。送電休止、停電の非常措置がとられる。日発と同時に創設された電力庁は実業の危機を茫然と眺めるばかりだった。

政府は、四〇年二月、国家総動員法にもとづく「電力調整令」を発動し、電力の消費を規制する。工場は休業に追い込まれ、電力不足は深刻化して「電力飢饉」が到来した。軍需生産がままならない軍部は不平、不満をぶちまけた。

軍部と三井、三菱の商社は国内外から石炭をかき集める。カナダ、インドから買い付けた石炭の値段は、なんと内地炭の二・五倍。現代のＬＮＧ価格にも似た「ジャパンプレミアム」がついている。日発は慌てて樺太の珍内、北海道の北陽炭鉱を買収したが、いずれも経済性に乏しく、出炭できない。石炭ブローカーと逓信省高官との醜聞が囁かれた。

日発が総額一〇二五万円で買い付けた北陽炭鉱からは「同社解体（一九五一年）までついに一塊の石炭も発電所のボイラーに投げ込めなかった」（『興亡』）というから、殿様商売も極まれりであろう。だが、大和田逓信次官は「大渇水は電力国家管理を天下に広く、強く、正しく知らせるために天が下し賜ったもの。こうでもしなければ、大勢の者は電力管理の真の意義がわかるまい」（日本発送電創立一周年記念式）とうそぶいた。どこまでもみずからの非を認めようとしない官僚体質が露骨に現われている。居直りは、この当時から官の十八番であった。

国家総動員法で大国策会社へ

日発のあり方について、朝野で根本的な議論が湧き起こり、その方向性は正反対にわかれた。「国家管理の非能率性」を真剣に問う意見に対し、「国家管理が不徹底」で水力を民間に残したことが電力飢饉を招いたとし、「もっと統制を拡大すべき」という意見が出されたのである。

四〇年七月、いったん野に下っていた近衛文麿が再度政権の座について、後者の統制拡大論が勢いづく。統制が生んだ矛盾を、統制をひろげて乗り越えようというのだ。

近衛は、挙国一致の「新体制運動」を起こして第二次内閣を組織する。新体制運動は、昭和研究会を母体に「大政翼賛会」を発足させる。翼賛会の総裁は首相が務め、都道府県支部長は知事が兼任した。官主導の翼賛会は、選挙活動をはじめ、産業報国会、大日本婦人会、隣組などを傘下に収めていく。近衛の盟友、後藤文夫は翼賛会の要職に就き、秘書の橋本清之助に支えられて最終的には副総裁を務める。

統制色が強まる局面で、近衛は逓信大臣に大阪商船社長の村田省蔵を選んだ。民間人が官の上に立つと、なぜか官僚以上に急進化する。電力飢饉が骨身に染みた村田は、「水力、火力発電の一元化と配電事業の整理」を掲げ、日発を介した第二次国家管理に踏み込んだ。川上の発電から川下の配電まですべてを統制する策を採った。村田ばかりではない。東電を経営していた小林一三は第二次近衛内閣の商工大臣に就任し、日本電力の池尾芳蔵(いけおよしぞう)は増田の次の日発総裁に迎えられる。財界人は時勢に逆らわず、雪崩を打って変節した。

五大電力が日発の軍門に下る状況で、根っからの自由主義者、松永安左エ門だけが気炎を吐いた。四〇年十一月、業界の集まりで村田逓信大臣の方針を激しく批判する。

「(電力会社に)残された財産は配電会社ばかりではない。あるいは電鉄会社もある。多数の関係会社及び有価証券をばらばらに処分するということは、有機的に動いている経済機関の作用を破壊するおそれが甚だ大きい。今日の日本発送電は実際、力がない。金の貸してくれ手がない。その力の足りないものが、さらに資本金を二倍、三倍に膨張するためには、その金を政府に仰ぐほかないだろう。この結果、日本発送電はますます政府にすがり、民間会社としての特徴は完全に喪失してしまう」

松永は理路整然と日発を攻撃し、同業者にこう呼びかけた。

「国家管理の欠点は、事業の生命たる創意の精力を欠き、迅速果敢に仕事を執り運ぶことができない点にある。官庁にあれば、任に当たる期間も短いし、腹を据えてかかることができない。諸君は、革新論者がわれわれを目して、現状維持の夢をむさぼる者といわれるのをおそれるのか。殷鑑遠からず（身近な他者の失敗を自分の戒めにせよ）、すでに全国の軍需、民需の生産工業界に多大な損害を与えた革新論所産の日発の現状を通観し、誤った統制に反対するのは、われわれの当然の義務であり、権利である」

しかし、衆寡敵せず、松永の奮闘も通じなかった。近衛内閣は、第二次国家管理を財界の抵抗が大きい法改正ではなく、国家総動員法による勅令で断行する。勅令は議会の審議を必要としない。国家管理という重要政策を国民に諮らず、裏技を使って実現させた。この時期の政府は、国民的議論を避け、重要政策を次々と決定している。

四一年四月、逓信省は、勅令第四八五号を交付して「電力管理法施行令」を改正し、民間電力会社に水力発電所の強制出資を命じる。八月には勅令で配電統制令を公布し、配電事業を全国九ブロック会社に統合する。十二月には、恐慌と不作、昭和三陸地震・津波（一九三三年）に打ちひしがれた東北の復興目的で設立した「東北振興電力」を、地元の反対を無視して日発に吸収させた。日発は、水力で日本全国の七割、火力では六割を独占する大国策会社に化けたのであった。

松永は配電が統制された夏、東邦電力代表取締役を辞任し、隠遁生活に入った。埼玉県入間郡柳瀬村（現所沢市）の山荘に移り、「茶道」三昧で過ごす。政界にも財界にも愛想を尽かしたようだった。茶室は、論語の「六十にして耳順い」から「耳庵」と名づけた。

その間に近衛内閣は日独伊三国同盟を結び、大政翼賛会を発会させている。近衛は、アメリカ駐在大使の野村吉三郎を国務長官コーデル・ハルと会談させ、アメリカを仲介役にして中国との和平交渉を行おうとした。

だが、四一年六月、軍部が南部仏印（現ベトナム、ラオス、カンボジア付近）進出を決定し、アメリカ側は交渉継続不可と伝えてくる。七月二十五日、在米日本資産が凍結され、八月一日、アメリカは対日石油輸出を禁じた。

近衛は後藤文夫に「生命のことは考えないし、売国奴の汚名を着せられてもかまわない」と日米首脳会談への思いを打ち明け、会談が実現した場合の同行を求めた。後藤も「これができれば日米戦争は避けられる。一人や二人殺されてもやむを得ない。同行する」と応じたといわれる。だが、日米交渉は頓挫し、近衛は政権を投げ出した。

天皇は、陸軍統制派の頭目、東條英機に総理就任の大命を下す。「毒をもって毒を制する」考えだったという。東條は、毒を含んだまま日米開戦に踏み切った。十二月八日、日本海軍がハワイ真珠湾を空襲し、太平洋戦争の戦端が切って落とされる。

そして……、長い戦いの果てに日本は国家的破綻に追い込まれた。日本だけで三〇〇万もの人が死に、開戦前の国富の三分の一を失う。日本発送電は、戦中も政府補給金が注入されたが、政策的低料金も災して二二〇〇万円以上の巨額赤字を出す。本土空襲で電力施設が破壊され、停電が頻発した。電力系統は寸断されて効率的な運用ができなくなる。電力需要は激減し、一九四五年上期に日発の電力供給力は前年同期の六割に落ち込んだ。

終戦直後、アメリカ戦略爆撃調査団は総勢一二〇〇名のスタッフを投入し、日本とアジアの戦争について綿密に調べて「太平洋戦争報告書（一〇八巻）」を編んでいる。その四二巻は、日本の戦争計画、国家統制を、こう裁断する。

「日本政府は国民のために最低限の消費財を確保しようとする全体計画は何ももっていなかった。価格統制は行き当たりばったりで、配給は不完全、加えて一九三七年頃から日本国民の生活には何のゆとりもなかったことが事態を壊滅的なものにした」

戦争中、日本人のカロリー摂取が必要最低量を大幅に下回ったのに対し、同じ敗戦国のドイツは戦前とほぼ同レベル（日本の一・五倍）を維持している。ドイツは「国民生活の安定」を戦争遂行の本質的要素として計画に盛り込んでいた。

どん底から日本は這いあがらねばならない。地方に疎開した八〇〇万人と海外からの引揚げ者、復員兵六六〇万人が焼け野原の都市に帰ってくる。電力、エネルギー分野の復興は、食糧の確保とともに国民生活を回復させる最重要課題となった。

敗戦、日発の解体、電力事業の再編

戦争に敗れた日本は、軍部が消滅し、連合国軍の占領下に置かれた。実質的にはアメリカが日本を間接統治し、「軍国主義の除去」と「民主化」を旗印に戦後改革が進められる。ダグラス・マッカーサー元帥が指揮するＧＨＱ（連合国軍最高司令官総司令部）は、その実行機関だった。占領期間は一九四五年八月からサンフランシスコ講和条約が発効して主権を回復する五二年四月まで、じつに六年八か月に及んだ。

電力行政の所管は、戦中に逓信省から、商工省と企画院を統合した軍需省に移っていた。軍国勢力の排除を掲げるＧＨＱが進駐してくれれば、軍需省は組織の命脈を断たれる可能性が高かった。狡知にたけた軍需次官、椎名悦三郎は、省の看板を「商工省」に書き替えるよう陣頭指揮を執る。関連法規の整備を考えれば一年以上かかりそうな看板の書き替えを、軍需省はわずか十日余りでやり遂げる。マッカーサーが厚木飛行場に降り立つ四日前に新「商工省」へ大変身し、進駐軍が東京に入った九月初旬には軍需省は霞のごとく消えていた。

GHQの目をくらました商工省は、その後、通商産業省（現経済産業省）と名前を変え、「日本株式会社」の司令塔役を与えられる。

占領当初、アメリカ政府は日本の工業施設を撤去して賠償に充て、外国との交流も断って農業国に構造改革する「ハード・ピース（厳格な平和）」路線を採った。四五年十一月に賠償使節の大統領特使で来日したE・W・ポーレーは、「日本経済の最低限度を維持するに必要でないすべての物を日本から取り除く」と宣言する。翌年四月、ワシントンの極東委員会は陸海軍の工廠、航空機工場はもとより、鉄鋼、船舶の生産部門とともに北海道の江別、関東の鶴見、関西の尼崎第一など高出力の火力発電所の設備を撤去してアジア諸国への賠償に充てると発表した。全国四四の火力発電所の約半分が賠償指定される。

電力供給を担う日本発送電の経営幹部は蒼ざめた。冷酷な賠償指定に産業界も震え上がったのであるが、間もなくアメリカは占領方針を穏やかな規制でよしとする「ソフト・ピース（寛大な平和）」に転換する。激動する国際情勢が原因だった。

東西の冷戦構造が顕著になったのである。ソ連を盟主とする共産主義陣営（東）が勢力を拡大し、アメリカが導く資本主義陣営（西）と対立した。イギリス首相ウィンストン・チャーチルは四六年春、アメリカでの演説でヨーロッパ大陸を「鉄のカーテン」が縦断していると述べた。中国では毛沢東の共産党軍がソ連の援助を受けて、蔣介石の国民政府軍を圧迫し、中華人民共和国の建国（四九年）へと歩を刻んでいた。

アメリカ政府は、日本を共産主義の防波堤にしようと「逆コース」を選ぶ。社会主義運動を取り締まり、経済復興を前面に押し立て、日本を「アジアの工場」にして自立させる方向に転じたのだ。戦争賠償の規模は五分の二に縮小され、実物賠償は棚上げされる。

火力発電所は生き残った。日本発送電の首脳陣はほっと胸をなでおろす。

だが、安心するのはまだ早かった。GHQは日発を野放しにしようとは考えていなかった。根本的変革を日本政府に突きつける。四六年十月、極東国際軍事裁判（東京裁判）でGHQ経済科学局幹部は、次のように述べ、日発を軍国主義の推進機関とみなした。

「企画院の生産拡充計画は、四か年で二六九万三七〇〇キロワットの発電増加を目標とした。短時間でこれだけの発電量を増やすには膨大な投資が必要であり、発電事業を全体主義的に組織する必要があった。日発は、日本の電力資源を戦争機構に連携させるために設立されたもの……」

軍国主義が生んだ日発は、解体しなくてはならない。経済民主化の観点からも巨大国策企業は潰す必要がある。GHQ内で電気事業の再編成は最優先の政策課題に浮上した。

日本側で最も早く日発の将来像を提案したのは、意外にも労働組合、日本電気産業労働組合協議会（日本電気産業労働組合の前身・電産協）だった。戦後民主化の労働運動の高まりで力をつけた電産協は、四六年秋季闘争で大幅な賃上げを要求する一方、日発の「官僚統制の撤廃」「発電、送電、配電の全国一元化」「社会大衆による指導機関の設置」などを経営側に要求し、認めさせたのだ。電産協は、日発を「公社」にして「全国一元化」するイメージを持っていた。それはイギリスやフランスで進む電力網の「公有化」に刺激された構想だった。

当時、電産協との団体交渉に労務部長として臨んだ関東配電（前身は東京電燈）の木川田一隆（のち東京電力社長・会長）は「私の履歴書」に、こう記している。

「バカと呼ばれ、つらを洗って来い！　とどなられるのは日常のこと。その罵声の中には、いつも女闘士のカン高い声がまじっていた。わたくしの会社のある支店長のごときは、非民主的と呼ばれて、組合幹部の前に土下座してあやまらされるといった暴挙が随所で行われた。経営権を守るどころか、経営側の人格は完全に蔑視される有様であった」

ＧＨＱが逆コースに転じ、労働運動に厳しく当たり始めると電産協の力も弱まる。ＧＨＱのマーカット経済科学局長は、電産協の「公社」案には見向きもせず、四七年七月、水谷長三郎商工大臣に覚書を送った。要求項目には「商工省電力局の廃止」「独立性の高い五人委員会を新たな電力行政機関として設置」「電力業の企業形態の再編成」が並んでいた。ＧＨＱは企業形態の再編案として「地域別民営会社による発送配電一貫経営」を示した。

商工省は、ＧＨＱの地域別民営化案に反発した。商工省も電力国管の存続と全国一社化を支持していたのである。官にとって天下り先の日発は重要な「砦」だった。占領後も政府は電気料金の低価格政策を続け、産業界を味方につけた。国策会社の日発は、海外からの引揚者を受け入れ、社員数が四六年三月末の二万七〇〇〇人から四九年末の約四万人へと膨張している。「日発を解体したら経済界に大混乱を引き起こす」と官は反発したのだった。

ＧＨＱは、日本政府の電気事業再編に消極的な態度を見て、決定的なカードを切る。「過度経済力集中排除法」の適用である。集排法は、財閥解体と大企業の経済力の分散を目的に制定された法律だ。大企業を切り刻む法律といえよう。ＧＨＱは、持株会社整理委員会に働きかけて、四八年二月、日発と九配電会社に集排法を適用させる。

日発の解体問題は公式に政治課題に引き上げられた。

日発は組織防衛に走る。持株会社整理委員会に再編計画書を提出し、「日発並びに九配電会社をもって新たに日本電力株式会社を設立」「会社は発送電を一元的に行う」と全国一社化にしがみつく。電産協の公社案を株式会社に置き変えた案を示す。そして地域別の分割案に対して「電源地帯と消費地帯の電力配分が不公平になる」「電源開発に関しても非電源地帯が不利だ」と抵抗した。

日発にとって誤算だったのは、配下の九つの配電会社がGHQ案にのったことである。

九配電会社は、日発の傘の下から飛び出る決断をした。GHQの意思は地域別民営化と知り、再編計画を立てる。「発送電と配電を一貫経営する民有民営」「適正規模による地区別会社とし、電源開発を地区別会社で実施」「地区別の需給不均衡は合理的に調整する」と計画書に書き込む。

全国一社化をめざす日発と、民有民営のブロック別会社を志向する九配電会社の対立が鮮明になった。政治的、経済的には日発の影響力が大きくて、この時点では九配電会社に業界再編の「台風の目」となる力はなかったのだが、勢力図は明らかに描き変えられた。


国破れ、耳庵こと松永安左エ門もタケノコ生活で家財を売って食いつないでいた。

松永は、戦争中も入間の柳瀬山荘で茶道に耽り、ときには伊豆堂ヶ島の草庵に遠出して過ごした。戦況が悪化し、東京の空襲が激しくなると、焼け出された友人、知人が山荘に押し寄せた。茶室や書斎は陸軍防衛隊や海軍の無線隊に徴発されて兵隊が泊っていた。松永は自著『桑楡録』に記している。

「清閑な柳瀬の冬籠りも夜となく昼となく人馬の出入りがはげしく、荷物の引越、横穴防空壕掘り、庭をこわして野菜づくり、雑踏、乱踏、もはや冬籠りの気分など消しとんでしまった。……寒心を抱いて、其日、其日を送る外ないのであった」

山荘を維持するには金がかかった。四八年三月、松永は蒐集した茶道具ごと山荘を東京国立博物館に寄贈し、生活の場を小田原市板橋の小さな家に移す。深遠な侘び茶の世界は、安左エ門の電力を介した復興への熱情を受け入れるには、やはり間口が狭かった。

「電力の鬼」が山からおりてくる。復興公団総裁や財界の重鎮、元陸軍大臣たちが松永に「日本をどうしたものか」と訊ねにきた。松永は、産業復興には電力開発が欠かせない、まだ手つかずの巨大電源がある、と教えて聞かせ、みずから福島県と新潟県の境を流れる只見川の上流に赴いて水力発電の踏査をする。七十代半ばにさしかかっても自由主義を尊ぶ信念はいささかも衰えてはいなかった。出番がくるのを、松永はじっと待った。

日本発送電に集排法が適用され、政府は電力事業再編を検討せざるを得なくなっている。四八年四月、電気学会会長の大山松次郎を委員長に日本製鉄社長の三鬼隆ら委員二〇人を集めて「電気事業民主化委員会」が立ち上げられる。巷では、電力不足で停電が日常化しており、委員たちは全国をブロック別に解体するのを怖がった。ただでさえ不安定な電力供給が、地域分割すれば一層弱くなると懸念したのである。

半年間で一九回の審議を経て、民主化委員会が到達したのは、以下の答申だった。

①日本発送電を民有民営の普通会社とし、一般電気事業者として国の監督を受けさせる。
②北海道、四国では、電源開発や料金地域差並びに事業収支に悪影響を及ぼさないよう措置を講じ

たうえで、発送配電一貫事業とする。

③本州、九州では、発送電は一体とし、配電は現状のままとする。必要のある場合は、各社、相互間に所有設備の再調整をする。

答申は地域分割に消極的だった。北海道と四国のブロック別民営化に言及するのみで、本州、九州は日発を普通の株式会社に変える以外は、現状維持にすぎない。芦田均内閣は、すぐにGHQに答申を提出したが、にべもなく拒絶される。六日後に芦田政権は倒れ、吉田茂が二度目の内閣を組織する。政権交代の狭間で民主化委員会の答申は闇に葬られた。

業を煮やしたGHQは、独自に電気事業再編案を練る。プランは、北海道・東本州・西本州・四国・九州の「五ブロック案」から、北海道・東北・関東・関西（中部・北陸を含む）・中国・四国・九州の「七ブロック案」へと収斂していった。

「原爆をつかって電力にかえる」

アメリカは、クリスマス・イブの日、戦後政治を大きく左右するプレゼントを日本に贈っている。四八年十二月二十四日、A級戦犯容疑者で巣鴨拘置所に収監されていた岸信介（元軍需次官、国務相）、児玉誉士夫（上海児玉機関主宰者）、笹川良一（国粋大衆党総裁）ら一九人（うち二人死亡）を釈放したのである。

前日、東京裁判で死刑を宣告された東條英機、広田弘毅、松井石根、板垣征四郎ら七人のA級戦犯が拘置所内で絞首刑に処せられていた。戦犯容疑をかけられた近衛文麿は、拘置所に出頭する前に服毒自殺を遂げている。東京裁判については、その公平性や争点をめぐってさまざまな議論があるが、日本政府は、A級戦犯の被告人が東京裁判で「平和に対する罪」で有罪判決を受けた事実を受けとめ、サンフランシスコ平和条約で裁判を受諾する。ゆえに異議を申し立てる立場にない、という見解をとっている。

A級戦犯の生死を分けたものは何だったのか。戦後史はまだ十分に掘り起こされていないが、巣鴨プリズンから解き放たれたA級戦犯容疑者の一群に近衛の盟友、後藤文夫も入っていた。

後藤は、戦争遂行の権力機関だった内務省の大臣を務め、大政翼賛会の事務総長、副総裁を歴任して国家総動員体制を指揮した。近衛と一緒に日米首脳会談を実現させて開戦を避けようともしたが、翼賛会が「上意下達」のファシズム体制の確立に与したのは動かしようのない事実だった。

後藤が巣鴨に囚われていた間、元秘書の橋本清之助は後藤を「救出」しようと東奔西走した。橋本自身、公職追放されて表立って動きにくかったにもかかわらず、四六年初頭には東京裁判の検事や弁護士にも接触して後藤の釈放を求めている。

「……国際検事団の二世弁護士佐野熊雄、外人弁護団事務局長ハリス少佐とそれぞれの路線より知遇を得、彼等をあるいは料亭に招き、あるいは横浜に招待し、あるいは劇場に案内し、甚だ不愉快なるご馳走政略を用いて、巣鴨の情報を得、かつ後藤釈放に尽力を懇請す」(『橋本清之助遺稿』)

橋本は息子を東京裁判の臨時雇いに送り込むことまでして、情報を取ろうとした。内密に内務省関係者の釈放運動本部が設けられると、毎週通い詰めて後藤救出を訴える。外務省筋からもGHQに後藤の釈放を働きかける。その水面下での行動は、無駄にはならなかったのだろう。後藤は死刑どころか、禁固刑も免れて娑婆に復帰した。

その日、ラジオ放送で後藤の釈放を知った橋本は、「驚喜して八方確認」してから後藤家へ駆けつけた。後藤は、三年ぶりに橋本と再会し、巣鴨プリズンのなかでは洋書、英字紙、雑誌を読みまくってアメリカの情報を仕入れたと告げる。後藤の関心は農業経営に向けられていた。食糧の増産と農業の保護は復興の鍵を握っている。

もうひとつ、後藤は重大な情報を橋本に与えた。

「あっちでは、原爆をつかって電力にかえる研究をしている」と漏らしたのである。政官界で、最も早く原子力発電に触れたのは獄中の後藤だったのではないか。橋本は、そのときのようすを『日本の原子力　15年のあゆみ（上）』で、こう証言している。

「私が原子力のことをはじめて知ったのは、二十三年十二月二十四日、後藤文夫先生が岸信介氏などといっしょに、巣鴨プリズンから出てきたその日の夕方のことだ（追放解除ママ）。スガモの中で向こうの新聞を読んでいたら、あっちでは、原爆をつかって電力にかえる研究をしているそうですよ、というちょっとした立ち話が、最初のヒントでした」

機を見るに敏な橋本の頭に原子力発電が印象づけられた。ただ、橋本本人の追放は解かれておらず、公な場を得て活動し始めるには、もうしばらく時間が必要だった。

還ってきた「電力の鬼」

ＧＨＱは地域別民営化案を頑として譲らず、オハイオ州の電力会社の元社長Ｔ・Ｏ・ケネディを電力事業再編の責任者（顧問）に迎えた。ＧＨＱは非公式に通産省へ具体策を押しつける。ＧＨＱ案には「七ブロックが適当だが、九ブロックでも可」「政府は再編された会社の株式を所有しない」「電力局の代わりに公共事業委員会を設置」「必要な電力料金の改正（値上げ）」といった内容が盛り込まれ、アメリカ流の自由主義で貫かれていた。

吉田茂首相は、電力再編問題を通産大臣の稲垣平太郎に任せっぱなしにして、ＧＨＱを焦らせた。吉田一流の交渉術ではあったが、四九年十一月四日、閣議で通産大臣の諮問機関「電気事業再編成審議会」の設置が決まり、その重い腰を上げる。日発の解体、地域別民営化には、政官財、労働組合もこぞって反対をしていた。

日本じゅうを敵に回し、審議会を束ねて再編成の道筋をつけるには生半可な腕力では務まらない。吉田は、同じ大磯に住むブレーンで、三井の大番頭といわれ、大蔵大臣も経験した池田成彬に委員長選びの相談をする。池田は、かつて「ドル買い」を仕掛けて世間の非難を浴びながらも、恬として「正当なビジネス」と押し通した剛直な経済人である。

池田は、三井の融資先だった東京電燈に「電力戦」を仕掛けてきた松永安左エ門を推した。私情を抜きに「電力の鬼」の実行力を買ったのだ。

冷徹な池田は、「再編がすんだら、すぐ御用済みにすることですな。松永に権力を持たせると、必要以上に権力をふるう」と申し添えている。

政府から委員長就任を要請された松永は承諾した。その理由を、こう語っている。

「（他の委員が）どういう連中だということも聞かずに、とにかくなにかこういう機会に理想を打ち立てないと国の建設はできん、電力不足で電源開発も急いでいる、決めることは決めねばならないし、同じ決めるならば筋の通ったようにしなければならない。これは辞退すべき場合ではないと思って、承知して委員長を引き受けたのです」（『昭和経済史への証言　下』）

松永は、電力の国家管理化を阻止できなかった悔しさを忘れていない。雪辱戦に臨む心意気である。審議会の委員には、慶應大学法学部長の小池隆一、復興金融公庫副理事長の工藤昭四郎、そして日本製鉄社長の三鬼隆、国策パルプ副社長の水野成夫が選ばれた。いずれも一騎当千の個性派揃いだった。松永委員長を含む「五人委員会」がスタートした。

七十五歳の松永委員長は、霞が関の官庁街に近い虎ノ門に事務所を設け、電力技術や法律、経済関係の専門家を招いて立案作業に取りかかる。電気事業再編成審議会は、劈頭から松永の独壇場だった。旧高松宮邸（のちの光輪閣）で開かれた第一回会議で、稲垣通産大臣の挨拶が終わると、松永は滔々と二時間半も喋り続け、余人に口を挟ませなかった。電力問題にはほとんど触れず、八方破れのような座談で押し通す。

表舞台に復帰した松永の興奮は、翌日のGHQとの第一回会合にも持ちこされる。GHQ側は再編問題の責任者、ケネディ顧問が出席していた。論点のすり合わせを行った後、松永はケネディに電力会社の社長時代の月給はいくらだったのか、と不躾に訊ねる。相手が金額を詳しく説明すると、こう言い放った。

「案外少ないですね。私の場合、いろいろの会社を兼任していたので、あなたの十倍か二十倍はもらっていた。それに、私のほうが経験も多そうですな」

泣く子も黙るGHQ、占領下の日本では神にもたとえられるGHQの高官に無礼千万な挑発的発言をした。周りはどんな報復をされるかと肝を潰す。松永は一向に動じない。当のケネディも腹の据わった男だった。かえって歯に衣を着せぬ物言いを好み、松永に信頼を寄せていく。アメリカ人の気質を熟知した松永が機先を制した。

松永は、晩年、「あなたの人生を貫く自由主義経済への信念は福沢諭吉から学んだのか」と問われ、次のように応えている。

「福沢先生からも学びましたが、アングロ・サクソン、ことにアメリカの産業および社会文化に対するいわゆるフロンティア精神から学びました。私がアメリカに接触したのは、主に外債の関係が大きかったのです（大正末期頃）。その前には、日本のメーカーではまだ大きい機械はできませんから、アメリカにどんどん火力のいいものを注文に行っておりました。ＧＥ（ジェネラル・エレクトリック会社）の人とか、ＷＨ（ウェスティングハウス会社）とか、あるいは銀行の人たちと話している際に、あのフロンティア精神というものは、やはり自由企業のうえに生まれると思いましたね」（『昭和経済史への証言　下』）

大正の第一次大戦期に日本は超高度成長を遂げた。同時期にアメリカは、さらに目を見張る経済成長を達成している。黄金の二〇年代、狂騒の二〇年代ともいわれた時代にアメリカは大量生産、大量消費の循環に入り、モータリゼーションが進んで生活様式が一変する。電力開発の分野では、北米の発送配電ネットワークが形成され、製造業の大半がエネルギー源を石炭から電力に切り替える。アメリカの総発電量は約四倍に増えている。

その成功体験に松永は人生の指針を見つけ、戦後復興の道標にしていた。松永に象徴されるように戦後復興の精神的支柱は、戦前の豊かさへの回帰力だった。一度経験した高みへ、また必ず登れるという信念だ。半面、成功体験にこだわり過ぎて変革を怠れば個人も組織も衰える。成功体験を毒にするか薬にするかは、時代への洞察にかかっていた。

強引な松永は、審議会の答申案を独断的にまとめようとした。審議会といえば官僚の事務局が運営を握り、資料の作成や進行をコントロールして討議は形式化しがちだが、松永は事務局の誘導を断ちきった。委員も官僚も電力についてはズブの素人と呑んでかかる。ひと昔前、五大電力も産業界も国家総動員体制を嫌い、あれほど電力国管に反対したのに、体制に組み込まれれば、戦争が終わっても統制にしがみつこうとしている。松永は痛烈な皮肉を放つ。

「戦時中は官僚にあごで使われ、いまは占領軍に鞠躬如（身をかがめて）として、目も鼻も口もないばけものだ」と経済人を批判した。

十二月二十六日の第八回会議で、「分割に対する試案」を松永は審議会で披露する。「九配電会社に日発の水力を区域外にわたって適当に配分」し、それぞれ独立採算の電力会社にすることが最も混乱が少なく、妥当だと方向づける。

「この考えをもって司令部側の意向を打診したいと思うがどうか」

と、松永は委員に問いかけた。さまざまな意見が出たが、ひとまず会長の個人的見解を前提に了承される。年が明け、一月九日の第九回会議で、それまで抑圧されていた委員の不満が爆発した。反対の急先鋒は鉄鋼業界に身を置く三鬼だった。「もっと十分議論する必要がある」と述べ、腹案を披瀝する。三鬼が出したのは「融通会社案」と呼ばれるものだった。これは全国を九ブロックに分けると同時に電力を融通する卸売専門の事業者を新設し、日発の発電量の四二パーセントを受け継がせる案だ。形を変えた日発の温存策であった。

一九五〇年一月三十一日、一七回目の最終審議で四人の委員は三鬼案に賛成し、答申案が決まった。松永の九ブロック案は「参考意見」で答申案に添えられる。松永は四対一で負けたかに見えた。そこから驚異的なねばり腰で立ち向かう。個人事務所を虎ノ門から銀座の服部時計店裏の中部配電（現中部電力）東京事務所に移し、GHQに猛然と働きかけた。

GHQは司令部を日比谷通りに面した第一生命ビルに置いていた。日本郵船ビルを士官宿舎にし、銀座四丁目交差点は「タイムズ・スクェア」と名づけて日比谷、有楽町、大手町界隈を文字どおり占領している。その内懐に松永は飛び込む。マスコミは松永事務所を「銀座電力局」と呼んだ。

松永の懐刀としてGHQや政府関係者との交渉を支えたのが、関東配電の常務、木川田一隆だった。そもそも松永に九電力案を刷り込んだのは木川田だといわれる。木川田は、松永のGHQへのロビーイングを、次のようにふり返っている。

「GHQに対する松永翁の了解運動は相当強引なものであった。単身乗り込むこともあったし、英語の話せる高井社長（関東配電社長・高井亮太郎）らをお伴にすることもあった。文書の陳情は再三にわたった。わたくしは秘書役みたいな格好で、いちいち意見を聞かれ、目を通させられた。わたくしは日に幾度も松永事務所に呼びつけられ、夜を徹した。（略）当時の書類のコピーは今なお秘密文書として手元に残されている……」（『私の履歴書』）

GHQは、審議会の答申案は歯牙にもかけず、松永案に興味を示した。ただし、GHQの内部も九ブロック案で意見が一致しているわけではなく、「日発と九配電が争っているのなら十分割にしてはどうか」とか、「水力の豊富なアルプスを中心にした発送電会社をつくれ」といった実態にそぐわない意見も出されていた。

なかでもブロックごとに地域内で電源を確保せよという「属地主義」は現実味に乏しく、松永もクレームをつける。ケネディ顧問への私信で、関東や関西の大工業地帯をもつ電力会社が東北地方や中部山岳地帯の水力開発で電力を供給してきた経緯を説いた。離れたところに電源（凧）を持って送電線（糸）で消費地とつなぐ方法は「凧上げ方式」と称して、理解を求める。ＧＨＱと松永の間にも差異はあったけれど、答申案よりは断然距離が近かった。

ここに至って、通産省はＧＨＱが松永案を受け入れる可能性が高い、日発の延命は難しいと判断し、電力事業再編へと舵を切る。通産省は、大臣の首をすげかえた。稲垣が「党内事情」を理由に突如辞任し、大蔵大臣の池田勇人が通産大臣を兼任したのだ。

池田の通産相兼務は、九ブロック案をまとめて法案を作成し、国会に提出する布石だった。池田は、持論の高度経済成長、所得倍増を成し遂げるには電力の安定供給が不可欠と見通し、剛腕を揮う。法案が整うと、池田は通産相兼任を解かれ、ふたたび蔵相に専念した。後任の通産大臣には高瀬荘太郎が就き、四月二十日、「電気事業再編成法案」と「公益事業法案」がついに国会に提出される。目まぐるしい大臣の交代劇だった。

しかし、こんどは自由党の反吉田派が日発を擁護して立ちふさがる。反対論が席巻する国会で、公述人で呼ばれた京阪神急行電鉄社長の太田垣士郎が数少ない賛成意見を述べた。

「国家管理統制は、経営者の最も重大であるところの責任の帰趨が不明確です。自分の役員報酬さえ、役所や他の会社に相談しなければ決められない経営者が、労働組合と対等に交渉して、人びとの労働意欲を向上させてサービスの改良を図ることはとうていできない。電気事業再編成は、これを断行せざれば悔いを百年の後に残す」

太田垣の意見陳述は松永の胸に響いた。けれども国会は日発の存続を推し、収拾がつかないほど紛糾する。政府の再編成案は審議未了で廃案へと追い込まれてしまった。

マッカーサーから吉田茂への返書

ＧＨＱのケネディ顧問は、我慢の限界に達していた。報告にきた高瀬通産大臣に、このまま集排指定の日発の解体、電力再編が進まなければ、アメリカが援助している見返り資金の電源開発への融資は認められなくなるだろう、と恫喝した。日本政府は喉から手が出るほど資金を欲していた。見返り資金の放出停止は「兵糧攻め」以外の何物でもなかった。

高瀬は慌てて閣議に諮って、電源開発が中断しないよう「特別同情ある配慮」を求める正式文書をケネディに手渡す。ケネディは、「日発について必要な措置が取られない限り、融資は困難である」と冷淡にあしらった。

目の前の資金を止められたら、電力供給体制が崩壊する。国会の議決もＧＨＱには通じない。交渉はトップに委ねられる。吉田茂首相は、十月十二日、マッカーサー最高司令官に手紙を出した。そこには国内の反抗勢力に手を焼き、表向きはＧＨＱと闘う姿を装いながら、裏で身を屈めてマッカーサーにすり寄らざるを得なかった為政者の哀愁が漂っている。

「私は貴下に別封の電気事業再編成の暫定案をお届けいたします。私個人としては、この案は戦時立法のなかでも最悪の国家総動員法によって誕生した統制会社を民主化することができる立派なものだと考えています。問題の日本発送電は、この法律にもとづくただ一つの会社となり、依然活動を行っています。これを早急に解体することが絶対必要です」（From Shigeru Yoshida to General of the Army

Douglas MacArthur, SCAP, 12 October 1950 『関東の電気事業と東京電力　電気事業の創始から東京電力50年への軌跡』)

そして吉田は、電力事業再編を成し遂げるために「ポツダム政令」を公布すると記す。ポツダム政令とは、連合国が日本の戦後処理を定めたポツダム宣言に基づいて制定されたものだ。連合国軍最高司令官の要求事項を実施するため、とくに必要な場合に発令される超法規的措置で、ＧＨＱの強権の象徴でもあった。電力再編問題に対して屈辱的なポツダム政令による日発解体を先に持ち出したのは、じつは吉田のほうだった。

「日本政府はこれを実施するためにポツダム政令を公布しようと思っています。その一つの理由は、電気事業再編成は差し迫った問題で、解決が延びるにともなって対日援助見返資金の利用が否定され、すべての建設工事が停止を余儀なくされるということです。私たちが次期国会に法案を提出した場合、政府案を棚上げした前国会における密告まがいの論争がないとしても、十二月までにこれを通過させ、法律にするのは難しいでしょう。私たちはそれほど長く待っている余裕はありません。もう一つの理由は、この問題は巨大な地域利害が関係しており、利己的集団の政治的工作が多く、わざわいをもたらす可能性があるということです」(同前)

吉田は、ポツダム政令に頼らねばならないのは残念と嘆きつつ、「この案を至急かつ望ましい形で法律にする、おそらく唯一の方法なのです」と哀願する。マッカーサーは二週間後の返書で、吉田の見解に同意をしながら、逆に強権に頼るなと国会審議への望みを託している。

「立法府に集まっている正当に選ばれた日本国民の代表が、日本の国内的、国際的福利を犠牲にするような歩みを認めるとか、そのようなことは信じられない。

見返資金の融資と日本の電源開発を遅滞なく可能ならしめるため、次期通常国会にこの法案を最優先で提出し、議員がこれを慎重に審議し、すみやかに法律にすることが、もっとも重要な国民的課題である。私は、この件についてポツダム政令を使うことが望ましいかどうかに疑問をもっている」(From Douglas MacArthur to Mr. Shigeru Yoshida, Prime Mnister of Japan, 26 October 1950 同前)

占領期に権力をほしいままにしたマッカーサーが、議会制民主主義の大切さを説き、ポツダム政令という強権的手法を避けようとしている。あまりに意外な反応だった。

マッカーサーの胸中に何が去来していたのだろうか。

この時期、マッカーサーは、六月に始まった朝鮮戦争で国連軍の指揮を執っていた。日本の降伏からわずか五年で平和が破られ、冷戦が「熱戦」に変わった現実にマッカーサーは衝撃を受けた。朝鮮と日本を往復しながら戦争を指揮する。国連軍は、北朝鮮軍を中国国境の鴨緑江の畔まで追いつめ、「統一間近」と期待感が高まった。

だが、戦局は刻々と変わる。中国人民志願軍の反攻が本格化してくると、国連軍は敗走してソウルを奪還される。マッカーサーは中国への核攻撃を本国に訴えた。トルーマン大統領は、マッカーサーの首を切る決断をしていた。

ポツダム政令への消極的姿勢は、晩年にさしかかった司令官の真情の吐露だったのか、それともGHQの担当官や吉田の切迫感を共有できないほど心身ともに疲弊していたのだろうか……。

日本政府は十一月二十一日から始まる国会に電気事業再編成修正法案を提出しようと、ケネディ顧問らと懸命の調整を続ける。しかしながら、日本政府、与党内で修正法案の最終合意は得られなかった。法案が提出できない。二十二日、マッカーサーはポツダム政令に頼るのもやむなしと判断し、吉田に書簡を送って池田通産大臣当時の政府案をベースに電気事業再編成をすみやかに行うよう求めた。吉田は、翌二十三日、臨時閣議を開いて協議をしたのち、ポツダム政令を発令した。

電力再編問題は、政官財を挙げての大論争が嘘だったかのように終着点に至る。国家総動員法にもとづく勅令で創設された日本発送電は、ＧＨＱの強権を背にしたポツダム政令で滅んだ。日本軍の圧力で生まれた日発が連合国軍の意向で消えた事実は、歴史のアイロニーであるとともに電力が権力と密接に結びついていることを如実に物語っている。

いずれの政策転換においても国民の意思が問われた形跡はなく、その時々の最高権力にすがりついて決定が下されている。自分たちで決めるのが苦手な日本の悲しき自我像がそこにある。

小坂順造の爆弾発言

「電力の鬼」と国家統制との長い闘いは、ポツダム政令の発動で終わったわけではなかった。解体される日本発送電は、官が死守してきた砦でもある。黙って切り刻まれるほど軟弱ではなかった。

吉田首相は、日発の「死に水」をとる最後の総裁に気心の知れた旧友、小坂順造（こさかじゅんぞう）（一八八一〜一九六〇）を指名する。

小坂順造は信州の素封家に生まれている。順造の父、善之助は県議会議員、代議士を務めた後、信濃銀行、長野電燈、信濃毎日新聞を創立し、信州財界の大立者として活躍した。長男の順造は、杉浦重剛が創立した日本中学、東京高等商業学校（一橋大学の前身）で学び、日本銀行を経て信濃銀行の取締役に就任する。以後、信濃毎日新聞、長野電燈、信越窒素肥料（現信越化学工業）の社長業をこなしながら政界に出て、衆院選で六度当選した。浜口雄幸内閣の拓務政務次官だったころ、外務次官で日本中学同窓の吉田茂と懇意になる。戦争中は政財界から身を退いていたが、戦後、信越化学の社長に復帰していた。

小坂は信濃電気や中外電力、東邦電力の重役も務めており、電力事業にも詳しかった。国家管理に反対し、電力再編論争では松永案を推す数少ない業界人のひとりだった。

吉田は、小坂に日発総裁への就任を依頼した際、

「電力の現状が心配だ。ひとつ君が出馬して、思いのまま整理してくれ」

と言ったと伝わる。小坂は総理直々の要請を意気に感じ、闘争心を燃やす。

もっとも、日発の〝戦後処理〟は、総裁の一存でできるものではない。政府側で日発の解体に当たるのは、総理府外局に設けられた「公益事業委員会」だった。この委員会は、電力とガスの公益事業の運営を調整し、その発達を図るために設けられている。過度経済力集中排除法にもとづく一切の権限を委ねられた、強い委員会であった。

吉田は小坂と相談して、公益委員会の委員長に憲法草案の起草者で知られる法学者、松本烝治を充てる。松永安左エ門を外そうとする意図がうかがえる。しかし委員長の松本本人が電力再編で力を発揮した松永を排除するわけにはいかない、松永を委員長代理にしてほしいと望んだ。

公益委員会は、松本を委員長に松永安左エ門を委員長代理、委員に神島化学工業社長の宮原清、日本輸出銀行総裁の河上弘一、公職追放を解かれた実業家、伊藤忠兵衛の五人で構成された。電力に造詣が深いのは松永だけで、実質的には松永の委員会となった。

行きがかりとはいえ、あれほど嫌っていた官の側に松永は身を置いた。国管反対派の小坂の日発総裁就任を松永は喜んだが、小坂が「敵」だと察するのに時間はかからなかった。

小坂は、五〇年十月の総裁就任挨拶で、日発の社員たちを前に語りかける。
「電気事業の将来がどうあろうと、本社に在籍する諸君については一人の失業者も出さないつもりである。また多数の株主の利益もできるだけ守るつもりである。およそ物事にはできること、できないことがある。できないことをやれといわれては無理だが、できることは私が全力をあげる。諸君はおやじを迎えた心持ちで、私を信頼し、支持していただきたい」(『小島直記伝記文学全集第七巻　松永安左エ門の生涯』)

古希を迎える小坂と、七〇代半ばの松永は、日発の解体と九つの地域電力会社の新設を懸けて竜虎の闘いをくりひろげる。争点はいくつもあったが、集約すれば「株式割当比率(実質資本の評価)」と「役員人事」に尽きる。

小坂は日発の実質資本をできるだけ大きく評価し、解体して新設される電力会社の重役陣により多くの日発出身者を送り込みたい。かたや松永は、九配電会社を新会社の要にして日発の資本比率を極力低くし、日発とその支持者を新経営陣に入れまいとする。主導権の攻防全体を左右するのは「関東ブロック」の発送配電を担う新会社のトップ人事とみられていた。

公益委員会は、新会社の発足を一九五一年五月一日と区切り、日発に再編計画書の提出を命じる。先制攻撃を仕掛けたのは小坂のほうだった。

五一年一月十七日、小坂は銀座の交詢社に記者団を集めて「日発に三六億円の含み資産がある」と述べ、以下のような爆弾発言をした。この年の政府一般会計歳出は約七八〇〇億円だから三六億円の重みが分かろう。経理の明朗化は、裏金が横行した電力界では「革命」と呼べる行為だった。

「会社の経理状態を調べたところ、昨年十月末現在で支払いの引当てのない金が三六億ある。それはほとんど銀行預金となっている。これは渇水期など季節的に収支の合わない場合に備えたものであろうが、公益性をもつ電気事業の経理は、何人にもわかりやすくすべきものと信ずるので、この金は一切整理する。処分方法は、渇水期の超過支出などによる損失引当金および利益とし、利益金は許される範囲で株主に配当する。また来るべき解散に際して、日発の記念事業の資金に充当する」

『興亡』の著者、大谷健は、「小坂はこの暴露によって日発と自身の清潔さを世間に強く印象づけたかった」「(この資金が新会社に引き継がれれば)松永のコントロールで不明朗な政治資金に使われるかもしれぬ。これを断ちたかった」と爆弾発言の真意を透視している。

爆弾発言には、もう一つ、重大な意味があったことを私はつけ加えておきたい。

「日発の記念事業の資金」への充当だ。やや先走っていうと、小坂は、日発の解散後、記念事業資金を投じて、財団法人電力経済研究所を立ち上げる。電力問題のシンクタンクなのだが、その設立事務と運営を、あの橋本清之助に任せるのである。

後藤文夫から原子力発電の情報を仕込んだ橋本は、のちに電力経済研究所の研究テーマを原子力開発に絞り、他の民間機関を巻き込んで原子力産業会議(現原子力産業協会)を創設して院政を敷く。

爆弾発言の時点で、小坂が原子力発電の可能性を耳にしていたであろうことは資料が裏付けている。『橋本清之助遺稿』には「某日突然日本発送電株式会社総裁の小坂順造氏より後藤隆之助君と共に面会を求められる。玉川(世田谷区瀬田)の私邸に訪れ、数時間時勢の懇談す。爾来、何故か翁より、しばしば来訪を求められ、食事を共にす」と記されている。

橋本の追放解除と日発の解散は同時期だ。小坂が日発解散前に原子力を射程に入れていたことはほぼ間違いない。日発の含み資産の一部を「記念事業」に振り向けて、原子力研究開発の道をつけたところに事業家、小坂の執念が感じられる。

経済人の闘争は、場面ごとの対決で終わるのではなく、局と局がつながり、布石が布石を呼んで大局を形成していく。

九電力会社体制のスタート

「小坂のヤツ、自分だけいい子になりおって……」と松永安左エ門はホゾを嚙み、逆襲に転じた。爆弾発言の二日後、松永は、新宿下落合の家（養嗣子・安太郎宅）に日発の総務理事を呼びつけた。その席には関東配電の木川田一隆、中部配電の取締役もいた。松永は、集まった業界人に言い渡した。

「日発の株式割当比率は一対一（配電一対日発一）と決定した。これは鉄則である。どんなことがあっても変更することはできない。仮に他の委員が全部反対して、一対四となっても、自分は一対一を実現させる覚悟である」

さらに松永は、日発の清算人を指名し、木川田らに「配電会社も日発の清算にはできるだけの援助をしてやってほしい」と申しつける。早くから、日発では株式割当比率を、配電一に対して日発一・七四と算定し、実質資本を時価評価していた。総務理事が松永の指令を小坂に報告すると、小坂は「憤激」した。松永と小坂は社長人事でも火花を散らす。

小坂は、新会社の社長人事にこだわっていた。東京には新井章治、関西に池尾芳蔵を据えようと考えた。とくに首都圏、関東ブロックを切り盛りできるのは新井をおいて他にいないと思った。東京電燈出身の新井は、戦中に日発へ総裁として送り込まれ、革新官僚とやり合って組織を維持した。戦後は、電産協の労働組合員と膝詰めで話し合い、信頼を寄せられる。公職追放されても、日発の全国一社化を唱え、九分割には反対し続けた。新井は、とにかく人望が厚かった。東京の新社長にふさわしい人間は新井の他にはいない、と小坂は惚れ込んでいた。

かたや松永は、電力再編でGHQとの折衝でも助けられた関東配電社長、高井亮太郎を東京のトップに置く腹だった。松永は、小坂案を潰しにかかる。

闘いは国会に飛び火した。小坂は、二月二十六日の衆院予算委員会に参考人で呼ばれる。長野選出の代議士、井出一太郎が小坂の気持ちを斟酌して質問を発した。

「発表せられた人事は、松永ラインと言われておる。松永氏と親分子分の関係でつながる者が配属をせられて、新しく発足する新会社のヘゲモニーを握る陰謀であるといわれておる。新しい電力会社は松永電力株式会社である、こういう声さえもありますが、あなたも不愉快な念をお持ちのようでありますが、申し上げたような感覚にお受取りになられましたか」

「同様な感想を持ったと言ってもいいと思います」と小坂は平然と言い、松永の専横ぶりを「あたかも悪代官のごときものである」と酷評した。

吉田首相の信任を頼りに小坂は必死に抵抗した。だが、主導権は公益委員会が握っていた。人事も松永が押し切る。「東京電力」の初代社長には元日発副総裁の安蔵弥輔が就く。松永は新井の入閣を阻み、高井の副社長格下げを受け入れる。「関西電力」社長には阪急電鉄社長の太田垣士郎を抜擢した。参院の特別委員会で「電気事業再編制を断行せざれば悔いを百年の後に残す」と言った太田垣の手腕を買う。太田垣は、社運を賭して「黒部川第四発電所」を建設し、高度成長の礎を築いていく。

松永の人事の妙は、吉田茂の側近を取り込んだところにも表れている。吉田がGHQとのパイプ役で重宝した白洲次郎を「東北電力」、吉田の女婿の麻生太賀吉を「九州電力」へそれぞれ会長で送り込む。別の人物を推していた小坂は意表を突かれた。吉田の松永への心象は、かなり好転したといわれている。

人事への松永の執着は、まさに鬼そのものだった。しばらくして東京電力の会長ポストに空きが生じ、小坂の巻き返しで新井章治の会長就任が決まった。そのとき、新井は胃がんに冒され、手術を受け、熱海で静養していた。新井は会長に就くと同時に旧日発系を登用し、再編推進派の粛清にとりかかると予想されていた。

木川田から事情を聞いた松永は、「よし、わかった」と新井を見舞いに熱海へ赴く。松永は、病床の新井の側に寄ると、「いまこそ電気事業百年の危機だ。電気人たるおまえがしっかりやってくれなくては、わしは死にきれぬ。わしはもう八十だ。おまえはわしまでにはまだ十年もある。しっかり頼む」と病人の手を握り締めて涙を流した。

新井は憮然たる表情で黙っていた。松永は新井の妻に何事かを語り続け、退去する。その直後、偶然訪れた電産出身の国会議員、佐々木良作に新井は、こう漏らして苦笑した。

「おい。松永が見舞いと称して、おれの病状を偵察に来たぞ。いままで二時間ちかくもいて、何か一人で喋って帰った」

経営者が敵、味方に分かれて展開する死闘に触れて、佐々木は慄然としたという。新井は新生東京電力に一度も出社することなく、来世へ旅立った。壮絶な討ち死にであった。

五月一日、北海道、東北、東京、中部、北陸、関東、中国、四国、九州の新電力会社が業務をスタートさせた。九電力の取締役、監査役の総数は一一四名で、そのうち日発が二〇名（一七パーセント）、配電四二名（三七パーセント）、外部五二名（四六パーセント）という構成だった。新会社への出資額は、日発三〇億円、配電四二億円で、四二対五八の比率となる。この出資比率に照らせば、役員人事で日発出身者は冷遇されたといえよう。新重役の出身母体をみると、東邦電力三七名、東京電燈二二名、大同電力一二名、日本電力八名、宇治川電気七名と五大電力が占めている。

九電力体制が始動し、松永は電力再編の「仕上げ」にとりかかる。民有民営の新電力会社は、どこも資本力が弱かった。たちまち渇水に直面して電力不足に見舞われる。朝鮮戦争の特需で景気が上向くと、電力需要が飛躍的に増えて電源の開発が追いつかない。

公益委員会を仕切る松永は、「電力の鬼、松永を退治せよ！」という罵声を浴びながら、電気料金の「大幅値上げ」を断行した。五一年、五二年の二度、合わせて六七パーセントもの値上げが行われる。松永は「殺してやる」という脅迫状を送り付けられた。またも日本じゅうを敵に回し、蛇蝎のごとく嫌われたが、この値上げは九電力が地域独占を確立する原動力となった。五四年の一斉値上げ後、石油ショックが到来するまで、各社は約二〇年間、ほとんど値上げをせずに電力を供給し続ける。

吉田首相は「公益委員会ではなく、私益委員会だ」と非難し、政官財の憎しみが松永に向けられる。値上げと引き換えに吉田は公益委員会を潰した。長い闘いの末に松永は国家統制と抱き合い心中を図ったのだった。

日本原子力産業会議への道筋

松永に敗れた小坂は、日発の解散経費から三〇〇〇万円を捻出し、財団法人電力経済研究所の設立を急ぐ。転んでもただでは起きない実業家である。

設立準備を任された橋本清之助は、遺稿で述べている。

「もとより電力、エネルギー問題等余はその智識、造詣もなく全くの素人なるにもかかわらず、小坂翁の切なる懇請によって引き受くることとし、その設立準備に従事す」

電力経済研究所は、五二年十月に発足した。物理学者、経済学者、ジャーナリストを糾合し、原子力研究開発を推進する軸へと成長する。原子炉メーカー東芝の幹部の肝いりで設立された「原子力発電資料調査会」、正力松太郎の提唱で誕生した「原子力平和利用懇談会」と合流して「日本原子力産業会議」が結成される。

原子力産業会議の常任理事に収まった橋本は「みんなの原子力（一九五九年十月号）」に「原子力発電の早期開発を望む」と題して寄稿している。

「現在日本の電力需要は、一〇年後には現在の約二倍に達すると予想されている。しかし、この増加に対して水力発電は経済的な開発地点が次第に減少し、また火力発電に必要な石炭、石油の輸入は、外貨の制約を受ける。この状態で行くと電力の需給は円滑を欠き、我が国の産業経済は行き詰り、ひいては我々の日常生活に大きな支障をきたすことになる。将来の電力問題の解決こそは、日本の将来の繁栄を左右する重大な鍵である」

この文章には、数年前に電力、エネルギー問題については「智識、造詣もなく全くの素人」と謙遜した名残りは微塵もない。二・二六事件や戦後の公職追放を体験した橋本は、いかにして原子力界のフィクサーへと変身していったのか……。

日本発送電という「砦」を失った官は、指をくわえて電力再編を眺めてはいなかった。自由党の党人派、大野伴睦らを動かして「電源開発促進法」を議員立法で国会に提出させる。ＧＨＱは、それまでにも自由党の電源開発公社の構想を「民主化に逆行する」と厳しく批判し、退けていた。電源開発促進法は、いわば焼き直しである。特殊法人の「電源開発株式会社」を設立し、官が天下って大規模な電源開発を行おうという底意は透けて見える。ＧＨＱは官の統制的な会社創設には終始反対した。

しかし時代の歯車がＧＨＱの力をそぎ落としていた。官の頭の上に載っていた日本軍はとうに消え、占領軍ももうすぐいなくなる。時代のキーワードは「経済成長」に変わった。

五二年四月二十八日、サンフランシスコ講和条約が発効し、日本は主権を回復した。連合国軍の占領は解かれ、ＧＨＱは消滅する。

七月末、電源開発促進法は可決、成立した。官は失地を回復したのであった。

電力の趨勢は、戦前、戦中の国家統制から敗戦を挟んで、民営化へ川が蛇行するように流れてきた。そのなかから、幾筋もの支流が分かれ、また合流する。原子力発電や、電源開発も奔流から分岐した流れであったが、時代とともに主流へと姿を変えていく。この流れの根源には、ひとつの大きな命題が横たわっている。「公益とは何か？」だ。

電力会社は、高度経済成長の「光と影」を引きずりながら巨大化してゆく。

第5章

脱石油と原子力――「ファウスト的契約」のツケ

占領を解かれ、主権を回復した日本が「アジアの工場」として発展するには大量の電力供給は至上命題だった。その首座は、ダム開発による水力から石炭火力、海外の大油田発見に伴うエネルギー革命を経て、低コストの石油火力へと移る。

転機は一九七〇年代の石油ショックだった。石油が暴騰し、「脱石油」のトレンドが強まると、ウラン燃料を使う原子力が増える。大事故が起きて逆風も吹くが、地球温暖化防止が国際的なコンセンサスとなって、二酸化炭素の排出量が少ない原発に一層の追い風が吹く……。

この間、国内の石炭産出が一九六一年をピークに炭鉱の閉山で一挙に衰退し、エネルギー資源の海外依存度はみるみる高まっていく。化石燃料もウラン資源も、その供給を外国に頼る。この厳然たる事実は、「国のかたち」である電力源の構成に多大な影響を与える。一方で、エネルギー革命は、固体(石炭)から液体(石油)へ、さらに気体(天然ガス→水素)、自然エネルギーへと進む。

戦後の電力の変遷は、未来を選択する手がかりを私たちに示している。その移り変わりのなかで誰が、どのように「国のかたち」を決めたのか。時代のキーパーソンはどう振る舞ったのか。電力をめぐる権力の争奪戦は、さまざまな課題を突きつけてくる。

田中角栄の電源開発

日本が講和条約を受け入れて国際社会に復帰したころ、電力の首座は水力が占めていた。通産省公益事業局の調査では、一九五一年の日本の総発電量は四七三億五四〇〇万キロワット時。その七八パーセントを水力が占めている。石炭中心の火力は二割少々、もちろん原子力はなく、「水主火従」といわれていた。

現在の総発電量は約一兆キロワット時なので、六〇年余りで二一倍も増えたことになる。日本の人口は、この間に一・五倍程度しか増加していない。日本は、経済活動、国民生活の両面で莫大な電力を消費する国に変貌を遂げたといえるだろう。同じ道を途上国も歩もうとしている。

では、水力発電は、なぜ高度経済成長の礎となるほど集中的に導入されたのか。確かに日本の河川は急峻で水量も多く発電ダムの築造に向いている。電力需要も旺盛だった。しかし理由はそれだけではない。ダム建設にはもうひとつ大きなメリットがあった。「公共事業」の波及効果だ。公共事業の旨みが政官財を惹きつけたのであった。

占領下、GHQは、電力事業の民営化に力を入れる一方で、大規模な水力開発をなかなか認めようとしなかった。公共投資の拡大への警戒感が強かった。

たとえば、昭和を象徴する元総理大臣、田中角栄が若くして衆議院建設委員会の地方総合開発小委員会の委員長を務めたときのエピソードがある。一九四九年秋、三十一歳の田中委員長は二週間足らずの間に四回も小委員会を開き、資源やエネルギーの専門家を招いて活発な討論を行った。電源ダムの開発は日本の将来を左右するとあって、委員たちは口角泡を飛ばし、熱っぽく議論をした。

それを知ったGHQの幹部は、

「緊縮財政を組むよう日本政府に命じているにもかかわらず、莫大な資金が必要な国土開発議論に熱中するとは反逆にも等しい」

と、激昂する。そして、GHQの国会担当者は、地方総合開発小委員会の議事録を、すべて抹消した。全部「なかったこと」にしたのである。田中は、衆議院建設委員会で小委員会の「報告」を求められ、悔しさを滲ませて、こう語る。

「地方総合開発は、各省、各局ばらばらに行っており、総合的な施策が講ぜられていない。従って、近々行われる電気事業の再編とにらみ合わせ、地方総合開発を総合的、一元的に取り扱うべき高度の実施機関を設置する必要があると考えられるのであります」

田中は、小委員会に招致した技師の見解を引用し、

「河川の開発はこれを一会社で行うと、発生電力の損得のみを考え、総合的に実施しないので、熊野川とか只見川とかの高度の開発は、TVA（テネシー川流域開発公社）式に特定の官庁で、国家の力でこれを行うことが絶対に必要である」とも述べる。

GHQに当てつけるようにアメリカのTVAを見習えと言っている。

自由党の代議士だった角栄は、田中土建工業株式会社社長という肩書も持っていた。戦中、田中土建は理化学研究所の下請で東京の王子や朝鮮の大田に軍需工場を建設している。年間施工実績で全国五〇社に入る土建会社だった。

田中は、水力ダム建設を電力の供給だけでなく、治山治水や交通網の整備と一体化した国土開発ととらえていた。電源開発はインフラストラクチャーを整備する公共事業の「起爆剤」と見通している。

だから「ダム建設には莫大な資金が必要だから国が先頭に立たねばならない」と訴えたのだった。田中はＧＨＱから「公職追放」の脅しをかけられながらも、電源開発の重要性を説く。土木建設業界の熱いまなざしがダム開発に注がれた。

電源開発促進法の成立

ようすを窺っていた通産官僚は、五一年秋、自由党に「電源開発公社の設立」という観測気球を打ち上げさせる。即座にＧＨＱは「公社は民主化に逆行する」と声明を出したが、官僚は動じない。半年後に講和条約が発効し、ＧＨＱが消滅するのは織り込み済みだった。

ＧＨＱのくびきから逃れられると覚った官僚は、消滅した日本発送電株式会社に代わる「砦」づくりにとりかかる。五二年一月、議員立法で「電源開発促進法」案が国会に提出される。公社が「電源開発株式会社（電発）」に変わったが、その業容は日発温存策の電力融通会社に似ていた。官僚は自身の勢力拡大につながる法案や政策は手を変え、品を変えて出してくる。その執着力は凄まじい。

電発に期待されたのは、豊富な水量をたたえる河川の上流に巨大なダムを建設し、水力発電量を増やすことである。一般の産業界は、電発の創設に肯定的だった。官であれ、民であれ、安くて大量の電力を安定的に供給してくれればそれでいい。民間の電力会社が電源を開発し、総括原価方式で建設費用を電力料金に上乗せされるより、タダ同然の政府資金でダム開発をしてくれたほうが、むしろありがたい。

講和条約の発効から三か月後、電源開発促進法は成立した。

船出したばかりの九電力会社は、電発に対抗意識を燃やす。官僚が天下る特殊会社に川上の発電領域を侵されたくない。自前で電源を開発したい。難題は資金の確保であった。

松永安左エ門が主導する公益事業委員会は、電力会社どうしの共同開発に活路を見出そうとした。東京電力と東北電力に只見川開発会社、東京電力と中部電力には天竜川開発会社を設立させる。松永は、これらの共同会社にアメリカ資本を導入しようとした。吉田茂首相の右腕で、アメリカに顔が効く白洲次郎を東北電力の会長に送り込んだのは、その布石でもあった。実際に民営化した電力会社には外資が流れ込む。

電発の設立事務所は旧日本発送電の社屋に置かれ、五二年九月、創立総会が開かれる。たてまえでは、電発は日発を受け継ぐ組織ではなく、九電力体制の補完物とされた。設立時の払込資本五〇億円のうち、四九億五〇〇〇万円を日本開発銀行（現日本政策投資銀行）が出し、残り五〇〇〇万円を九電力が負担している。電発と九電力の人事交流も認められていた。

吉田茂は、官僚臭を嫌って、電発初代総裁に高碕達之助を任命する。高碕は、水産会社に技師として勤めた後、東洋製罐を創業し、戦中に満州重工業開発の総裁を務めた異色の経済人だ。満州重工業は、関東軍が日産コンツェルン総帥の鮎川義介につくらせた特殊会社である。満州全土の鉱工業を「計画」によって一元的に管理し、ソ連型の計画経済のモデルといわれた国策会社だった。

総裁就任を打診された高碕は、

「政党と政府は経営に口をはさまない」という一札を吉田から取った。

高碕は、満州重工業が政治家や官僚の食いものにされて苦労したことが骨身にしみていた。政官の干渉を断った高碕は、巨大ダムの建設を一気呵成に進める。電発の発足と同時に着手した天竜川の佐久間ダム（静岡県浜松市・愛知県北設楽郡豊根村）の築造は、日本の産業界に紛れもなく「革命」をもたらした。

高碕総裁時代の電発は、水力ダム建設に公共事業の副次的効果を盛り込み、高度成長の「光」を体現した。ダム建設の技術革新は全国のインフラ整備に波及し、国土を急速に変貌させてゆく。

世界標準の巨大ダムを築造する

改めて言うまでもないが、戦後の日本は、発展途上国だった。ダム建設に使う機械もノウハウもアメリカの使い古しで、建設現場ではしばしば人命が失われた。アメリカのダム建設は、ニューディール政策のフーバーダムを契機に技術が革新されている。フーバーダムが一九三六年に完成し、大量の電力がネバダ砂漠に供給されて、ラスベガスの街が栄えた。

フーバーダムの建設技術は土木関係者の垂涎の的だった。しかし敗戦国への技術移転は思うように進まず、日本が主権を回復してようやく新しい技術が導入される。

その最初の現場が佐久間ダムだった。佐久間ダムの建設工事は世間の度肝を抜く。

もともと佐久間ダムの建設地点は春から秋の雨が多い時期に毎秒数千トンの洪水が発生する難所だった。工事は雨の少ない晩秋から早春にかけて集中的に行わねばならず、ここにダムを造るのは不可能とされてきた。

ところが、いざ工事が始まると一日のコンクリート打ち込み量は五一八〇立方メートルに達し、世界記録を更新する。それまで国内に高さ一〇〇メートルを超えるダムはなかったのだが、佐久間ダムは一五五・五メートルに伸ばして世界をあっと驚かせた。最大出力三五万キロワットの大水力発電所は、工期三年で完成したのだった。

それにしても、いきなり世界標準のダムが築造できたのは、どうしてなのか。

この疑問を、河川工学のオーソリティ、高橋裕東京大学名誉教授に投げかけてみると、「大型土木機械の導入に尽きる」と答えが返ってきた。一九五六年、高橋が二十九歳のときに佐久間ダムは竣工し、大きな衝撃を受けたと語る。

「パワーショベル、ブルドーザー、ダンプトラックとか、それまで日本は使ったことがありませんでした。全部、アメリカから輸入した機械です。佐久間ダムの建設所長だった永田年(ながたすすむ)の大英断で、世界銀行から借款を受けて、大型土木機械をすべて輸入したんです」

永田は、戦前の台湾総督府、内務省を経て、日発に勤めた技術者だ。日発の解体後は、北海道電力副社長のポストに就いていたが、電発が発足して声がかかるとふたたび現場に飛び込む。日発ファミリーの絆の強さがうかがえる。永田は、北電の退職金をそっくりアメリカの土木施工に関する原書の購入に注ぎ込むほど研究熱心だった。佐久間ダムの入札業者にはアメリカの建設会社との技術提携を条件づけた。

永田の献策を受けた高碕は、電発の総裁に就任すると、すぐにアメリカに飛ぶ。世界銀行と資金調達の交渉をしながら、アメリカの建設業者に工事入札に参加するよう求めた。最終的にアトキンス社と組んだ間組、熊谷組グループが落札し、工事をやり遂げる。

もしも、大型機械を輸入せず、従来の人海戦術で当たっていたら、佐久間ダムの工期はどのくらいかかっていただろうか。河川工学者の高橋は、あっさり「できません」と言う。

「何年かけても、できません。ひと冬すごす間、天竜川を堰き止めなきゃならん。暴れ天竜は大洪水が起きる。洪水がきたら工事はできない。秋から春先の間にダムをつくらなきゃいけません。そんな短い間にできる技術はありませんでした。人海戦術のような無謀なことはできません。つまり、一九五〇年ごろまで天竜川にダムはできない、と言われていた。大型土木機械が、その壁を突破した。佐久間ダムの次に、下流の秋葉ダムの建設に大型機械が流用されて威力を発揮する。それ以降、新幹線や高速道路、地下鉄、ニュータウン建設とありとあらゆる公共工事で、大型土木機械が一斉に使われるようになったのです」

佐久間ダムは産業界に革命を起こした。電力業界だけでなく、土木建設業界、建設機械業界に強烈なインパクトを与え、その技術水準を引き上げる。

電発は、佐久間に続いて、奥只見（O）、田子倉（T）、御母衣（M）と同時にダム開発に取組み、「OTM併行建設」と称して胸をそびやかした。

やや余談になるが、高橋は、一九七四年に土木学会誌の企画で作家の司馬遼太郎と対談している。高橋が佐久間ダムの話をすると、司馬は「日本の土木技術は初めて奴隷を使うことができましたね」と言ったという。その真意を、高橋が解説してくれた。

「古来、チグリス・ユーフラテスの河川工事でも、ピラミッドや万里の長城の建設でも、権力者は奴隷を使って実現させた。日本は、戦争をして奴隷を連れてくる歴史を持たなかったと司馬さんは言いました。で、佐久間ダムで初めて奴隷、つまりアメリカ直輸入の大型土木機械を使って、ダム工事が完成したというわけです」

日本が戦争をして奴隷を連れてこなかったかどうかは異論もあろうが、司馬らしいダイナミックな比喩である。ただ話はそこで終わらなかった。司馬は高橋にこう言ったという。

「日本は奴隷を使って有頂天になった。いまは土木の黄金時代かもしれないが、揺り戻しがくる」

司馬の透徹した目は、国土開発全盛期に「揺り戻し」を見抜いていた。司馬は電力業界、建設業界の「驕り」に警鐘を鳴らしている。

電源開発株式会社の揺り戻しは、かなり早く、やってきた。功労者の高碕は、わずか一年一〇か月で総裁の座を追われる。政界が高碕を嫌ったのだ。高碕は、吉田首相と約束したとおり政府には事業経営の相談をせず、外資の導入を進めた。吉田の娘婿、麻生太賀吉の建設用セメントの売込みを門前払いし、磐城セメントと組んで静岡に工場を建てる。そうした一連の行動が特殊会社に旨みを求める政治家に疎まれ、辞めさせられたのだった。

次の電発総裁には、吉田と昵懇の小坂順造が選ばれた。日本発送電の最後の総裁を務め、松永安左エ門と激闘をくりひろげた、あの小坂である。小坂の総裁就任に合わせて、日発時代の幹部が電発に舞い戻る。たとえば逓信省の元革新官僚で、日発の副総裁だった藤井崇治が副総裁の肩書で電発に入っている。公職追放された藤井は、官の砦に返り咲く。このあたりから、電発と政界、建設業界との間に黒い影がつきまとい始める。

総裁の交代後、電発は、佐久間ダムの追加工事費、御母衣ダムの請負をめぐって間組と対立する。間組のバックには政治家が構えており、これに藤井副総裁の関与が取り沙汰されて小坂総裁は激怒した。小坂の一徹さは相変わらずで、藤井を更迭し、自身も身を引く。しかし、ほとぼりが冷めると、藤井は何事もなかったかのように電発総裁の椅子に座った。

日本は高度成長の軌道にのり、電力の「光」が列島に遍くゆきわたる。池田勇人首相の「所得倍増計画」は国民に希望を与え、今日よりも明日は必ずよくなると誰もが信じた。

だが、光が明るく、強いほど、「影」もまた深い。

九頭竜ダム汚職事件

電源開発の藤井総裁が三期六年で辞めるのに前後して、政財界を揺るがす疑獄が持ち上がった。九頭竜ダム（福井県大野市）の建設に絡んで、最高額で落札した鹿島建設が発注元の電発と結託して池田首相に政治献金を贈ったのではないかと疑われた。「九頭竜ダム汚職事件」が起きたのだ。疑獄は国会で追及され、ふたりの重要人物が不自然な死を遂げる。

水力発電の開発には、巨額の金が落とす影が長く伸びていた。

九頭竜事件の疑惑は、六四年七月に行われた自民党総裁選挙から立ち昇っている。この総裁選で池田勇人は三選され、第三次池田改造内閣が成立した。

疑獄事件が発覚するまでの動きを、時系列で整理しておこう。

八月下旬、九頭竜ダム建設工事の入札指名が一か月後に迫った時点で藤井総裁は辞め、東京電力副社長の吉田確太が新総裁に就いた。電力業界内では、藤井の更迭と噂される。

九月に入り、電発は指名業者を大型ロックフィル・ダムの施工経験がある間組、西松建設、鹿島建設、前田建設、熊谷組の五社に絞った。電発の技術陣は山梨県大藪温泉の宿に籠り、外部との連絡を断ってダム工事の「予定価格」を算定する。予定価格とは建設工事の質を保つための基準である。建設業者が仕事欲しさに予定価格を大幅に下回る値で入札しても、その安全性や品質が危ぶまれるので落札できない。予定価格に対し、ここまでの安さなら落札可能と示す「最低落札価格（ロワー・リミット）」が決められる。

つまり最低落札価格を超えた業者で、最も安く見積もった会社が落札できることになる。

九月二十四日午後、電発本社でゼネコン五社の入札が行われた。それぞれの「見積価格」を書いた札が入る。その二〇分後、大藪温泉で技術陣は予定価格を「四四億九〇〇〇万円」と決定し、封緘して金庫にしまう。電発本社の役員会は最低落札価格を「四一億〇八三五万円」と決め、こちらも厳封した。

十月一日、電発本社で入札結果が開封される。落札したのは「四一億三八〇〇万円」の値をつけた鹿島建設だった。他の四社は、いずれも安すぎて、最低落札価格をクリアしていなかったのである。次点の間組は四一億円ちょうど。最も低かった前田建設は三九億円。結果的に一番高い金額を提示した鹿島建設が落札した。不自然な入札だった。

その直後、政界情報誌「マスコミ」（言論時代社）が「ドン欲な鹿島建設」と見出しを打って、「謎の献金五億円、九頭竜ダム入札に疑惑」と報じる。記事を執筆したのは、同誌主幹の倉地武雄だった。記事のなかで、前電発総裁の藤井は、在任中に鹿島の誘惑を受けた、池田首相は自民党総裁選で巨額の借金をしたので穴埋めに無理をしている、という内容のコメントをしている。

喉頭がんを病む池田首相は、退陣を表明し、岸信介の実弟で元運輸次官の佐藤栄作を後継に指名する。十一月に佐藤内閣が誕生した。

池田が表舞台から去って、疑獄に火がつく。

六五年二月、衆議院決算委員会で社会党議員が「奇怪な入札」と疑獄を採り上げた三日後、池田の首相秘書官だった大蔵省証券局課長補佐が官舎の屋上から「転落死」した。政界の爆弾男と呼ばれた代議士、田中彰治が国会に藤井を参考人として招き、工事を鹿島に請け負わせるよう池田総理の奥さんから名刺をもらったはずだが、どうだ、と斬り込んだ。

「そういう名刺をいただいたことはありません」と藤井は否定する。田中代議士は、雑誌「マスコミ」の倉地も参考人で国会に呼ぶ。倉地の証言は生々しかった。

「はっきり藤井さんから、鹿島から誘惑があった。しかしワシは敢然としてこれを蹴ったというお話を聞きました。自分はいままできれいにやってきたのだから、こういうことに巻き込まれるのは嫌だ。だからワシは辞職することにしたのだ。しかし、この九頭竜の工事だけは、自分の在職中にしっかりと決めてやめたいということで運んでおったところが、通産次官（今井善衛）がこられて、もう君はやめるのだから、やめるあなたがこれを決めていかれることはないじゃないか、こういう話だった」

決算委員会の調査で、歴代の電発総裁の退職金が五〇〇万円程度なのに対し、藤井のそれは三七〇〇万円とケタ違いに多いことがわかった。口封じの金を藤井はつかまされたと囁かれる。感想を訊かれた倉地は、「私の口から言わせなくても、ひとつ皆さんのほうで御研究願います」と言い残している。

倉地は、電発で闇献金を仕組んだ人物を特定していたといわれる。

しかし、ついにマスコミに黒幕の名が出ることはなかった。死人に口なし。国会が疑惑を追及するさなか、倉地は麴町の事務所で殺される。犯人は倉地の三男で、小遣いをせびりにきたところ喧嘩になって父を殺害して金を奪った、と警察は発表する。

池田も八月に亡くなり、疑獄に司直の手は入らなかった。田中彰治は、翌年、虎ノ門の国有地払い下げに絡む脅迫事件で逮捕され、控訴中の七五年に死去している。

小説家の石川達三は、九頭竜事件を素材に『金環蝕』を著した。捜査のメスが入らない現実に国民は憤り、小説はたちまちベストセラーとなるが、電源開発は「闇」を内部に残したまま大規模な開発を続けた。

「原子力は学者の玩具」

原子力発電は、日本が講和条約の発効で国際社会に復帰した段階で矛盾を内包していた。水力と火力の両軸が電力を支えていた時代に、原子力発電は核兵器開発競争の「落とし子」として生を享けた。アメリカは第二次大戦中にドイツから亡命したユダヤ系科学者たちを総動員して「マンハッタン計画」を推し進め、原爆を広島、長崎に投下する。その技術をもとにアルゴンヌ国立研究所が一九五一年に原子力発電に成功し、軍事メーカーは潜水艦の熱源に原子炉を応用した。

原子力の研究開発は、核兵器が先で発電は後である。逆ではない。東西冷戦が激しくなり、ソ連は急ピッチで原爆開発を進め、四九年には核実験に成功する。イギリスも五二年に豪州で原爆実験を行う。フランスもイスラエルとの共同核実験へと踏み出していく。

戦後、アメリカの核兵器独占保有は、瞬く間に崩れた。

五二年十月、電力経済研究所の常任理事兼事務局長に就任した橋本清之助は、国内の原子力研究をめぐる混沌に手を焼いていた。戦中、陸軍と海軍の指令を受けて原爆研究に携わった理化学研究所の仁科芳雄ら物理学者は、敗戦と同時に連合国軍に原子力の研究を禁じられた。仁科が製造したサイクロトロン（原子核の人工破壊・放射性同位体の製造などに使う加速器の一種）は、連合国軍の兵士の手で東京湾に沈められる。

原子力の研究開発を引っ張るはずの学者が動きを封じられた。ＧＨＱ科学技術部の助言で日本学術会議が四九年に発足し、サイクロトロンの再建が議題に上ったが、正式に原子力研究が認められるのは講和条約の発効まで待たねばならなかった。

その間、電力事情の悪さを見かねたＧＨＱが電力業界の首脳や技術者をアメリカに招き、デトロイト・エジソン社などを見学させて原子力発電の最新情報に触れさせている。しかし、視察者はＴＶＡの大規模水力発電に目を奪われて「原子力で電気をつくる」ことに関心を示さない。官僚も「原子力は学者の玩具」と突き放し、まともに取り合おうとしなかった。

「やはり、学者が先導しなくては……」と、橋本は構想を練る。

当の学界は原子力研究について賛否両論、真っ二つに割れていた。いち早く、原子力利用を訴えたのは戦中に原爆開発に携わった理論物理学者の武谷三男であった。武谷は反ファシズムの科学史家として知られているが、五〇年に『原子力』（毎日ライブラリー）を編集し、その二年後には雑誌「改造」に「日本の原子力研究の方向」という論文を発表している。武谷は日本の原子力利用は「（産出できない）ウラニウムの入手問題」と「アメリカの原爆計画の下請けをやらされ、再軍備ないし保安隊の一環として動員させられる危険性」をはらんでいると唱え、それを進めるには次のような「厳重な条件」が必要だと唱える。

「日本で行う原子力研究の一切は公表すべきである。また日本で行う原子力研究には、外国の秘密の知識は一切教わらない。また外国と秘密な関係は一切結ばない。日本の原子力研究の如何なる場所にも、如何なる人の出入りも拒否しない。また研究のため如何なる人がそこで研究することを申し込んでも拒否しない。以上のことを法的に確認してから出発すべきである」

武谷の提言は、原子力利用の「自主・公開・民主」という三原則の先がけとなった。日本学術会議では、強磁性結晶体の専門家である茅誠司と物理学者の伏見康治が原子力利用の旗を振る。政府に「原子力委員会」の設置を申し入れようと賛同者を募った。
だが茅―伏見の行動は、若手の物理学者に「アメリカの軍事戦略に組み込まれる」と猛反発される。学術会議の活動は停滞し、有効な政策提案ができないまま時が過ぎた。

長崎に原爆とともに投下された「手紙」

橋本清之助は、学者と意見を交わした。茅と伏見は、アメリカで研究生活を送っている原子核物理学者、嵯峨根遼吉（さがねりようきち）（一九〇五～一九六九）を呼び寄せるよう何度も橋本に伝える。嵯峨根こそ、日本の原発導入を方向づけた、学界のキーパーソンである。

橋本と嵯峨根の接触は、公的な記録には見当たらないが、数年後、帰国した嵯峨根の人事を一存で決めるほど橋本は力をつけている。橋本にとって嵯峨根は貴重な「玉」だったと推量される。

嵯峨根遼吉は、日本の物理学の祖、長岡半太郎の五男に生まれ、母方の姓を継いだ。東京帝国大学理学部を卒業後、一九三五年から三八年にかけてイギリス、アメリカに留学した。このときカリフォルニア大学バークレー校で研鑽を積み、同僚の若手研究者たちと肝胆相照らす仲となる。帰国後、理研で仁科のサイクロトロン製造を手伝うが、欧州留学組の仁科とはソリが合わず、「（嵯峨根は）いつも仁科さんに対して批判的で、その弟子だといわれるのをいやがっていた」（『嵯峨根遼吉記念文集』座談会にて田宮博）。

長崎の原爆投下にまつわる嵯峨根のエピソードは、日米の科学史に不思議な陰影を残している。原爆が投下されたとき、落下傘でゾンデ（気象観測器）も落とされ、海軍が回収している。そのなかに「嵯峨根遼吉教授へ」と鉛筆書きの英文手紙が入っていた。発信者は「君が米国滞在中の同僚だった三人の友」。その内容は衝撃的だった。

「君はすでに数年前から、もしある国家が原料を準備するのに必要な莫大な費用を惜しまないならば、原子爆弾は製造できるであろうということを承知していた。アメリカではすでにその製造工場を建設していたことを知っている君には、二四時間操業しているこれらの工場の全生産品が、君の故国の上で爆発することを疑う余地もあるまいと思う。三週間の間にわれわれは実証している――アメリカの砂漠で一発、広島で一発、さらに今朝第三発を爆発させる。

われわれは君に切望する――日本がもしなお戦争を継続するならば、日本の全都市は壊滅されてしまうほかないことを、貴国の指導者たちに対して確証し、その生命の破壊と空費を停止するために、君が全力を尽くすことを切望する」

記述内容は、海軍工廠所属の士官が翻訳して八月十二日に大本営に送っている。手紙が嵯峨根に届いたのはその年の九月だった。嵯峨根はバークレーの仲間の「友情」に心を揺さぶられる。終戦後、嵯峨根は「別冊文藝春秋」（四八年通巻第六号）にこう記す。

「眼を世界に転ずれば、日本の敗戦直前に人類には原子力の導入という一大変革が現れている。この具体的の影響は今後何十年かの間に、世界的変革として予想されているものであり、今日の予備的訓練は、実は明日の変革に対する貴重な実験である」

GHQに原子力研究を禁じられた状態で、嵯峨根の「意識」はすでに「原子力の導入」に飛んでいた。文藝春秋に寄稿した翌年、東京大学教授の肩書のまま嵯峨根はアメリカに渡る。アイオワ州立大を経て、バークレーのローレンス放射線研究所に入った。嵯峨根の渡米はいかにも唐突だ。当時のアメリカは、いかなる意図で嵯峨根を招き寄せたのか……。とても敗戦国の学者が渡米を許されるような状況ではなかった。

中曽根康弘の反応

嵯峨根の直弟子で、原子核物理学者の森永晴彦（一九二二〜）を訪ね、私は師匠について訊ねてみた。森永は終戦直後、嵯峨根研究室に嘱託で入っている。森永は、往時をこう回想する。

「唯一、定員に空きがあったのが嵯峨根研究室だったのです。たぶん、嵯峨根先生の革ジャンとべらんめぇ調の話し方などが、学生に敬遠されたのでしょう。先生は、喜んで私を引き受けてくれました。『鉄を見たらコンニャクと思え』と言われたことが、いまも耳の奥に残っていますねぇ。嵯峨根研は一〇人くらいで原子核関係と真空技術関係が半々でした。四九年に、よくぞ先生は期限も決めずに渡米されたものだと思います。なぜアメリカに行かれたのか、まったく事情はわかりませんでした」

その後、嵯峨根に呼ばれて森永もアメリカに留学する。森永はスウェーデンのルンド大学などを経て帰国した後、ふたたびドイツのミュンヘン工科大学に招かれて学究生活を送った。

バークレーのローレンス研究室に腰を落ちつけた嵯峨根は、太平洋を隔てて日本に原子力研究の「刺激」を与え続けた。五一年には研究所のボス、アーネスト・ローレンス博士を来日させている。ローレンスは、サイクロトロンの再建を日本の科学者に勧めた。

混沌たる状況が、ひとつの演説で「原子力の平和利用」へと一気に傾斜していく。

五三年十二月、国連総会でアイゼンハワー米大統領が「アトムズ・フォー・ピース」と題してスピーチをした。核兵器開発競争の過熱を牽制し、原子力の平和利用のために国際原子力機関（ＩＡＥＡ）を創設しようと呼びかける。アメリカは、従来の核技術の独占、秘密主義から国際協力と原子力貿易の解禁、民間企業への門戸開放へと転じる。ソ連との冷戦で優位に立つために原子力関連技術を他国に分け与え、西側陣営を強化する戦略に切り替えたのである。

アメリカの変化に最も敏感に反応した政治家は、少壮代議士の中曽根康弘（一九一八〜）だった。アイゼンハワーが国連で演説をする直前、中曽根はアメリカの国防総省や軍事施設を視察し、バークレーに立ち寄って嵯峨根に日本の原子力研究をどのように進めればいいかと訊いている。嵯峨根は次の三点が重要だと応えた。

- 長期的な国策を確立すること
- 法律と予算をもって国家の意思を明確にし、安定的研究を保証すること
- 第一級の学者を集めること

アドバイスを受けた中曽根は「政治家が決断しなければいけない」と意を決する。「左翼系の学者に牛耳られた学術会議に任せておいたのでは、小田原評定を繰り返すだけで、二、三年の空費は必至である。予算と法律をもって、政治の責任で打開すべき時が来ている」と確信した（『政治と人生』）。

五四年三月二日、中曽根は、改進党の同僚の稲葉修（のち法務大臣）らと突如、原子力予算二億六〇〇〇万円を修正予算案として衆議院予算委員会に上程すると発表した。原子力利用への予算付けは電力関係者には「青天の霹靂」だった。

その日、橋本清之助が差配する電力経済研究所は、東京駅のステーションホテルで「新しいエネルギー源─原子力」と題した講演会を開いていた。講師は、茅誠司─伏見康治の原子力推進派の学者と田中慎次郎朝日新聞調査研究室長だった。

ジャーナリズム界の原子力推進派の旗手、田中慎次郎の来し方も興味深い。田中は、戦中、近衛文麿の政策ブレーン集団「昭和研究会」に関わっていた。ゾルゲ事件でソ連のスパイだったことが発覚して死刑に処せられた尾崎秀実の上司に当たる。田中もゾルゲ事件に連座して朝日を辞めたが、戦後、再入社した。新聞記者では、最も早く、原子力利用に言及している。「東西両陣営の原子力競争」について、こう記す。

「この競争には、悪い面と良い面とがある。悪い面は、いうまでもなく、この競争が原子兵器の製造競争を誘発していることである。もし競争が、この面にだけ限られるならば、とりえはなにひとつない。しかし、原子力が平和的、産業的にも利用され得るものである以上は、良い面の競争も、必ず起ってくるというのが、わたくしの見解である。どの国も、国内では原子力を厳重に管理している。しかし、国と国のあいだには競争がある。それは一種の『自由競争』である。競争のないところに進歩はない」(『原子力と社会』)

橋本を中心に、茅─伏見の学界原子力派と、大政翼賛会の左に位置して電力国家管理から総動員体制へと導いた昭和研究会グループが結びつく。橋本は、巣鴨から出所した後藤文夫も電力経済研究所の役付にしている。そこに政界で最右翼の中曽根がかかわっていく。

茅たちは、東京ステーションホテルの講演会が終わるや否や、国会に飛んで行き、中曽根、稲葉と面談した。茅は「すぐに研究はできない」と原子力予算の上程に反対をする。しかし中曽根は聞き入れず、「学者がぼやぼやしているから札束で学者の頬をひっぱたいて目を覚まさせるのだ」と言い返したと伝わる。中曽根は、札束で云々は稲葉の発言だと自著で述べているが、本音はこのとおりだろう。原子力予算案は、三月四日、衆議院本会議で可決された。ジャーナリズムは「原子力予算　知ら

ぬ間に出現　驚く学会、こぞって反対」（毎日新聞一九五四年三月四日）と仰天した。

なぜ、中曽根らは原子力予算の上程にこだわったのか。理由は、大量の電力供給への期待だけではない。もっと権力に深く根ざしたものがある。軍事力の増強という欲望が燃えたぎっていた。改進党の小山倉之助は、国会での原子力予算提案趣旨演説で堂々と語っている。

「……近代兵器の発達はまったく目まぐるしいものでありまして、これが使用には相当進んだ知識が必要であると思います。現在の日本の学問の程度でこれを理解することは容易なことではなく、青少年時代より科学教育が必要であって、日本の教育に対する画期的変革を余儀なくさせるのではないかと思うのであります。その新兵器の使用にあたっては、りっぱな訓練を積まなくてはならぬと信ずるのでありますが、政府の態度はこの点においてもはなはだ明白を欠いておるのは、まことに遺憾とするところであります。またMSA（日米相互防衛援助協定）の援助に対して、米国の旧式な兵器を貸与されることを避けるためにも、新兵器や、現在製造の過程にある原子兵器をも理解し、またこれを使用する能力をもつことが先決であると思うのであります」

原子炉築造予算の趣旨説明で、軍事状況を説き、「原子兵器を使用する能力を持つ」ために上程すると小山は公言している。核兵器と原発は一体的なコインの裏表の関係であった。

正力松太郎の夢想

予算がついて原子力利用の端緒が開かれる。だが、原子力発電を実現し、事業を成り立たせるには産業界が動きださねばならない。電力会社も、重電メーカーも水力、火力にかかりきりで原子力には及び腰である。

強烈な推進役が必要だった。橋本清之助は旧知の読売新聞社主、正力松太郎（一八八五〜一九六九）に原子力発電について語って聞かせた。橋本と正力は、旧内務省人脈でつながっている。橋本が秘書として仕えた後藤文夫は、内務省で正力の上司筋だった。

正力は、内務省の警察畑を歩み、治安維持や政界の裏工作に携わっている。関東大震災が起きた一九二三年の暮れ、摂政宮（のちの昭和天皇）が無政府主義者に銃撃される「虎ノ門事件」が発生し、警備上の責任をとって退官。震災時に内務大臣だった後藤新平が用立てた一〇万円を元手に読売新聞を買収して経営権を握ると、大衆化路線で部数を伸ばす。戦中、大政翼賛会の総務を務め、戦後はA級戦犯に指名される。巣鴨プリズンを出て、公職追放された後、復帰し、権勢を誇っていた。

正力は橋本に全幅の信頼を寄せている。それは橋本の親族を自身の秘書に雇っていることからも窺い知れよう。橋本から原子力発電の話を聞いた正力は、目を輝かせた。

「天下盗り」の野望を、そこに重ねたのである。これで役者が揃った。原子力発電の商業化を突破口に、長年の夢だった総理大臣の椅子を引き寄せようと正力は夢想したのだった。

齢七十に手が届く正力は、五五年二月、総選挙に故郷の富山から出馬して議席を得る。

正力は、五六年元旦、原子力委員会が設立されると同時に委員長に就任する。初会合の席で「五年後には実用規模の発電炉を建てる」とぶち上げ、突進した。原発の導入に向けて政界は正力自身がコントロールし、経済界は橋本清之助に先導させようともくろむ。

一月下旬、正力は、橋本と、電気事業連合会専務理事の松根宗一、経団連副会長の植村甲午郎を招き、商業用原子炉の開発で産業界が大同団結するよう懇請した。根回しをしたのは、おそらく橋本であろう。正力の提案を受けて経済界は結束し、「日本原子力産業会議（現日本原子力産業協会）」が創設される。初代会長は東京電力会長の菅礼之助、常務理事兼事務局長に橋本が就く。事務局は、橋本が根城にしていた東電旧館に置かれた。

原産会議には「バスに乗り遅れるな」とばかり、六〇〇社以上もの会社が集まる。なかには帝国ホテルや歌舞伎座のような原子力とは縁のなさそうな会社も入っている。原産会議は、スタートしたときから原発推進のための翼賛会的な性格を帯びていた。

その原産会議の事務局長室に橋本は陣取り、壁に虎の絵を飾って孟子を読み耽る。

戦前から戦中にかけて、昭和研究会、大政翼賛会と国家総動員体制の構築に携わり、貴族院議員で国政にも関わった。「多くの人を死なせたのを悔やみ、裏方として日本のために一生を捧げようとしている」と周囲は橋本を評した。橋本のなかの「日本」とは何だったのか。戦前から敗戦を挟んで、橋本の「日本」にどんな変化があったのだろう……。

河野一郎との主導権争い

正力は、初代の科学技術庁長官（＝原子力大臣）に就任し、原発導入の権限を掌握した。科技庁の傘下には、原子力の基礎研究のため、アメリカから提供される濃縮ウランの受け皿として設けられた「日本原子力研究所（現日本原子力研究開発機構）」が入る。ウラン資源の探鉱や核燃料の生産加工を担う「原子燃料公社（のち動力炉・核燃料開発事業団→日本原子力研究開発機構）」も立ちあがる。原研と原燃を両輪にして、商業化以前の研究炉、動力試験炉、高速増殖炉などの技術開発を担う科技庁グループが形成される。

本来なら基礎研究の延長上に商業用原子炉を生み出すのが本筋だろうが、総理の座を狙う正力には時間がなかった。手っ取り早く、海外から商業炉を購入しようと考える。アメリカ政府はウェスティングハウスが開発中の加圧水型軽水炉や、ＧＥの沸騰水型軽水炉の目算が立つまで五年ほど待て、と伝えてきた。

正力はＣＩＡ（中央情報局）に「ポダム」のエージェント名を付けられるほどアメリカと密接に関わっていた。だが、一日も早く、商業炉を輸入したい。正力はアメリカに反旗を翻す。イギリスのコールダーホール型黒鉛炉の購入を決め、民間主導の受け皿をつくる方針を固めた。五七年五月、九電力の社長会が正力の意図をくんで民間出資の「原子力発電進行会社」を創設すると公表した。原産会議の橋本も強烈にプッシュする。

これに対して、官の砦である電源開発が猛烈に反発した。

「原子力発電は、まだまだ危険が伴い、経済的にも高い。もし『急いでやるならば』電発のような国家的機関が担当すべきだ」と、主導権を奪いにきたのである。電発は、若い学者を入社させて原子力の研究を積んでいた。正力の「英国炉は安くて安全」というキャッチフレーズを真っ向から否定する。官と民の激闘に火花が散る。

経済企画庁長官の河野一郎が電発側について正力は慌てた。河野は自民党の実力者で、正力を政界に導いた盟友だ。その河野が官主導で原発を推進すべきだと力説する。

「将来の産業開発に重要な地位を占める原子力を、大電力会社だとか、三菱、日立などの財閥グループに独占させたらどうなるか。まだ不確定な要素の多い、危険や災害をともなう買い物をして国民生活に悪影響を及ぼしてはいけない。赤字の連続で、かえって電気料金の値上げになったら一体どうするつもりだ。自分の考えはしばらく様子をみたうえで、政府が責任をとる特殊会社、電発や日本航空

みたいな組織をつくるべきだ」（「サンデー毎日」一九五七年八月二十五日号）

正力は、おれの縄張りに手を出すな、と切り返す。

「日本の電力はどんどん足りなくなっており、停電、節電はもとより、電気料金の値上げも必至だ。調査によるとイギリスのコールダーホール改良型は、もう火力発電と対抗できるくらい安くなっているから、いますぐ輸入すべきだ。そうしなければ将来とても追いつけない」（同前）

橋本が束ねる原産会議は、官民の商業炉争奪戦に二度の声明を出し、正力の民営方式を強く後押しした。圧力団体ぶりをいかんなく発揮している。正力と河野の対立は岸内閣不統一の印象を与えたが、原子力委員会委員長代理の石川一郎が河野のもとに足を運んで意見をすり合わせ、やっと河野が矛を収めた。裏で金が動いたと伝わるが、英国炉の受け皿は、変則的な民間会社「日本原子力発電（日本原電）」をつくることで落ち着いた。

その出資比率は民間各社で八〇パーセント、残り二〇パーセントは政府が電発を介して出す。日本原電は、東電、関電、電発からの出向社員が微妙なバランスを保ちながら、親会社にそれぞれが忠誠をつくす奇妙なかたちでスタートした。

正力は、官民の主導権争いに勝ったかにみえるが、派閥の頭目に盾突いた代償は大きかった。政界で孤立し、五八年には読売新聞社主に復帰する。総理就任の夢を捨てメディアの世界へ帰って行った。

GEかウェスティングハウスか

日本の英国炉輸入に、アメリカの二大原子炉メーカー、GEとウェスティングハウスは切歯扼腕していた。戦前からGEは三井系の東芝、ウェスティングハウスは三菱系と提携してタービンなどの発電設備を売り込んできた。原子炉でイギリスの後塵を拝し続けるわけにはいかない。

アメリカ勢が狙いを絞ったのは原研だった。

嵯峨根遼吉は、バークレーでの研究生活に終止符を打って帰国し、五六年六月に原研の理事に就任していた。橋本清之助が嵯峨根を呼び寄せたといわれる。

嵯峨根は帰国後も欧州、北米に出張し、先進国の技術動向をつぶさに掌握する。電力界の関心は英国炉の次、民間が本格的に原子力発電に乗りだすときにどの原子炉を選ぶかに集まっていた。GEとウェスティングハウスは外交筋も使って軽水炉を押し込んでくる。

焦点は、原研の「動力試験炉」の選択だった。原子炉開発の最終段階で運転する動力試験炉は、GEの加圧水型か、ウェスティングハウスの沸騰水型か。原研の選択は、あとを追う民間電力会社の方針に多大な影響を及ぼす。客観的に眺めれば、加圧水型が有力だった。原子力潜水艦で加圧水型は成功し、沸騰水型は失敗している。五七年末に運転を始めたアメリカで最初の原子力発電所、シッピングポートも加圧水型であった。

ここでGE―三井系が猛然と巻き返しを図る。

五九年二月、「原子力委員、原研理事など、原子力界上層部を、一挙に更迭しようという『クーター』のたくらみ」（『不思議な国の原子力』河合武）が発覚する。二人の三井系原子力代議士が、原子力界上層部の首をすげ替え、動力試験炉を加圧水型から沸騰水型に変えさせようと暗躍した。そして動力試験炉はGEの沸騰水型JPDRに決まったのである。

この時期の原研は労働組合が強く、争議も頻発していた。その組合新聞の記事に、こんな戯れ歌が掲載されている。

空ではグラマン・ロッキード
陸ではGE・ウェスティングハウス
チャンチャンバラバラ結局は
サガネが撃ち落とされるらしい

自衛隊の主力戦闘機の売り込みでグラマンとロッキードが激しくさや当てをするように、陸では原子炉でGEとウェスティングハウスが激闘を展開している。その結果、原研の所長に昇進したばかりの嵯峨根が辞めさせられる、という意味だった。

ちょうどそのころ、嵯峨根の弟子の森永晴彦は日本に戻っていた。原研の同世代の研究者「H氏」から「おまえの先生、東海村をクビになるぞ」と言われた。嵯峨根は加圧水型と沸騰水型を詳しく勉強して一方に傾いてから、後で意見を変えた。それが上層部の逆鱗に触れたのだという。森永は「そんなことで世界的にも大活躍している、日本でただ一人の本物の原子力通の嵯峨根先生を更迭するなど許せない」と憤慨した。

H氏は、日本の原子力を牛耳っているのは「ジイサン」だから「直接文句を言ったらいいじゃないか、彼は若い人の話でも聞いてくれる」と助言する。義憤に駆られた森永は、単身、「ジイサン」に直談判をしに行く。

その顚末を森永は自著『原子炉を眠らせ、太陽を呼び覚ませ』に記している。ただ、この本には「ジイサン」と書いているだけで、その素性が明かされていない。

森永に「ジイサンというのは橋本では……」と問うと、

「そうです。橋本清之助です。東電旧館の原子力産業会議の自室で、背後に虎の絵を飾って、椅子に座っていました」と答えが返ってきた。

電力関係者は、陰で橋本を「ジイサン」と呼んでいる。絶大な力への怖れと、技術を知らない素人への侮蔑、少しばかりの親しみをこめてジイサンと呼んだ。原子力の本当の黒幕は、政治家や政府の役人、財界の重鎮などではなく、ジイサンだと畏怖した。

ジイサンと呼ばれる橋本は、白髪で面長、鼻梁が秀でて口調も穏やかで「黒幕」のイメージとは遠かった。ただ眼光は炯々、人を射る。橋本と森永のやりとりを再現しておこう。

橋本は、訪ねてきた森永を見すえ、

「故郷はどこじゃ」と訊いた。

「東京で生まれました。東大の物理学教室で学び、卒業研究をするつもりでしたが、戦況が悪化して静岡県の島田の海軍技術研究所分室に回され、そこで終戦を迎えました……」

と、森永は自分の経歴を話した。

「なんで嵯峨根のところ（原研）で働かないのか」と橋本は質す。

嵯峨根を尊敬しているが、自分には自分の研究したいテーマがあると森永は応える。

森永の身上調査を終えた橋本は「で、なにを言いに来た？」と聞き役に回った。

「嵯峨根先生は、原子力について唯一の専門知識とアメリカの指導者たちとのコンタクトまで持っています。かけがえのない学者です。そんな先生を原研の所長から下ろそうとするなど、とんでもないことです。世界のどの先進国を見ても、その国の原子力研究所の所長は、皆自力でこの道を切り拓いた人がやっています。日本には嵯峨根先生しかいません」

　じっと聴いていた橋本は、白眉をぴくりと動かし、

「おまえは、将棋を指すか」と訊ねた。

「ルールぐらいは知っています」と森永が応える。

「玉将は、先に出て行くか」と橋本が問う。嵯峨根を「玉」にたとえた。

「いや、歩が、先に出ます」

「嵯峨根はな、先に出よる……。嵯峨根が日本にとってかけがえのない男だというのは、よくわかっておる。心配するな、おまえの言うことはよくわかっている」

　橋本はそう応えると、「飯を食いに行こう」と森永を誘い、隣の第一ホテルに向かった。若く、貧しい大学教師だった森永は、ジイサンに「丸めこまれた」と感じた。

　それから一週間ばかり後、新聞は「日本原子力研究所東海研究所長　嵯峨根遼吉博士辞任」と報じた。森永はグウの音も出なかった。嵯峨根の新しい肩書は「日本原子力発電株式会社技術担当常務」であった。原研所長の転職先としてはつましく感じられる。

「野球の試合をしていて、自分は一塁に向いて走っていたと思っていたら、結果的にはサードのほうを向いて走っていってアウトになっちゃった」（『嵯峨根遼吉記念文集』）と嵯峨根本人も周りに漏らしている。この人事は、表面的には嵯峨根をスケープゴートにしたかのようだ。

が、じつは橋本は「玉」を使って新たな局面をつくっていた。嵯峨根の転職は、開発の主導権を官から民へ移す号砲でもあったのだ。森永は自著に記す。

「それからも原子力研究所は、あたかも日本的管理のショールームのような無駄づかいを続けていく

一方、実際の開発の主力は、嵯峨根先生とともに企業のほうに移っていった。日本もドイツも、一九六〇年代のはじめに、アメリカの承諾のもとに第一世代のPWR炉（加圧水型）とBWR炉（沸騰水型）を導入する。それからほどなく、日本もドイツも第二世代の原子炉を自力で開発し、ここで初めて核兵器生産の副産物ではない電気が、ようやく本格的に生産されるようになったのである」

橋本の深謀、恐るべし、であろう。原子力産業会議は、実質的に原子力政策を牛耳っていた。正力の民営方式をバックアップしたかと思えば、予算の獲得時期になると原子力委員会の応援に回って、政府高官に働きかける。選挙では、原子力産業の息のかかった国会議員のために金を集め、選挙区で講演会や展覧会を催す。投票に向けて大動員を図った。

この手法は、かつて橋本が尽力した翼賛選挙を彷彿させる。一九四二年四月、東條英機内閣で実施された選挙は、軍部や大政翼賛会、財界、農業団体などを統べる翼賛政治体制協議会（翼協）を中心に展開された。翼協は、民間人の自発的運動の体裁をとって、候補者の推薦と選挙運動を仕切る。翼協は推薦候補に選挙資金を配り、投票率を上げるために隣組を通じて有権者を狩り出す。その結果、当選者の八割超を翼協推薦候補が占め、いわゆる翼賛政治体制が確立されたのである。

橋本が原産会議を使って勢力を拡大した背景には翼賛手法の尻尾が見え隠れしている。

橋本は「原子力発電の早期開発を望む」と題して、雑誌にこう記した。

「……ここ二、三年中には研究用原子炉が一〇基近くになるし、また実用規模の発電用原子炉の導入も進められているので、いよいよ後進国の域を脱して、先進国の仲間入りができるのも遠いことではない。最近米、ソが打ち上げた宇宙ロケットにしても身近な問題となってきた。原子力平和利用にしても、それは共に科学技術の力である。

科学技術を愛し、これを尊重し積極的に研究開発を進める国は、繁栄がもたらされる。とくに日本のような国情では、国民の総てがその研究開発に深い理解と協力を示すことがなにより重要なことである」（「みんなの原子力」一九五九年十月号）

橋本の文章は、時代を反映した科学技術礼賛、脱後進国の希望に溢れている。「国民すべて」に理解と協力を求めている。ただ、科学的であろうとすれば、当然、原子力発電の「負」の側面も検証しなくてはならなかった。

「マル秘扱い」にされた報告書

六〇年、原産会議は科学技術庁の委託を受けて「大型原子炉の事故の理論的可能性及び公衆損害に関する試算」の報告をまとめた。アメリカに倣って日本でも「原子力損害賠償法」を制定する必要が生じ、初めて原発事故の規模を推定する研究が行われたのだ。日本原電が東海村で運転する英国炉（出力一六・六万キロワット）が万一「炉心溶融（メルトダウン）」を起こせば、どれだけの被害が生じるかが試算のテーマだった。

その全文二四四頁におよぶシミュレーション報告は、想像を絶するものであった。被害は放射能の放出条件、気象条件で大きく変化すると前提し、急性の人的被害では最大で死亡者七二〇人、障害者五二〇〇人の推定値が示される。被害が拡大するケースでは、損害額が当時の国家予算の二倍、三兆七三〇〇億円に達し、一〇万人の早期立退き、一七六〇万人の退避や移住、一五万平方キロに及ぶ農業制限といった数字が並んだ。

商業用原発が稼働する前に、じつは原発事故の甚大さが推し量られていたのである。

だが、科学技術庁は、原産会議が提出した報告書を「マル秘扱い」にする。六一年四月に冒頭の要約部分のみをパンフレットにして衆議院科学技術振興対策特別委員会に提出し、審議に臨んだ。その後、報道機関が報告書の存在に触れても、政府は言を左右してごまかす。八九年には科技庁原子力局長が原発事故の被害予測を行ったこと自体を否定した。全文の公開は一九九九年まで待たねばならなかった。日本の原発事故対応への体制的欠陥は、この隠蔽に深く根ざしている。

原子力界のフィクサー、橋本清之助は、もちろん報告書の存在を知っていた。

その後、橋本は、原発への盲目的礼讃を控え、原発の導入を「ファウスト的契約」と言うようになる。ファウスト的契約とは、ドイツの文豪ゲーテの長編戯曲で主人公のファウスト博士が悪魔に魂を売って現世の快楽と悲哀を経験する契りを交わしたことをさす。やがてファウストは艱難辛苦に責め苛まれる。最初に原子力発電を「ファウスト的契約」と表現したのは、マンハッタン計画で加圧水型原子炉をつくり、オークリッジ国立研究所長を務めたワインバーグだった。

橋本は側近にくどいほどこう言った。

「ファウスト的契約だとわかっていながら、それをしなければならないとすれば、慎重の上にも慎重を期し、幾重にも幾重にも歯止めをかけなければならない」(『ドキュメント東京電力』田原総一朗)

ひとたび原発が大事故を起こせば、戦争の惨禍に匹敵する被害が生じる。その怖れを橋本は抱きながら、原産会議という民間の根城に陣取って政、官の動きに目を光らせた。政治家が科学技術庁長官に就任すると、まっさきに橋本に挨拶にいく慣行ができあがる。

電力の「協調的競争」へ

高度経済成長期、急激に増える需要に対して、電源の首座は水力ダムから石油火力へと移った。中東やアフリカで相次いで大油田が発見され、日本も六二年に「原油の輸入自由化」に踏み切る。安い石油がどっと入って「水主火従」から「火主水従」に転じる。原子力は、まだ長期的な投資段階にあり、電力源には至っていなかった。

九つの電力会社は、東電を頂点に関電、中部電力などが「地域独占」をしてヒエラルキーを築き、一種の「幕藩体制」へと移行する。地域の市場独占が保証されているので、九電力会社の間には戦前の「電力戦」のような需要家を奪い合うシェア争いは起こらなかった。ただし、競争がなかったわけではない。

「経営合理化の成果を競い合うパフォーマンス競争」が生じている。わかりやすく言えば、設備投資や経営改善を行って「電気料金を上げない競争」が行われた。

この競争を先導したのは電力界の元老、松永安左エ門だった。

六〇年代半ば、松永はインタビューを受けて、電力会社の使命を次のように語っている。

「……電気事業者は、なによりもコストダウンに骨折らなければならないわけです。コストダウンこそ利潤を上げる唯一のものなのです。その利潤というものはどういう形になるかというと、一部は配当にいきますが、一部は社内保留になるわけです。私は社内保留させるというのが、電力会社の唯一の生きる道であると思います。単に苦しいから値上げせよというのは、非常に小乗的であり、考え方が甘い。値上げして需要家に不便を与えたならば、その地方の発展はむしろ阻害されるのです。ということは、結局自分自身のマーケットを狭めているわけです……」（『昭和経済史への証言　下』）
松永は、民間の自由競争を奨励しつつ、資本の二重、三重投資は避け、電力の公益性、安定性を確保するために会社の垣根を超えて「広域運営」をせよと力説した。この方針を、経営者として実践したのが、東電の木川田一隆だった。

木川田は、戦後の電力事業再編で松永の右腕として日本発送電の解体、九電力のブロック民営化を推し進めた。戦中の電力国家管理のずさんさ、役人の無責任さ、権力の凶暴さを知りぬいていた。

東京に空襲警報が鳴り響いていたころ、秘書課長だった木川田は憲兵隊に呼びだされ、尋問を受けている。木川田が一時期仕えた小林一三（東京電燈と阪急の社長を兼務）の「スパイ容疑」にかかわる尋問だった。自由主義者の小林は、近衛内閣の商工大臣だった当時、軍部に支持される商工次官の岸信介と激しく衝突した。スパイ嫌疑は、その報復とみられた。尋問は一か月も続き、ようやく小林の容疑が晴れて木川田も放免される。

「あの階段式の部屋で、一人ポツンときびしい尋問を受けている最中、空襲警報がひびきわたったときの追憶は、深刻なものであった」（『私の履歴書』）と木川田は述懐している。

戦後、木川田は電力の主導権を絶対に官僚に渡してはならないと主張し、電力業界を「協調的競争」へ導いた。

「古典的な競争、無秩序な自由放任的な競争ではなく、競争にもルールが必要で、実践のワクがなければならない。そのワクは政府など権力によってはめられるのではなく、構成員自体が競争のルールを自覚的に意識すること、その概念が協調的競争である」と語り、電力会社間の自律的なワクづくりに努めた。その第一手が広域運営であった。自由主義の私企業体制を土台にして横の連携で補完すれば、電力の総合的な効率化、コストダウン、料金格差の是正に役立つ、と木川田は政府も説得した。その結果、全国を東、中、西と北海道の四ブロックに分け、域内で各社が電力を融通し合うシステムができ上がる。六一年に東電の社長に就任した木川田は、①企業体質の改善、②投資効率・賃金効率の向上、③サービスの向上という「三大方針」を掲げ、経営の刷新に乗りだす。社長在任期間は一〇年に及び、東電は発展を遂げた。

LNG導入と福島第一原発の建設

木川田は、電力の将来を方向づける、二つの経営判断を下している。液化天然ガス（LNG）火力の導入と、福島第一原発の建設だ。長いスパンで見ると対照的な決断だった。

コスト安で急増した石油火力は、大気汚染を発生させていた。煤煙に含まれる硫黄酸化物などが原因だった。「企業の社会的責任」を唱える木川田にとって、公害は由々しき問題であった。

六五年七月、東京ガスの首脳からアラスカのLNGの共同購入を持ちかけられた木川田は、新設する南横浜火力発電所に天然ガス火力を入れようと内々に決める。LNGは硫黄分、窒素分を含まない良質燃料だったからだ。

しかし、東電の経営陣に賛同者はいなかった。何と言ってもLNGを専ら燃料とする火力発電プラントは、まだ存在していなかった。技術的な困難さ、コスト高、将来の燃料選択の難しさ……と、反対理由は山ほどあった。六五年九月の常務会で、木川田は聞き役に徹して反対論を受けとめる。二度目の議論の場、六六年三月の常務会でも反対意見が多数を占めると、木川田は厳しい口調で言った。

「LNG導入は、ひとり南横浜火力だけの問題ではなく、無公害に挑戦するという、東京電力の未来へ向けた経営ビジョンにかかわる問題だ。コストが割高なら、それを克服する技術革新をめざすべきだ。革新をふまえてこそ、効率的前進が意味をもつ」

三度目の常務会で、木川田は「社長責任でＬＮＧ導入を断行する」と決定し、東電は無公害化の先頭に立った。ＬＮＧの発電プラントはもとより、運搬船、備蓄技術などで日本は世界の最先端を切り拓いていく。

もう一方の福島第一原発の誘致は、木川田が社長就任以前から、福島県選出の代議士・木村守江（のちに福島県知事）と仕掛けていた。木川田は福島県伊達郡梁川町（現伊達市梁川町）の医家の三男坊に生まれている。福島は木川田の故郷である。

五八年ごろ、木村から福島県内で特に貧しかった大熊、双葉の太平洋沿岸地区への産業誘致を相談された木川田は、即座に「原子力発電所がよいのではないか」と応じた。

当初、木川田は原子力発電には消極的だった。原子力を「悪魔」に喩えて警戒している。それが積極姿勢に転じたのは「官僚支配」に抵抗するためだといわれる。

折しも正力―河野の英国炉の導入受け皿をめぐる官民の闘いで、民間の八割出資で日本原子力発電の設立が決まったばかりだった。特殊会社で、官の砦の電源開発は英国炉の受け皿にはなれなかったが、原発を諦めたわけではなく、虎視眈々と狙っている。木川田は、経済同友会で一緒に活動していた財界人に度々こう語った。

「これからは、原子力こそが国家と電力会社との戦場になる。原子力という戦場での勝敗が電力会社の命運を決める。法律で規制することしか知らない官僚たちに、電力を、原子力を委ねるわけにはいかない」

民間は原子力産業会議を中心に官へ主導権を渡すまいと勇み立つ。木川田は、その時勢に任せた。東電の社史ともいえる『関東の電気事業と東京電力』によれば、六〇年五月、佐藤善一郎福島県知事から東電に、大熊町と双葉町にまたがる旧陸軍航空基地とその周辺地域に原発を建設するプランが打診されている。同年八月、東電は正式に福島県に用地確保の申し入れを行う。十一月に福島県は原発誘致計画を発表した。

木川田は社長就任後の六二年九月の常務会で、

「当社も、いよいよ原子力発電所を建設します。原子炉のタイプは軽水炉、GEの沸騰水型で、第一号炉は出力四〇万キロワット。福島県双葉郡大熊町です」と胸を張った。

木川田は、もう躊躇しなかった。東電はウラン資源の確保にもとりかかる。六七年以降、カナダのデニソン・マインズ、リオ・アルゴムとウラン精鉱（イエローケーキ）の長期購入契約を結ぶ。六八年に日米原子力協定が発効するとアメリカ原子力委員会（AEC）からウランの「濃縮役務」の供与を受ける。

この時期、日本はウラン鉱石を世界中のどこで買い付けても、燃料化に不可欠な濃縮はすべてアメリカに任せていた。ウラン資源の確保はパリ、ロンドンに本拠を置くロスチャイルド家傘下のデニソン・マインズやリオ・アルゴムに頼り、濃縮役務はアメリカの軍事関連機関に委ねる。アメリカと欧州、双方の国際資本の顔を立てる微妙なバランスの上で、木川田率いる東電は原子力発電へと踏み出したのだった。

そして半世紀後、木川田の選択は、故郷福島に未曾有の災厄をもたらすことになる……。

世界の資源動向に翻弄される日本

高度成長は、間違いなく石油によって達成されたものだった。七〇年代に入ると、総発電量に占める石油火力の割合は五割を超える。東電では火力発電燃料の八五~九〇パーセントが石油に変わった。安い石油は、しかし底知れないリスクを秘めてもいた。

全世界に石油を供給する源で、ヘゲモニーを左右する激しい地殻変動が起きていたのである。供給源をほしいままにしてきた石油メジャー、セブン・シスターズ(エクソン、シェル、ブリティッシュ・ペトロリアム=BP、モービル、シェブロン、ガルフオイル、テキサコ)に対し、中東を中心とする産油国はOPEC(石油輸出国機構、一九六〇年設立)を通じて利益を高める攻勢に転じた。石油メジャーと中東産油国は石油価格の決定権をめぐって激突する。値決めの権利は、言い換えれば石油の支配権である。産油国は、国内で燃えあがるナショナリズムを背景にメジャーが握ってきた価格決定権に揺さぶりをかけ、原油価格の値上げを仕掛ける。

エポックは、七一年二月十五日、テヘランで開かれたメジャーとOPECの会談だった。この席で、OPECの若き閣僚たちは国家の尊厳と自立を懸けて資源保有の原理原則を説いた。

「石油資源はそれを発見した石油会社に属するのではなく、その土地に生活の場を持つ産油国の国民に授けられた共有財産である」

メジャーの老獪な経営者は、自由主義体制を守っているのは自分たちだという自負を盾に「秩序の安定」を主張する。産油国側は巧みな論陣を張り、世界経済を詳細に分析して石油が合法的にメジャーに収奪されている構図を浮かび上がらせた。そのうえで、自由主義体制を支え合うには石油価格の値上げと「友好関係の確立」が不可欠だと訴える。自由主義体制の広大なフィールドに産油国を位置づけ、真正面からメジャーを論破した。

テヘラン会談と翌月のトリポリ協定で、原油価格はメジャーと産油国の「協議」で決まる体制に変わった。産油国は価格決定権の半分を奪い、さらに権益参加によってメジャーの利権を切り崩す。アラブの産油国は石油の支配権を一気に手もとに引き寄せた。

秩序の変化を憂えるメジャーは、アメリカ国内向けに「エネルギー危機」を煽った。消費者の不安をかき立て、市場環境を「売り手市場」に転換させるためだった。

アメリカという国において、石油は国家存立の基盤であり、自由とアメリカンドリームの源泉である。二十世紀にアメリカが世界経済の覇者になれたのは、野心的なオイルマンが国内に無数の油井を掘り、自前のエネルギー資源を獲得したからだった。ロックフェラーやモルガン、メロンなどの大財閥は、石油事業を跳躍板に発展してきた。

そのアメリカに産油国の台頭で動揺が生じた。メジャーに石油供給の元栓を預けている日本は震えがとまらない。ドメスティックな水力電源は開発し尽くし、石油依存を強めた日本は、国際的なエネルギー資源需給の荒波に翻弄される。国内的な官と民の競合で決まっていた電力のかたちに、別次元の国際関係が強い影響を及ぼすようになり、日本は世界の資源動向に右往左往し始める。七一年のテヘラン会談は、その契機となった。

この年の六月、時代の区切りをつけるかのように「電力の鬼」と呼ばれ、生涯、官に歯向かい続けた松永安左エ門が、九十五歳の天寿をまっとうした。亡くなる十年ばかり前に松永は、こんな遺書をしたためている。

一つ、死後の計らいの事、何度も申し置く通り、死後一切の葬儀、法要は、うずくの出るほど嫌いに是あり。墓碑一切、法要一切が不要。線香類も嫌い。

死んで勲章位階（もとより誰もくれまいが、友人の政治家が勘違いで尽力する不心得かたく禁物）これはヘドが出るほど嫌いに候。

財産はセガレ及び遺族に一切くれてはいかぬ。彼らがダラクするだけです。（衣類などカタミは親類と懇意の人に分けるべし。ステッキ類もしかり）。小田原邸宅、家、美術品、及び必要什器は一切、記念館に寄付する。これは何度も言った。つまらぬものは僕と懇意の者や小田原従業者らに分かち与うべし。借金はないはずだ。戒名も要らぬ。

官製の勲章はヘドが出るほど嫌だと吐き捨て、天性の自由主義者は逝った。民の意地を通した一生だった。遺言どおり、松永安左エ門の遺族は政府が決めた叙勲を辞退している。

田中角栄の資源外交

時代は動いている。石油事情の急変の前では民間の力には限りがあった。政府の「総合的なエネルギー政策の必要性」を求める声が産業界で高まり、官との連携が探られる。その理論的な主導者は、戦前に電力連盟書記長を務めた松根宗一だった。電力の鬼が表舞台から消えるのと入れ替わって、松根の発言力、調整力が高まった。

松根は、産油国の台頭による石油価格高騰への対策を次のように提案している。

「……米国、欧州でも石油のほかにある程度石炭があり、天然ガスがあり、それらを総合してエネルギーの安定供給を考えた政策を持っている。これに対して日本は石油過剰の状況下に安価な石油に依存してきた反動がここに現われたと見られる。したがって、応急の対策というものはなかなか見つけにくい。この対策として最も根本的な解決は石油の自主開発と原子力の推進しかない」(「経団連月報」一九七一年一月号)

この時点で松根の肩書は、経団連エネルギー対策委員長、原子力会議副会長、アラスカ石油株式会社会長である。戦中、松根は民間の側にいて、日本発送電の国家管理に強く反対した。ある日、突然、贈収賄容疑で逮捕され、二か月拘留されている。容疑不十分で釈放されたときには日発の国家管理は盤石の体制になっていた。

官への敵愾心は胸の奥に燃えている。だが、戦後三〇年ちかく経過し、電力界での地位が上がるにつれて官の支えが必要なことも十分にわかってきた。

松根宗一は、日本興業銀行の中山素平、日本精工の今里広記らを誘って「財界資源派」を結成した。財界資源派は、日本のエネルギー自立を合言葉に海外での「日の丸油田」の開発と、国際資本に荒らされていない「ウラン権益」の確保を目指す。国境を越えた石油開発や、ウラン鉱山への投資は民間では手に負えず、官に接近した。官界でのカウンターパートは、通商産業事務次官の両角良彦(もろずみよしひこ)(一九一九〜)だった。

両角は、「官民協調」が持論の、欧州、とくにフランスとの縁が深い官僚だ。五七年に在フランス日本大使館に一等書記官で赴任し、パリで四年過ごした。この間にフランスの政官界と親しく接し、官民一体の「混合経済」の手法を学んでいる。六一年に帰国後、通産省企業局、大臣官房を経て鉱山局長に就くと「石油公団」を設立する。七一年に通産事務次官に就任し、「資源エネルギー庁」の創設に動いた。

両角と松根宗一を近づけた最も大きな要因は、総理大臣、田中角栄の存在だろう。松根は新潟県柏崎市に工場がある理研ピストンリングの会長を務めていたこともあり、新潟三区選出の田中とは親密だった。東京の自宅も近かった。柏崎刈羽原発の用地として海浜の砂丘地域を田中に紹介したのも松根だといわれる。

一方の両角は、通産大臣時代の田中に仕え、日米繊維交渉や「ドルショック」の難局に立ち向かっている。田中の「即断即決」に心酔し、資源エネルギー庁の創設も田中の政治力に負う部分が大きかった。田中を扇の要にして、両角と松根は手を組み、官民一体の「資源外交」をくり広げる。財界資源派は「和製メジャー」の創設を各方面に呼びかけた。

こうした官民一体化路線を、木川田は苦々しく眺めていた。そこに統制の匂いをかぎとり、距離を置こうとした。和製メジャー構想は資源探査や生産設備にかかわる技術陣の層があまりに薄く、東電会長のポストにあった木川田は「現実味がない」と突っぱねた。官民の資源派は、冷淡な木川田を「目先のことしか考えない、田舎大名だ」と声を潜めて罵る。

和製メジャー構想は日本最大のエネルギー企業、東電の賛同が得られず、幻に終わった。

ウラン権益の分野では、官民の資源派は両角のコネクションを生かしてフランスに近づいた。松根が座長のウラン資源開発委員会は、フランス原子力庁（ＣＥＡ）とともにニジェールで探鉱を始めている。資源派は、このままフランスと共同歩調をとり、核燃料サイクル技術で連携して、米ソに対抗する新たな軸を形成しようと企てる。

七三年九月、田中首相は両角が描いた資源外交のシナリオに沿って、欧州に旅立った。パリでピエール・メスメル仏首相との会談に臨む。この席で、田中は「一九八〇年から年間一〇〇〇SWU（分離作業単位）トンの濃縮ウランを輸入する」と約束をした。

世界の核燃料市場に激震が走った。

メスメルは、会談の冒頭でフランスがイタリア、ベルギー、スペインと共同出資で計画中のウラン濃縮事業「ユーロディフ」に日本も参加してほしいと誘いかけてきた。この話に乗れば、さすがにアメリカを刺激しすぎると感じて田中は断った。では、ユーロディフが濃縮したウランを買ってくれとメスメルは食い下がり、「わかった」と濃縮ウランの輸入を田中は約束したのである。事前に用意されたペーパーにないやり取りだった。

アメリカ政府は「核の傘」の下にいる日本の勝手な振る舞いに怒った。他国が日本を核攻撃するのを抑える代わりに原子力利用をコントロールしてきた。ウラン濃縮をアメリカが独占するのも、その一環だ。ところが、田中は「核の傘」の外へ飛び出ようとしている。石油の開発でもメジャーの間隙をついて動き回る。アメリカは田中を嫌悪した。

日本のメディアはことの重大さに戸惑いを隠せなかった。新聞は控え目にこう書いている。

「日本がフランスに濃縮ウランの委託加工を依存することは、米国の『核支配』をくつがえすことをねがったフランスの原子力政策を一段と推進するばかりか、米国の核燃料独占体制の一角が崩れることを意味し、世界的に与える影響は極めて大きい」（七三年九月二十八日付、朝日新聞）

電力界にとって、フランスからの濃縮ウランの輸入は青天の霹靂だった。東京で第一報に接した木川田は「まったく聞いていない」と記者の取材にけんもほろろだ。電力関係者は八一年までアメリカから買い付けた濃縮ウランで十分だと難色を示す。電力業界が対米関係に引きずられているのを眺めて、田中は「濃縮ウランは備蓄しておいて、いざというときに放出すればいい」と言ってのける。

さらに「これが本当のトップ商談というものだ。財界から金をせびるかわりに、自分で儲けるのがなぜ悪い」と胸を張った。

原子力版「大政翼賛会」

原子力界のフィクサー、橋本清之助は、「エネルギー政策の一元化、総合化」を標榜して資源エネルギー庁が創設されるのをひどく警戒していた。官の権限の拡大を憂えた。七三年三月の原産会議の年次大会で「私たちが、原子力の開発に確信が持てるのは、それは現在、原子力に対する強い反対と批判が存在しているためです。……批判、非難、反対こそが、私たちの努力の、いわば道標になっているといえます」と語り、電力関係者に襟を正せと呼びかける。

身内に「ファウスト的契約」の慎重な履行を求める反面、橋本は外部には原発を止めたら使えるエネルギーは減り、生活レベルが落ちて貧しくなると予防線を張った。石油の生産量が減れば原子力に頼るしかないと言い、「豊かさ」と民主主義を結びつける。

「豊かなればこそ、ゆとりがあればこそ、自分とは異なる意見を尊重できる、非常に効率の悪い民主主義でやっていけるので、ゆとりがなくなれば、たちまち全体主義が幅をきかす」。橋本は昭和初期の恐慌で軍部が影響力を強め、ファシズムがはびこった時代を思い返していた。重要なのは、誰が、どのように「豊かさ」を担保するか、である。

橋本は「エネルギー政策の一元化、総合化」を司る資源エネルギー庁に危険性を感じていた。官は独走する。対抗手段を思案し、ひとつの結論に達した。七三年七月、資源エネルギー庁が発足する一〇日余り前、橋本は財界、学界のリーダーを東京・芝のホテルに集めて民間の態勢づくりを呼びかける。参加者のなかには木川田の顔もあった。橋本は、こう語りかける。

「いまや私たちは、従来考えてきたエネルギーに対する考え方を、思い切って変えなければならないのではないでしょうか。これまでのように、エネルギーの問題を、単に経済成長の面からだけとらえるのではなく、人間の本当の幸福とは何か、という問題、いってみれば、近代文明の根本的な問題から、素朴に問い返す必要があるのではないでしょうか」

迂遠な物言いに聞こえるが、橋本は腹案を持っていた。それは原子力産業会議を解体して「原子力国民会議」を立ち上げることだった。官僚をも、この国民的組織に取り込み、彼らの許認可権と法的規制を使った独走に歯止めをかけようと企図していたのだ。

橋本の思いはひとつ。木川田の賛意を取り付けることだった。財界資源派が和製メジャー構想に木川田を誘ったときよりも一層強く、橋本は原子力国民会議に木川田を引き込もうとした。それほど木川田の一挙一動は大きな影響力を持っていた。

だが、……木川田は橋本の腹案に「歴史の反復性」という危うさを見抜いていた。要するにジイサンは原子力版の「大政翼賛会」を本格的に組織しようとしているのだ、と。

木川田は、懇意にしている新聞記者に「国民の意見を尊重するのは大事だと思う」と述べ、こう心情を語っている。

「原子力発電所をつくり運営するのは電力会社なのであって、その責任のありかははっきりさせておかねばならない。国民会議というのは、一見民主的でよさそうだが、責任のありかがあいまいで、とんでもない暴走をしかねない」

木川田は、電力界の近衛文麿になるのを拒んだ。かつて橋本が肩入れした「昭和研究会」は、近衛首相の「軍部を取り込み、その信認によって軍部の行き過ぎを抑える」という夢想に共鳴して大政翼賛会に衣替えをした。その結果、どうなったか。大政翼賛会は軍部の下請け機関となり、国家統制のお先棒を担がされたではないか。

官僚を取り込んだつもりが、逆手にとられて統制に手を染めては元も子もなくなる。ついに木川田は原子力国民会議の創設に手を貸そうとはしなかった。官とは最低限の緊張感を保っていなければならない。松永安左エ門の遺伝子を木川田は継承していた。

しかし、昭和を背負った経営者の体験に根ざした矜持も、世界の石油供給源の大動乱で吹き飛ばされる。「石油ショック」が到来したのである。

石油ショックから「脱石油」へ

資源外交途上の田中角栄首相は、フランスで濃縮ウラン輸入を約束し、イギリスに渡って北海油田開発に一枚嚙もうとした。だが財界資源派内の「機密漏洩」でイギリス側の反感を買い、頓挫する。西ドイツに移動し、静養先で対ソ交渉の準備をしていた七三年十月六日、イスラエルとエジプト、シリアの間で大規模な戦闘が始まった。

資源ナショナリズムに沸き立つアラブ勢と、アメリカが支援するイスラエルが戦端を開いた。アラブの後ろ盾は石油だ。第四次中東戦争の勃発である。熱い戦争が石油取引に及ぶのは火を見るより明らかだった。石油供給が止まる！

日本を含む先進消費国は、大混乱に陥った。石油価格は七三年九月からわずか四か月で、一バレル三ドルから一二ドルへ、四倍も上昇する。

資源外交から帰国した田中は、アメリカの制止を振り切って、「油乞い」と揶揄されながらアラブ諸国に特使を送った。政府はエネルギー需要を抑えつつ、「脱石油」へと方向転換を図る。電力界は、石油が市場の経済ルールに基づく商品ではなく、国際政治に直結した戦略物資である現実に直面し、計り知れない衝撃を受けた。

石油ショック直前の七三年時点で、日本の総発電量に占める石油の割合は七一・四パーセントに及んでいた。続いて水力が一七・二パーセント、石炭が四・七パーセント、原子力が二・六パーセント、LNGが二・四パーセント、再生可能エネルギーは一・八パーセントだった。理屈上は「脱石油」の選択肢に、石炭、LNG、再生可能エネルギーも挙げられる。しかし政府は、それらに見向きもせず、反対運動が高まる原子力に軸足を移した。

松根宗一は、苦境に陥っている原発誘致の支援を田中に要請する。石油ショックは地方にも痛手を与えていた。企業誘致に苦しむ首長たちは陳情に殺到し、「雇用が確保できない。地域がもたない。何とかしてほしい」と田中に泣きついてくる。地方の救済と脱石油、その交点に原発が据えられた。

七三年十二月十一日の衆議院予算委員会で、田中は「原子力発電は世界的趨勢。このような石油事情の現在、積極的に行わなければならない」と述べ、原発立地の地元への支援について言明した。「最終的にはやっぱり地元にメリットを与えなきゃなりません。基準財政額に算入をされるようなことではダメなんであって、発電所をつくった町村やその周辺には、少なくともそれだけのものは自動的に交付をされて、それが自己財源にならなければならない」

ここから発電所の立地地域に資金を投じる「電源三法（発電用施設周辺地域整備法、電源開発促進法、電源開発促進対策特別会計法）」の立案が始まり、国会提出後、異例のスピードで七四年六月に成立する。電源三法はすべての発電所建設に適用されるが、原発には同規模の火力や水力発電所の二倍以上の交付金が支給された。

一〇〇キロワットの原発を建設する場合、地元には一基で運転開始までの一〇年間に四四九億円の交付金が落ちる。福井県電源地域振興課の集計では、交付金制度発足から二〇〇九年までの三五年間に県内に三二四五億円が流れ込んでいる。田中角栄のお膝元、人口五〇〇〇人の刈羽村には電源三法で二三〇億円が投じられた。まさに「金漬け」である。

ただ、原発を誘致した自治体が交付金で持ちこたえられるのは「三〇年」が限度だといわれる。その間に自立的な産業が育たなければ、雇用は増えず、地域の活力は衰える。財政が悪化した自治体は、原発をもう一基、もう一基と増やして「延命」を図った。

かくして、七〇〜九〇年代にかけて政府と電力会社、地元自治体は「ファウスト的契約」を次々と交わし、原発は右肩上がりの一直線で増え続ける（図8）。

石油ショックを境に電力会社の体質、国との関係は激変した。石油の高騰で発電コストが上昇し、九電力会社の電気料金は、平均で、七四年に五六・八パーセント、七六年二三・一パーセント、八〇年は五〇・二パーセントと大幅に引き上げられる。

コストダウンによる「電気料金を上げない競争」は彼方に遠ざかり、総括原価方式で経費も利益も電気料金で回収される。あっという間に日本の電気料金は世界で最も高い部類になっていた。九つ（沖縄を入れて一〇）の電力会社は「地域独占」で守られ、地方経済の王と奉られる。行政との距離は一

図8　各年度末の原発基数と設備容量

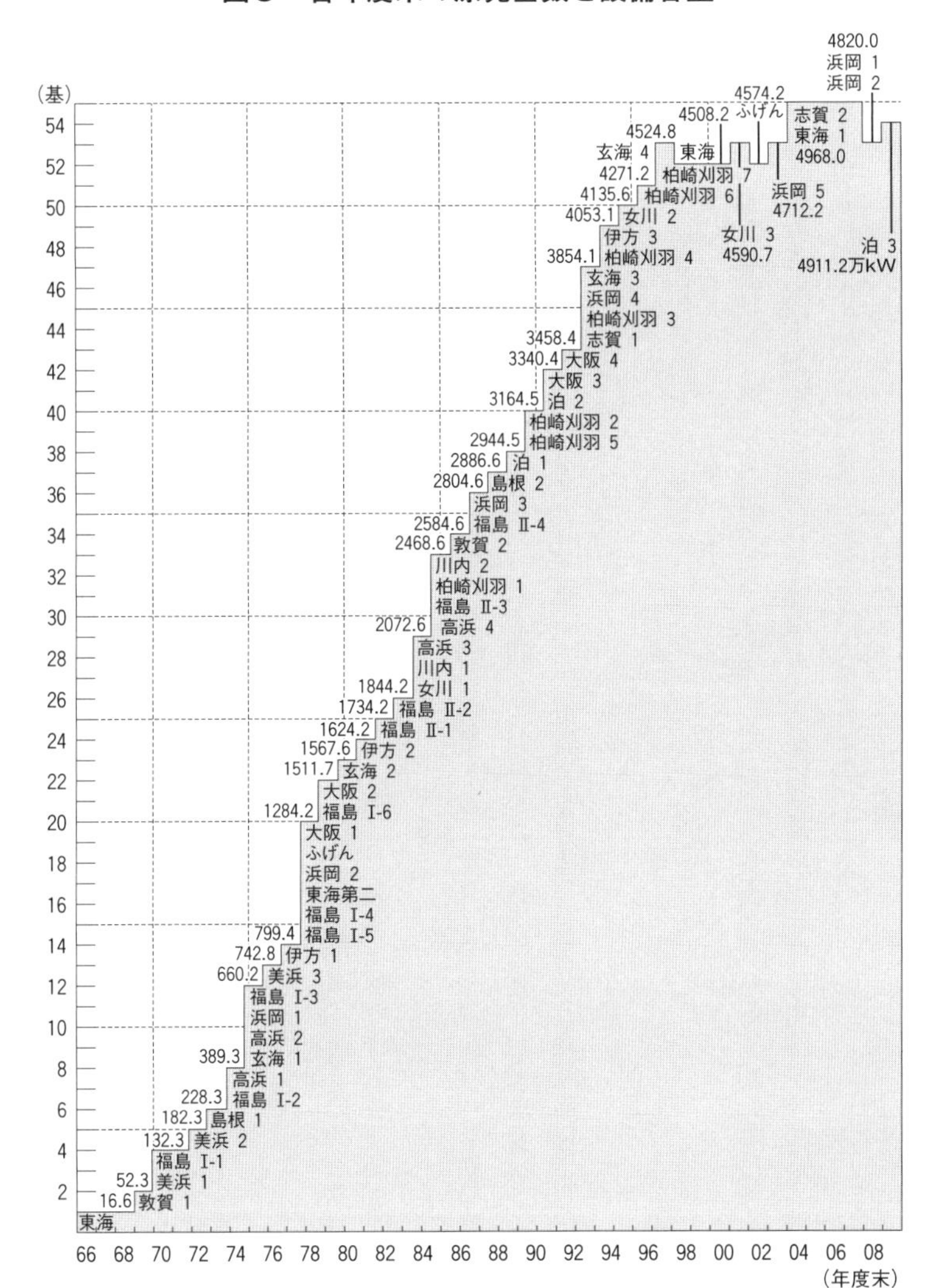

出典：原子力資料情報室作成　『原子力市民年鑑2010』より

段と縮まり、電力の幕藩体制が築かれた。

その頂点に君臨する東電の社員は、いつしか官僚ならぬ「民僚（会社に寄生する官僚のような存在）」と呼ばれていた。木川田一隆は七七年、橋本清之助が八一年、松根宗一は八七年に他界する。戦前、戦中、戦後にかけて官＝国家との闘いをくぐりぬけた世代が消えると、どの電力会社の経営ボードにも似たような顔が並ぶ。

七九年のスリーマイル島、八六年のチェルノブイリと原発の大事故が起きても、日本の「安全神話」は見直されなかった。九五年に高速増殖炉「もんじゅ」のナトリウム漏れ事故が発生し、九九年には東海村の核燃料加工施設、ＪＣＯが臨界事故を起こして史上初めて事故被曝で作業員二名が死んだ。だが、「国策民営」の推進体制はびくともしなかった。

電力会社は電気事業連合会を核にして、護送船団を形成する。マスメディアを使って原発推進のパブリシティを展開し、反原発運動にはスクラムを組んで対抗した。電力会社の自発的な価値判断は影を潜め、そろって値上げの集団行動で「地域独占」の既得権を守る。民僚化した組織は、自己変革が不可能な状態に陥った。

電力自由化と原発の費用回収

「揺らぎ」は、またも海の向こうから伝わってきた。こんどは冷戦構造の崩壊が発振源だった。東と西の壁が壊れて世界市場が飛躍的に拡大し、自由主義的な経済競争が活発化するにつれて「電力自由化」の波が欧州から北米へ、さらにアジアへと及んできたのである。

発端はイギリスのサッチャー首相が八〇年代に国営の中央電力公社（ＣＥＧＢ）の民営化に着手し

たことだった。国家と市場のせめぎ合いは「官から民」へ、規制緩和を伴って進む。その根源では独占的な電力市場をこじ開けようとする民間の欲望が燃えていた。

しかし、日本の電力会社は、電力自由化に関心を示そうとしない。いやや、むしろ護送船団を組んで自由化を拒もうとする。民僚は、発電から送電、配電、小売りと「垂直統合」して地域の電力市場をひとり占めにする体制に指一本触れさせようとはしなかった。

そこで通産省・資源エネルギー庁の官僚が、電気料金の高コスト構造や内外価格差の是正を理由に電力会社の岩盤のような既得権に風穴を開ける。もはや単純に国家＝官、市場＝民とは言えない逆立ちした構図で、日本は「電力自由化」に踏み出した。

まず一九九五年に電気事業法が改正され、電力会社に電力を卸売る事業に「独立系発電事業者（IPP）」の参入が認められる。それまで電力会社にしか許されていなかった小売供給でも新たな電気事業者（特定電気事業者）が特定の自由化対象に売れるようになった。九七年、国策会社だった電源開発の「民営化」が閣議決定された。

九九年の法改正で、大規模な工場やデパートなど、特別高圧で受電し、使用規模が年間二〇〇〇キロワット以上の「大口需要家」への小売が自由化される。電力会社のネットワークを使って、「特定規模電気事業者（PPS）」が大口需要家に電力を供給できるようになる。二〇〇三年、電源調達の多様化を目的に「日本卸電力取引所」が立ち上がる。小売の自由化範囲も拡大し、その対象は高圧で年間使用量が五〇キロワットまで引き下げられた。

これで小売自由化の対象は、電力量ベースで全需要の六三パーセントに及んだ。

電力会社は、小売の自由化に戦々恐々となった。電力の売買が家庭用も含めて完全に自由化されれば、その値段は市場で決まる。ということは、電力会社の儲けを保証してきた「総括原価方式」が崩れる。さまざまな費用を電気料金に上乗せできなければ、経営の根幹がぐらつく。

電力会社が最も怖れたのは、原子力発電にかかわる莫大な費用が回収できなくなることだった。とくに原発で燃焼された使用済み核燃料の再処理や廃棄処分といった原子力発電の「後処理（バックエンド）」にかかる費用の回収が難題だった。

政府は「核燃料サイクル」の確立を掲げて青森県六ヶ所村に再処理工場を建設していたが、工事は遅れに遅れ、建設費用は当初予算の七六〇〇億円から二兆円を突破していた。再処理過程で発生する高レベル放射性廃棄物の最終処分についても、ガラス固化体にして三〇～五〇年冷却貯蔵後、地下三〇〇メートル以上の深い地層中に埋める（地層処分）方向性が示されていたものの、肝心の最終処分地はまったく決まっていない。

このままではバックエンド費用は限りなく膨らむ。電力自由化が進めば、将来発生するコストも手当てしなくてはならない。電力会社の積立金だけでは、とても賄えない。電力会社側は政府に「バックエンド事業に対する経済的措置の検討・実施」を求める。

ありていに言えば、電気料金に上乗せするか、税金として徴収するか、基金を設けるか、いずれにしても莫大なバックエンド費用を回収する筋道をつけるよう政府に要望したのだった。

資源エネルギー庁は、総合資源エネルギー調査会電気事業分科会をバックエンド費用の審議の場に定める。審議の焦点は、まずはバックエンド事業にかかる総額を明らかにすることだ。金額がわからなければ経済的措置の施しようがない。

水面下でエネ庁の事務局と電力一〇社の業界団体、電気事業連合会がコスト試算をめぐって厳しいやりとりをした。その結果、電事連は、初めてバックエンド費用を公表する。

二〇〇三年十一月、電事連は、六ヶ所再処理工場が〇六年から四〇年間稼働して使用済み核燃料三二・二万トンを再処理し、その後三〇年かけて廃止されると仮定（実際は二〇一五年一月現在も六ヶ所再処理工場は完成していない）。バックエンド費用を「一八兆八〇〇〇億円」と見積もった。十一月十二日の新聞各紙は、一斉にコスト高を批判する。

「原発コスト　揺らぐ優位性　積算に不透明さ残る」（日経新聞）

「原発コスト揺らぐ優位　負担で国・業界綱引き」（朝日新聞）

「19兆円どこが負担　業界と国、不協和音」（読売新聞）

そして、経産省の中心で核燃料サイクルの見直しを求める「クーデター」が勃発したのだった。

止められない核燃料サイクル

二〇〇四年の早春、東京都内で私は経産省の若手官僚たちと会った。彼らは『19兆円の請求書―止まらない核燃料サイクル』とタイトルを付けたA４判二五ページの資料を携えていた。文書は核燃料サイクルの制度的矛盾を的確にまとめ、使用済み核燃料の再処理を「いったん立ち止まり、国民的議論が必要」と訴えている。

「これからメディアに配ります」と彼らは言った。

資料を作成した官僚は、やむにやまれず筆をとった真情をこう打ち明けた。

「バックエンド事業、とくに六ヶ所村の核燃料サイクル事業について、どうして始めたのか、どのような意味があって、どれだけの確実性があるのか、直接関わってきた電力会社の人、エネ庁で携わった人間、学者、研究者……あらゆる当事者にヒアリングをしました。皆さんに、六ヶ所村の再処理工場はうまくいきますか、と訊くと、ポジティブな返事はほとんど返ってきませんでした。辻褄が合いません。そこが見直しを考え始めた原点です」

　核燃料サイクル事業の当事者たちは「再処理工場の建設は難しい。最終処分場の場所を決めるのは厳しい」と率直に述べたという。

「では、なぜ核燃料サイクルを止められないのかというと、誰も理由を説明できませんでした。電力会社の人は、国策に沿ってやってきた、さんざん汗をかいて青森県はじめ、各方面に頭を下げて進めた。それを止めるとはいえない、国が止めるというなら、民間が負った債務を肩代わりしてくれますか、と……。止めて起こる混乱、それを制御できるかどうかわからない恐怖から判断を先送りしていた。要するに誰も責任をとろうとしないのです。だったら国民に決めてもらうしかない」

　と、説いた若手官僚こそ、のちに民間企業から内閣官房国家戦略室に移り、民主党政権下で「革新的エネルギー・環境戦略」のドラフトを書く伊原智人だった。まさか、この行動が転機になって、周りから「ロボコップ」と呼ばれるほどタフで信頼されていた彼の官僚人生が変転しようとは夢にも想わなかった。別の若手官僚が文書を作った意図を補足する。

「僕ら、反原発運動をしたいわけじゃない。原発を止めろとは全然言っていません。核燃料サイクル政策が合理的かどうかが問題なんです。将来にツケを回していいのでしょうか。再処理を止めたからといって一九兆円がゼロにはなりません。直接処分に切り替えても一二〜一三兆円はかかります。再処理がうまくいく可能性もなくはない。だからこそ、ここは立ち止まって、国民の目に見えるかたちで議論すべきだと思うんです。当事者ですら曖昧な事業で、国全体が負荷を強いられるのは、どう考えてもおかしい」

彼らはそのとき「上司には秘密で動いている」と言った。現役の官僚が国策に反する行動をとっている。「クーデター」という言葉が私の脳裏をかすめた。もしも文書を作ったことが発覚したら大ごとになるだろう、と問うと、「もう動き出しましたから」と伊原たちは快活に応えた。おそらく、長い葛藤の末に覚悟を決めたのだろう。

単なる情報のリークではなく、明らかに「決起」と呼べる行動だった。

「19兆円の請求書」の顚末

「19兆円の請求書」の背景を私は朝日新聞の記者と一緒に取材した。六ヶ所村に建設中の再処理工場のプルトニウム抽出試験まで秒読みの段階だった。私たちは取材内容を「週刊朝日」二〇〇四年五月二十一日号「『上質な怪文書』が訴える核燃中止」という記事にまとめた。取材の過程で原子力関係者からも怪文書に同調する声が寄せられた。
「勇気ある行動だ。政府が舵を切れないから、下からこういう動きが出る。高速増殖炉を目ざす時代はとうに終わった。ただ役所や電力業界には高速増殖炉で仕事や研究をしている人が2千人以上います」（元東電副社長で日本原燃サービス社長を務めた豊田正敏）
「政策を変えた途端、過去の政策を前提にした事業や特殊法人が存立できなくなる。責任問題が噴き出す。政治家が決断できないので、役所も上層部にいけばいくほど腰が引けてしまう」（元経産官僚の福島伸享）
この当時、福島県知事の佐藤栄佐久は、国の核燃料サイクル政策を真っ向から批判していた。千代田区平河町の都道府県会館で、佐藤知事にインタビューをした。国との闘いを、佐藤はこうふり返る。

「原子力発電所は、使用済み核燃料をきちんと処理する手立てが講じられず、四〇年もの前の古い体質をいまだに引きずっています。九三年、福島県は、福島第一原子力発電所内に使用済み燃料を一時的にためるプールを増やしてくれと言われ、『二〇一〇年から漸減する』ことを国に確認し、プールの設置を認めた。ところが、一年もしないうちに『原子力長期計画』の改定のなかで二〇一〇年に『第二再処理工場を建設する』のではなく、『方針を変える』となり、国との約束は吹き飛ばされました」

佐藤知事の瞼には東海村のＪＣＯ事故に怯える住民の姿が焼き付いていた。

「事故直後、茨城県に隣接するいわき市の保健所に駆けつけましたが、青ざめて不安がっている地元の皆さんの顔が忘れられません。福島県ではエネルギー政策をみずからの問題としてとらえ、有識者を招き、原子力問題の検討会を重ねてきました。その中間とりまとめで『核燃料サイクル』は、資源の節約性、高速増殖炉の実現可能性、処理コストの増大、経済性などの点から『立ち止まって国民的議論を』と提起しました」

福島県の「立ち止まって国民的議論を」という提案は、原発推進派にも影響を及ぼした。原子力委員会は、原子力長期計画の改定作業で、核燃料サイクル政策の評価を行うと表明する。福島県の姿勢に共鳴する者が、政、官にも少しずつ増えた。当の電力会社内部でも、自由化への対応に追われる企画部門は核燃料サイクルの見直しに肯定的で、頑として「推進」を主張する原子力部門と睨み合っていた。そこに「19兆円の請求書」という若手官僚のクーデターが起きたのである。

「若手国会議員、マスメディア、関係省庁などから『見直し論』が沸き起こっています。探鉱でガス漏れのチェックに『カナリア』を使いますが、あたかも核燃料サイクルを強引に進めている危険を知らせるかのようにカナリアが、あちこちで鳴き始めたようです。この流れを、旧態依然たる勢力がブルドーザーのように押しつぶさないよう願うばかりです」

と、佐藤はインタビューをしめくくった。

官民一体化し、護送船団方式で進められてきた原発政策は大転換点に差しかかった。日本の近代、一〇〇有余年に及ぶ電力・エネルギー政策の曲がり角といっても過言ではない。官の側から、電力という「国のかたち」を「国民の目に見える」議論で決めようと言いだしたのである。

経産省の若手官僚たちは、活字メディアから電波メディアへと水面下で精力的に動いた。泉下の松永安左エ門や、原発への批判を「努力の道標」と言い切って、受けとめた橋本清之助の魂が乗り移ったかのように若い官僚は果敢に核燃料サイクルの矛盾を訴える。

経産省上層部は伊原たちの行動を黙認していた。じつは、決起する前に若手官僚は上司の電力ガス・事業部長に「国民的議論を呼び起こしたい。やらせてください」と掛け合い、「足跡を残さない程度にな」と前向きな言質を得ている。経産省官房総務課の先輩は伊原らに「上も『止めろ』だ」と事務次官の村田成二の心中を推し量って伝えた。

村田次官は、表向きは「核燃料サイクルは国策」という体裁をとりながら、ブレーキをかけていた。村田は「逆櫓で動かせ」と表現したという(「世界」二〇一一年七月号、飯田哲也)。逆櫓とは船尾を先にして進めるよう逆向きに取りつけた櫓をさす。前に進むふりをして後退しろ、と受け取れる。若手官僚の行動をクーデターとか、決起と私が思い込んでいた裏で、当事者は上司の反応に励まされ、「おれたちは正規軍」と自負していたようだ。

が、しかし、……〇四年六月、ある全国紙の編集委員の勉強会に若手官僚たちが呼ばれて「19兆円の請求書」を語ったときから、雲行きは一変する。勉強会に出席していた記者が資料を持って電気事業連合会に駆け込み、エネ庁の若手官僚がこんな文書を作って核燃料サイクルの見直しを訴えている、と「取材」をかけた。取りようでは密告である。

その記者は、さすがに伊原らの名前は出さなかったが、情報源を隠そうとはしなかった。電事連の原子力担当幹部は、すぐに資源エネルギー庁の原子力政策部門に「おたくの若手がこんな紙をまいている」と談判する。「19兆円の請求書」の波紋は、ついに村田次官と中川昭一経産大臣のトップに及んだ。結局……、村田は中川大臣を「見直し」で説得し切れなかった。

逆に、中川大臣はエネ庁が「再処理しない場合の（安い）コスト試算」を隠していたことに憤激し、関係者の処分を厳命する。上司の態度は一変し、若手官僚は電力・エネルギー政策とはかけ離れた部署へ配置転換されたり、処分されたりした。旧態依然たる勢力は新しい芽を摘んだ。その片棒を全国紙の記者が担ぐところに病巣の深さがうかがえる。

翌年、伊原は退官し、官民交流で出向経験があったリクルートに入る。知的財産の専門知識を生かして研究機関に埋もれている新技術に光を当て、バイオ技術も開拓した。

もしも東日本大震災が起きなければ、平穏な暮らしは続いていただろう。伊原は福島第一原発が爆発し、「電力需給が逼迫する。需要のコントロールが政策課題になる」と直感。古巣、経産省の仲間に助言や提案を送った。国家戦略相の玄葉光一郎との会食がセットされ、「エネルギー戦略のシナリオを買いてほしい」と誘われ、ふたたび官界に戻ったのだった。

伊原は「革新的エネルギー・環境戦略」の策定に打ち込んだ。そして「二〇三〇年代に原発ゼロ」の革新的戦略をつくり終えると、またも官界を去る。バイオ系ベンチャー企業に経営者として入った。

東京都文京区本郷、東京大学のキャンパスの一角に、伊原が社長を務めるグリーン・アース・インスティチュート（GEI）株式会社がオフィスを構える。一四年早春、久しぶりに伊原と会った。GEIは、サトウキビの搾りかすやトウモロコシの葉など、食べられないセルロース系バイオマスの糖液を、独自の遺伝子組み換え菌を使ってバイオ燃料のエタノールや化学品に変える技術を持つ。ターゲットは世界市場だ。

「ここ二〇年、日本はグローバル産業で勝てない。半導体がいい例です。日本市場で試してから世界へ出ていくパターンで失敗ばかりしています。再生可能エネルギーは世界的課題なのだから、最初から世界で戦略展開をすべきです。『グリーン成長戦略』という政策にそう書きました。自分で書いたから、自分で実践するしかない。ははは」

と、伊原は生真面目に転職理由を述べた後、表情を緩めて、こうつけ加えた。

「青臭いようだけど、夢を追いたいのかな。小学生の息子たちが成長して、仕事のことを聞かれたとき、これだって言えるものを持っていたい」

「19兆円の請求書」について伊原は沈黙を貫いている。同志の名前は、絶対に口にしない。ずっと気になっていた疑問をぶつけてみた。

官界を去ったのは、経産省内での軋轢、その後の配置転換が原因だったのか、と……。

「違うんです。異動と経産省を辞めたことは、関係ありません。異動後の情報経済課でのIT関連の仕事もおもしろかった。ただ、あのとき僕は三十七歳。次は筆頭の課長補佐になって、企画官、課長くらいにはなれそうでした。でも、五年先が何となく見える世界より、何が起きるかわからないリクルートで、知的財産分野の仕事に就いたほうが、自分が高められるような気がしたんです。それで辞めました」

先輩に「課長になれば権限が拡大して、見える風景が変わるぞ」と引き留められたが、意思を変えなかった。その人生の選択を伊原は後悔していない。

佐藤栄佐久の辞職

場面を、もう一度核燃料サイクルの見直し論議が活発化した二〇〇〇年代に戻そう。

政権交代期には、なぜか国策捜査が行われる。それを「時代のけじめ」と言った検察官もいる。佐藤栄佐久福島県知事は、縫製会社を営む実弟が不正な土地取引の容疑で逮捕されたのを受けて、〇六年九月二十七日、道義的責任をとって辞職を表明した。小泉政権が終わり、第一次安倍晋三内閣が発足した翌日のことであった。

十月二十三日、東京地検特捜部は佐藤本人を「収賄罪」で逮捕した。容疑は、弟と共謀して「木戸ダム」を前田建設が受注するよう「天の声」を発し、見返りに弟の土地を前田建設とつながる水谷建設に法外な値段で買い取らせた、というものだ。

裁判が始まると特捜がそろえた汚職の証拠や調書が、次々と覆された。ヤラセや証拠隠滅が続出する。一審の東京地裁は佐藤に懲役三年、執行猶予五年、追徴金七三〇〇万円の有罪判決を下す。二審の東京高裁では、驚くべき事実が明かされる。

一審で賄賂目的に土地を買ったと証言した水谷建設の元会長・水谷功が、「土地取引は自分が儲けようとしてやった。賄賂行為はない。知事は事件に関係なく、濡れ衣だ」と、携帯メールを佐藤の主任弁護士に送っていた事実が判明する。水谷は取り調べの検事から、「こちらの望むとおりの供述をすれば、お前の法人税法違反には執行猶予を付けてやる」と言われ、賄賂の供述をしたという（『福島原発の真実』佐藤栄佐久）。

東京高裁は、佐藤に懲役二年、執行猶予四年の判決を言い渡した。ただし、追徴金は「〇円」である。有罪なのに賄賂はゼロという常識的には考えられない判決となった。佐藤は最高裁に上告する。二〇一二年十月、最高裁は上告を棄却、判決が確定した。

佐藤栄佐久が知事の座から去って、核燃料サイクルに正面から異を唱える首長はいなくなった。佐藤栄佐久は、再処理で抽出したプルトニウムを用いた「MOX燃料」を福島第一原発の軽水炉で使う「プルサーマル」には強く反対していた。だが後継の福島県知事、佐藤雄平はプルサーマルの受け入れを決める。

旧態依然たる勢力は「原子力立国計画」をぶち上げ、ブルドーザーのように抵抗勢力を押し潰した。そうして「3・11」の破局を迎えたのである。エネルギー政策のキーストーンだった原発は砕け散った。民主党政権は危機管理に手こずり、錯綜する課題を処理する間もなく、崩壊した。

第二次安倍政権は、自民党の官民一体路線に戻り、早々と原発輸出を成長戦略に掲げた。しかし、エネルギー資源をめぐる世界情勢は猛烈な勢いで変化している。

電力が導く「国のかたち」は定まらないまま時間ばかりが過ぎていく。

第6章　牙をむくグローバリズム——資源獲得と原発輸出のはてに……

安倍晋三首相は第二次内閣を組んで間もなく、電力・エネルギー政策の要である原発について「二〇三〇年代に原発稼働ゼロを可能とする」という前政権の方針を「ゼロベースで見直し、責任あるエネルギー政策を構築する」と歴代自民党路線への回帰ともとれる発言をした。三菱重工、東芝、日立とその傘下のメーカーの経営陣はホッと胸をなでおろす。

だが、息つく間もなく、海外でエネルギー資源の開発に関わっている日本人を震え上がらせる事件が起きた。それは、国際政治の「洗礼」と呼ぶには、あまりに激烈な経験だった。第二次安倍政権の針路は、発足直後に直面した事件によって方向づけられる。事件を契機に安倍政権は「資源調達」「原発輸出」の姿勢を鮮明にするのだった。

アルジェリア人質事件

二〇一三年一月十六日、主が外遊で留守にした首相官邸で、内閣官房長官の菅義偉は慌ただしく公務をこなしていた。午後四時三十分、外務省から菅に緊急連絡が入った。

「日本時間、本日午後一時四十分ごろ、イスラム武装勢力がアルジェリアの首都アルジェから南東へ約一二〇〇キロのイナメナス近郊の天然ガスプラントを襲撃しました。プラント建設中の日本企業、日揮の邦人社員が人質となっている模様です」

「なにッ？　ほんとうか」。菅は唇を噛みしめた。日揮は、日本を代表するエンジニアリング会社だ。本社は菅の地元でもある横浜の「みなとみらい」にある。石油、天然ガスなどの化学プラントの設計、建設、オペレーションでは国際的に名が通っている。イナメナスの天然ガス関連施設は、アルジェリアの国営会社とイギリスの石油メジャー、ＢＰが開発し、日揮はプラントの建設を請け負っていた。

この日、三二人のイスラム武装勢力は、車三台に分乗して襲撃した。まず、施設の外に出てきたバスに襲いかかる。バスは外国人を乗せて空港に向かおうとしていた。警備員が応戦し、死亡者が出る。武装グループは続けて従業員用施設を襲撃し、現場を占拠して大勢の人質をとって立てこもった。

年末に組閣した安倍首相は、午前中に初めての外国訪問先、ベトナムへ向けて飛び立ったばかりだった。タイ、インドネシアと歴訪する予定である。

菅官房長官は、午後四時五十分、ベトナムに着いた安倍に電話で事態を報告した。

安倍は、「被害者の人命を第一にした対処。情報収集の強化と事態の把握に全力をあげること。当事国を含めて関係各国と緊密に連携すること」を指示する。

情報は錯綜していた。アルジェリアの日本大使館の日本人職員は、一三人しかいない。砂漠の現場は戦場さながらの「陸の孤島」で近づけず、手を尽くして関係機関から情報を集めるので手いっぱいだ。日本政府は外務政務官の派遣を決めたが、事態はまったく予断を許さなかった。

菅は、「情報の扱い方を間違えたら内閣が吹き飛ぶ」と身震いした。かつて政治の師と仰いだ梶山静六も海外のテロ事件で進退窮まったことを、ふと思い出す。

橋本龍太郎内閣の官房長官だった梶山は、一九九六年の暮れにペルーの日本大使公邸占拠事件に直面している。在ペルー日本大使が恒例の祝賀レセプションを開いていた場に左翼武装組織のメンバーが乱入。人質をとって籠城した。日本政府は人質の人命尊重をペルー政府に申し入れ、解決まで四か月以上を費やした。

いよいよペルー海軍特殊作戦部隊が突入する寸前、梶山は「一人でも犠牲者が出たら、一緒に辞めよう」と橋本首相に迫った。ウンと橋本も頷く。救出作戦で特殊部隊の隊員二名が命を落とした。日本人の人質は犠牲にならず、橋本政権は続いたが、人命とはそれほど重いものだ。状況が違うとはいえ、対処の仕方を誤れば船出したばかりの政権は行きづまる。

第二次安倍政権は、船出をして、いきなり座礁の危機に直面したのである。

菅は、雑誌の人物ノンフィクション(「AERA」二〇一三年十月二十八日号「現代の肖像」)執筆に向けた私のインタビューに次のように語った。

「そもそも陸路では誰も近づけない。アルジェリア軍が包囲しているところから情報が出るのはおかしい。出所はテロリストたちです。自分らに都合のいい大本営発表を通信社にどんどん流すわけですよ。アルジェリア政府も、似たようなことをやっていました。だから不確かな情報が飛び交う。ただ、携帯電話が現場にもありましたからね。BPや日揮の社員が本社に電話をします。そういう情報も全部、私のもとに集約しました。防衛省、外務省、国家公安委員会、経産省も、情報を官邸に一括して集め、閣僚がバラバラの発言をしない。そこは一番、留意しましたね」

翌十七日午後九時十分、アルジェリアのイギリス大使館から日本大使館に「アルジェリア軍が攻撃を開始した」と連絡が入った。アルジェリア軍のヘリコプターが施設内を移動していた武装勢力と人質の車両を銃撃し、多数の死傷者が出た。

日揮は日本人三人とフィリピン人一人の四人の従業員の安全確認ができたことを発表するが、死亡者の数はわからない。防弾ガラスで覆われた官邸の空気は、ピンと張りつめた。関係諸国に知らせず、強行突破を図ったアルジェリア軍の行動に国際的な非難が集まる。安倍首相は、インドネシアでの予定を切り上げて、十九日未明に帰国した。

内閣のスポークスマンである菅は針のむしろに座っているようだった。

「日本人の安否は？　犠牲者数は？　人命はどうなっているんですか」

メディアは安否情報を明らかにするよう執拗に迫ってくる。海外で額に汗して働く日本国民が生命の危機にさらされているのに政府は何をしているのだ、と突きあげられる。テレビは犠牲者数を断定的なニュアンスで流していた。

だが、公式ルートで官邸の菅のもとに入る情報は食い違っている。現地に派遣した外務政務官が確認するまで迂闊なことは言えない。曖昧な言い逃れは許されず、誤った情報を流せば内閣の信用が失墜する。その重圧を、菅は、のちにこう述懐した。

「アルジェリアの外務大臣から日本大使に亡くなった方の数は届いていました。公式ルートで日本人は四人、多くて六人ときていたけど、他から入る情報はそうではない。怖くて、とても発表できない。発表すべきではない、と思った。しかしテレビは盛んに人数を流すわけですよ。どこかで、数に触れなきゃならない。言わなければいけない。しかし、まだ言えない。あそこが一番キツかったですね」

追いつめられた菅は、記者会見に臨み、犠牲者数を明かせとせっつく記者にこう答えた。

「厳しい情報に接しています」

「何人ですか」

「複数。安否確認できない人がまだいます……」

「厳しい情報」という言い方で、菅は政界用語でいうところの「タメ」をつくる。犠牲者の数には踏み込まず、それでいて一般国民に冷厳な事実を想像させる言葉遣いだった。「厳しい情報」をメディアは重く受けとめて、追及の矛先が緩む。亡くなった人を弔う「喪」の心理が生じる。政府は菅の「タメ」によってさまざまな判断を下す時間を稼げた。

最終的に日本人の犠牲者は一〇人に達する。政府専用機が派遣され、遺体が無言の帰国をしたが、政府の責任を問う声は上がらず、安倍内閣は難所を切り抜けた。遺族の心中を慮って、事件の報道は終息していった。

テロリズムは決して許されるものではない。ただ、大きな疑問が残っている。戦闘地域でもなく、ヨーロッパへ天然ガスを送り出す巨大な施設で地道に働いていた人たちが、なぜ殺されねばならなかったか。どうして彼らは命を狙われたのか……。この問いこそがエネルギー資源を介した世界的闘争に日本人が巻き込まれた「背景」を照射する。そこには犯人を断罪しただけではすまない、構造的な問題が浮かび上がってくる。

ニジェールのウラン権益

アルジェリア人質事件は、国境を接するニジェールやマリの情勢と密接に絡んでいた。

アルジェリア南東のニジェールにはフランスが国を挙げて守ろうとするウラン権益がある。長年、フランスは、この地域で暮らす遊牧民のトゥアレグ族や、イスラム原理主義グループと凄惨な戦いをくりひろげてきた。その戦いとアルジェリア人質事件が関係していることは、疑いようのない事実である。

そもそも五十数年前まで、アフリカ北西部のアルジェリア、マリ、ニジェールは一体的なフランス植民地だった。現在の国境地域は勇猛果敢で知られる遊牧民、トゥアレグ族の生活圏であった。ところが、三国の独立時、定規を当てたように真っすぐな国境が定められ、紛争の火種が埋められる。ケーキを切り分けたように国境が直線なのはなぜか。

経度や緯度で便宜的に定めただけでなく、そこにウランがあったからである。鉱物資源の独占をフランスは狙った。一九六〇年にマリとニジェールが独立する際、フランスはトゥアレグ族の居住地域を三つの国に分断してその結束を弱めようとした。ウラン鉱脈の存在が確認されていたアガデス州はニジェール領に組み込まれる。フランスはニジェールの新政府と、鉱物資源に関する優先的開発権、フランス軍の駐留を認めさせる密約を結んだ。

これに憤慨したトゥアレグ族は抵抗運動をくり広げる。

ニジェールは、六〇〜七〇年代にアーリット、アクータのウラン鉱山が開発され、世界有数のウラン輸出国に変貌する。開発者のフランス原子力庁、こんにちのアレバはウランの価格を低く抑えた。国境をまたいで、イスラム教徒の反抗が続く。

反発の底には、営々とウランを産出しながら、一向に解消されない貧困が横たわっている。いまでもニジェールの国民の約六割が一日一ドル以下の生活を強いられ、慢性的な食糧不足に喘いでいる。平均寿命はなんと四十五歳。国連に加盟する一八七か国を対象にした「人間開発指数」の国別順位は下から二番目だ。最下位は、やはり銅やウラン、ダイヤモンドなどの資源を豊富に抱えながら、内乱が絶えないコンゴ民主共和国である。

ウラン開発地では高い放射線量が検出され、土壌や地下水が汚染された。遊牧に欠かせない牧草地も減っている。近年、アレバは開発地の住民とウラン鉱山労働者の健康被害を観察する施設を設けたが、そこを運営する環境団体シェルパは共同運営の解消を宣言した。その理由を、アレバが施設を宣伝に利用するだけで、被害者を救わず、放置しているからだとフランスの新聞「ル・モンド」は伝える(二〇一二年十二月十八日付)。

土地に生きる人びとの恨みはテロを生む。ニジェールでは、イスラム過激派による人質事件が頻発する。二〇一〇年七月、救援活動に携わる七十八歳のフランス人男性が誘拐されて救出作戦が行われたが、生命を断たれる。九月にはアレバ社員ら五人が誘拐された。一一年一月に武装グループとフランス軍が戦闘を展開し、人質のフランス人男性二人が亡くなった。同年十二月にはマリ北部のホテルで宿泊中のフランス人地質学者二名が連れ去られる……。

隣国マリでは政権が覆された。二〇一二年三月、親フランス派が政権を握るマリで、トゥアレグ族を中心とする反政府組織が軍事クーデターを起こす。軍政から民政に戻り、イスラム原理主義のアンサル・ディーンやイスラム・マグレブ諸国のアルカイダ(AQIM)が勢力を伸張した。

マリの政権をイスラム原理主義者が完全に掌握すれば、間違いなく、その影響は国境を越えてニジェールにも及ぶ。ニジェールは核大国フランスが使うウラン燃料の三分の一を産出している。ウラン埋蔵量は世界三位ともいわれ、国策会社アレバにとってニジェールは生命線だ。権益が損なわれたら、電力の七〇パーセント超を原子力に頼る国家の屋台骨が揺らぐ。

マリの火種を消さねばならない。フランスは国連を舞台に軍事介入へと動いた。

二〇一二年十二月、国連は「自国民の保護」を理由に、マリ暫定政府軍を支援するために「必要なあらゆる措置（武力行使）」を認める安全保障理事会決議を採択する。これを受けて、フランスのオランド大統領は、マリ大統領の要請に応じるかたちで軍隊の派遣を決めた。事前にモロッコとスペインに領空を戦闘機が通る許可を得ている。

二〇一三年一月十一日、ミラージュ2000などの戦闘機は、マリ北部のイスラム武装組織の根拠地を空爆した。十三日にはアルジェリア政府もフランス軍機の領空通過を認め、マリ北部への空爆は激しさを増す。陸上部隊も投入された。

そして、空爆開始から五日後、マリの武装勢力はフランス軍によるイスラム教徒の殺害をやめさせようと、国境を越えてアルジェリアに侵入。イナメナスの天然ガス施設を襲撃したのである。

「フランスはマリへの軍事介入、攻撃を直ちに停止せよ。この襲撃は、アルジェリアがフランス軍の空爆に領空通過を許したことへの報復だ」

と、武装勢力は隣国モーリタニアの通信社を介して犯行声明を出す。武装グループは人質を連れ回し、身代金を要求するのではないかとみられていた。

だが、アルジェリア政府は「テロリストの要求には応じず、いかなる交渉も拒否する」と強硬姿勢を貫く。その結果、八か国三七人の生命と引き換えに施設を制圧した。武装勢力のうち二九人は死亡し、残り三人はアルジェリア当局に身柄を拘束されたという。

事件の直後、フランス軍はニジェールのアレバのウラン鉱山に特殊部隊を張りつけている。イスラム過激派の報復に備えた措置であろう。宣戦布告なき戦争が北アフリカの資源地帯で続いている。

日本にとって、フランスのアフリカにおける戦いは他人事ではない。ニジェールのウラン開発には日本企業も参画している。たとえば東京・港区芝に本社を置く「海外ウラン資源開発」という株式会社はニジェールの権益に深く関わっている。一九七〇年に、松根宗一らの尽力で電力会社や鉱山会社の出資で生まれた会社である。

海外ウラン資源開発は、フランス原子力庁、ニジェール政府とアクータ鉱山の探鉱開発を行ってきた。現在もアクータの開発会社COMINACに二五パーセント出資しており、産出されたウランは日本に運び込まれている。同社内には「在東京ニジェール共和国名誉領事館」も置かれている。社長が名誉領事を務め、ここでビザが発給される。ニジェールへ渡航したい日本人は、海外ウラン資源開発のオフィスに出向かねばならない。

アフリカと日本は資源によって緊密に結びついている。

石油や天然ガス、ウラン、石炭、あるいは金、ダイヤモンド、銅……と資源を牛耳る国際資本は、十九〜二十世紀の帝国主義時代に植民地経営に加わって以来、膨大な富を蓄え、支配体制を構築してきた。だが、冷戦崩壊後のイスラム原理主義の台頭で、ひと昔前の資源ナショナリズムとは別次元の戦いを強いられている。

イスラム武装勢力との角逐は、新たな帝国主義の到来を物語る。そこでは欧州の旧宗主国が押しつけた国境は意味をなさない。単一の民族がそのまま主権国家を成り立たせる「国民国家」の概念は通じず、直線的な国境の矛盾が噴き出しているのだ。

北アフリカから中東で展開される戦いは、内戦や国と国の紛争のように見えるが、本質的にはグローバリズムに燃える国際金融資本、資源資本の市場私有化の欲望と、収奪される側の怨念が凝縮したイスラム原理主義の衝突であろう。その大きな渦に日本人が有無を言わさず巻き込まれた。

それがアルジェリア人質事件の現代的な実相だった。

日本版NSCの設置

アルジェリアの悲劇は、滑り出したばかりの安倍政権の針路に大きな影響を及ぼした。まず、危機管理と安全保障の体制強化へのアクセルが踏まれる。

官邸主導にこだわり、政府専用機を派遣して生存者と遺体を日本へ運ぶことを決めた菅官房長官は、一月二十二日の記者会見で「今日までの対応で、日本版ＮＳＣ（国家安全保障会議）の設置は極めてだいじだ」と明言した。日本版ＮＳＣとはアメリカのＮＳＣをモデルにした安全保障を統括管理する専門機関だ。常時、国防や安全保障の専任スタッフが情勢分析を行い、為政者に助言を与え、省庁間の連携を手助けする。首相、官房長官、外相、防衛相で構成される「四大臣会議」が、全体の司令塔となり、緊急時は他の大臣も加わる。必要に応じて自衛隊の統合幕僚長なども会議に出席できる。

従来は、一九八六年に設置された「安全保障会議」がそのような役割を担っていたが、議長や議員は非常勤で、緊急時に招集される審議会的性格が強かった。二〇〇六年に発足した第一次安倍内閣でもっと官邸の力を強めようと、日本版ＮＳＣが提唱されたが、安倍の体調不良による突然の辞任で廃案となった。その日本版ＮＳＣをアルジェリア事件を機に復活させようというのだ。

日本版ＮＳＣは「特定秘密保護法」と一対で考えられていた。

後に、菅は、その意図をこうふり返った。

「やっぱり、ＮＳＣ、これを早くやるべきだと思う。アルジェリア（の事件対応）をやって、強く感じましたから。北朝鮮との問題もありますね。これはキチっとやって、情報を外国とも共有できたほうがいいですよ。（秘密保護法の公務員への罰則規定は）ある意味、当然だと思います。（国家による情報隠蔽については）すごく気をつけています。『報道の自由』『知る権利』にも十分に配慮しながら、議論したい。これは、NSCができて、お互いに情報を交換し始めたら、そこは『罰則』がなければ米国はじめ、どこも出してきませんからね。情報を。日本に出したら漏れてしまうとなったら……。けっこうありますから。北朝鮮情報とか、出てくると思いますよ」

日本版NSCと秘密保護法はワンセットだった。安倍政権は、「武力を行使できる、ふつうの国」づくりの政策を積み重ねる。日本版NSCと秘密保護法を先に国会で成立させる準備をして、憲法改正の発議要件を定めた「憲法九六条」の改正を唱える。それが難しいとみるや、憲法解釈の変更による「集団的自衛権の行使容認」へと突き進んだ。

二〇一三年一月二十八日の総理大臣所信表明演説で、安倍は日米同盟の強化を訴え、「国境離島の適切な振興・管理、警戒警備の強化に万全を尽くし、この内閣の下では、国民の生命・財産と領土・領海・領空は、断固として守り抜いていく」と宣言する。

所信表明演説を、安倍はこう締めくくった。

「『強い日本』を創るのは、他の誰でもありません。私たち自身です」

「強い日本」という物言いに、前回担当した政権をストレスによる持病の悪化を理由に一年で投げだしたことへの悔恨と、名誉挽回の過剰な意識が滲んでいる。

国防、安全保障に関わる官邸の権限を強化しつつ、同盟国のアメリカに追随する方向性が、アルジェリア人質事件以後、一層鮮明になった。

オバマが強調する「核の傘」

安倍政権のもうひとつの特徴は、エネルギー資源の調達に積極的な点である。襲撃を受けたアルジェリアのプラントはスペインやイタリアに天然ガスを送り出していた。世界で最も大量に液化天然ガス（LNG）を輸入する日本には身につまされる悲劇だった。もしも海外の供給源がテロや紛争に巻き込まれたら、どうするか……。

LNGは常に安定的な確保が求められる。東日本大震災後、原発が停止し、LNGや石油の輸入量が増えて貿易収支は赤字に転じた。このまま放置すれば国の屋台骨が崩れる。燃料費の高騰で電力料金が上昇し、経営の苦しい中小企業にのしかかる。原発がどうであれ、輸入先を多角化してLNGを購入しなくてはならない、と政権を支える官僚たちは判断した。

安倍内閣は、エネルギー資源を調達する通商外交に踏み出す。

その一方で、政府は原発輸出を成長戦略の柱に据えた。安倍首相本人が一〇〇人以上の企業人を率いて外遊し、原発の売り込みを加速させていく。資源調達と原発輸出、文字にすれば何のひっかかりもなさそうだが、日本のタテ割り行政では対立含みの関係になっている。

原発輸出と国内の原発再稼働は一対で考えられている。原発が稼働していない国から原発を買おうという国はそう多くはない。再稼働は輸出促進の切札だ。経営が悪化している米欧の原子炉メーカーも待ち望む。再稼働をするには原発の優位性をアピールする必要がある。そこで、天然ガスや石油の輸入増による燃料費高騰が再稼働の口実に使われる。電力会社は、燃料費が増えれば電気料金を上げなくてはいけない、安い原発を動かせば料金も下げられる、と訴える。じつのところ原発のコストは、事故処理や被害者への補償、廃炉、バックエンドなどの費用も含めれば決して安くはないのだが、古いデータを持ち出して説得を試みようとする。

そういう局面で、海外から安いＬＮＧが入ってくれば、再稼働への動きに水をさす。安価なＬＮＧ火力、石炭火力の比重が高まると、再稼働は遠ざかる、と原子力ムラの人たちは警戒する。

震災前、全発電量の五割超を原発に頼っていた関西電力は、福島第一原発事故後、トリニダード・トバコからスポットで安いＬＮＧを買い付けた。しかし、関電社内では「あまり外に向かって大きな声で言うな」と自己規制をしたという。再稼働をしたい、原発を売りたい側にとって、安いＬＮＧの調達は好ましからざるものなのだ。

このような対立を抱える「資源調達」と「原発輸出」を安倍政権は選択した。

そのシナリオは、経産省から官邸に送り込まれた二人の首相秘書官が描いた。筆頭格の政務秘書官に就いた今井尚哉元資源エネルギー庁次長（八二年入省）と、事務秘書官の柳瀬唯夫前経済産業政策局審議官（八四年入省）である。今井は、民主党政権下では「仙谷三人組」のひとりだった。経団連会長を務めた新日鉄元会長の今井敬の甥で、二〇〇六〜〇七年の前回安倍政権でも事務秘書官を務め、自民党とは太いパイプを持っている。官邸の強いリーダーシップで資源外交は始まった。

一方で、外務省の幹部はアメリカのオバマ大統領の冷ややかな態度に顔をひきつらせていた。いつもは新しい総理が誕生したら、早い段階で同盟国アメリカの大統領とコンタクトをとる。菅直人も野田佳彦も総理に就任すると、いの一番にオバマと電話会談を行っている。ふたりとも首相就任を祝福され、喜んだ。政府は、対米関係を外交の基軸としてきた。

安倍も総理の椅子に座ると、しきりにオバマとの会談を求めた。だが、「財政の崖」と呼ばれる財政緊縮の危機に向き合っていたオバマは、敵対する共和党の説得やアフガニスタン駐留米軍の撤退の遅れなどの難題を抱え、それどころではなかった。

安倍とオバマの電話会談は、政権発足後一か月半も過ぎた二〇一三年二月十四日にようやく実現している。わずか二〇分の対話だったが、日米間の核＝原子力に関する意識の違いが垣間見えた。日本では原子力をエネルギー供給の面でしか議論しないが、アメリカは国家安全保障（核不拡散はその一面）と直結させている。この意識の違いが安倍とオバマの短時間のやりとりのなかからも感じとれる。

その差異は、保守系の政治家が口にする「原発＝潜在的核抑止」論にも関わってくる。

電話会談の冒頭で、安倍はオバマが一般教書演説で北朝鮮の核実験に断固たる立場を表明したことを真っ先に讃えた。国際社会は、「核兵器不拡散条約（ＮＰＴ）」を中心とする核不拡散体制への北朝鮮の挑戦を許してはならず、制裁の追加、強化をすべきだと述べる。

核不拡散は「核なき世界」の演説でノーベル平和賞を与えられたオバマの金看板だ。オバマは安倍に北朝鮮に対する認識は一致していると応える。さらに安倍がアメリカの同盟国への関与を一般教書で明確にした点を評価すると、オバマはこう返した。

「アメリカの核の傘によって提供される核拡大抑止を含めて、日本へのアメリカの防衛コミットメントは不動であることを明確に再認識したい」

オバマはアメリカの「核の傘」の下に日本が入っている現実を強調している。いうまでもなく核の傘で守ることは日本の非核化が大前提である。核不拡散は北朝鮮やイランだけではなく、世界に対するアメリカの大方針だとオバマは念を押した。

安倍は国防の側面から北朝鮮の核問題や核不拡散体制に触れてオバマとの共通認識に立とうとした。オバマは一定の理解を示しながら、「核の傘」の下に入る日本は抑止力を享受している、ゆえに周辺国に核武装の疑念を抱かせてはならないとシグナルを送っている。日本が核不拡散に言及すれば、非核の責務がブーメランのように返ってくる。

そして、非核のブーメランは、核燃料サイクル事業の使用済み核燃料の再処理で大量に溜まったプルトニウムの問題を直撃する。「再処理で得られるプルトニウムは、その気になれば核兵器に転用できるので潜在的な抑止力になる」という思考の根本が厳しく問われるのである。

石破茂と潜在的核抑止力

これまで日本政府は、「国策民営」と言いながら原発と核の連関に触れるのをタブー視してきた。「原子力平和利用」と言えば、核への追及はかわせると考えてきたふしがある。

しかし、現実に原子力委員会が公表しているだけでも、日本は核分裂性分離プルトニウムをイギリスとフランスに二三〜二四トン、国内に六〜七トン、計三〇トン保有している（分離プルトニウムの総量は約四四トン）。六ヶ所村再処理工場が稼働すれば、毎年、四〜五トンの核分裂性プルトニウムがさらに生まれる。これらは高速増殖炉の「もんじゅ」や「常陽」を使えば、軍事用プルトニウム（濃縮率九六パーセント以上）に転換できる。すでに長崎型原爆、数千発分のプルトニウムを日本は抱え込んでいる。

政府は国内外に「利用目的のない、余剰プルトニウムは持たない」と宣言し、核燃料サイクル事業を推し進めてきた。六ヶ所村再処理工場を運営する日本原燃は、

「国および国際原子力機関の査察官が二四時間体制で常駐しており、六ヶ所再処理工場内のプルトニウムが核兵器等へ転用されることがないことを確認しています」

と、公式にホームページに載せている。

ところが、福島第一原発事故の発生後、自民党の石破茂政調会長は、テレビ朝日の「報道ステーション」に出演し、原発と核に関わる政界の沈黙を破って、こう話した。

「日本は核を持つべきだと私は思っておりません。しかし同時に、日本は（核を）つくろうと思えばいつでもつくれる。一年以内につくれると。それはひとつの抑止力ではあるのでしょう。それを本当に放棄していいですかということは、それこそもっと突き詰めた議論が必要だと思うし、私は放棄すべきだとは思わない」（二〇一一年八月十六日）

さらに石破は、雑誌のインタビューでも語った。

「核の基礎研究から始めれば、実際に核を持つまで五年や一〇年かかる。しかし、原発の技術があることで、数か月から一年といった比較的短期間で核を持ちうる。加えて我が国は世界有数のロケット技術を持っている。この二つを組み合わせれば、かなり短い期間で効果的な核保有を現実化できる。そして、こうした潜在的抑止力は米国の『核の傘』の信頼の下にある」（「ＳＡＰＩＯ」二〇一一年十月五日号）

自民党の総裁候補となる政治家が、「潜在的核抑止力」を維持するために原発をなくすべきではない、と唱えた。原子力の平和利用を信じてきた大多数の国民には、寝耳に水の原発擁護論だった。平和利用のために、と原発を開発してきた研究者、技術者も「核抑止」という目的が政治家の口から飛び出して、唖然とした。

はたして潜在的核抑止論は、国内はもとより、国際社会に通用するのだろうか。この問題をタブー視せず、原発と核についての政治的な議論を整理しておこう。

「自衛のための必要最小限度」の核兵器

前章で記したように、初めて原子炉築造予算案が国会に提出された一九五四年三月、衆議院本会議の趣旨演説で、立案した改進党の小山倉之助は、「米国の旧式な兵器を貸与されることを避けるためにも、新兵器や、現在製造過程にある原子兵器を理解し、またこれを使用する能力を持つことが先決」と述べた。

この時期は世界を見渡しても、まだ商業用の原子力発電所は動いておらず、核兵器を「理解し、またこれを使用する能力を持つ」ためにも原子炉をつくると解釈できる。その後も東西の冷戦激化を背に、自民党の政治家はしばしば核武装に触れる。

首相に就任した岸信介は、外務省記者クラブでこう話した。

「核兵器そのものも今や発達途上にある。原、水爆もきわめて小型化し、死の灰の放射能も無視できる程度になるかもしれぬ。また広義に解釈すれば原子力を動力とする潜水艦も核兵器といえるし、あるいは兵器の発射用に原子力を使う場合も考えられる。といってこれらのすべてを憲法違反というわけにはいかない。この見方からすれば現憲法下でも自衛のための核兵器保有は許される」（一九五七年五月十五日付、日本経済新聞）

岸の実弟、佐藤栄作は、首相として初めて訪米した際、「個人的には中国が核兵器を持つなら日本も持つべきだと思う。でも日本の国民感情に反するから内輪にしか言えない」と語っている（六五年一月)。こうした与党内の空気に押されて、国防会議事務局幹部や防衛研修所のスタッフは『日本の安全保障(1968年版)』という冊子をまとめる。

冊子の「我が国の核兵器生産潜在能力」の項では、「核弾頭の生産能力」や「運搬手段の生産能力」を分析している。軍用プルトニウムの生産については、イギリスから導入した東海発電所のコールダーホール型黒鉛炉を当てはめて、次のように記す。

「東海炉を軍用プルトニウムの生産用に転換した場合、(略)年間プルトニウム生産量は約二四〇キログラムとなろう。このプルトニウムはほとんどすべて軍用になるものと判断してさしつかえない。これは少なくとも原爆材料として、年間二〇発分ぐらいに相当することになる。ただし、この場合は、原子力発電はまったく不可能か、通常ペースでは行ないえない」

正力松太郎が英国炉の購入にこだわったのは、軍事転用を視野に入れていたからではないかともいわれる。『日本の安全保障』は、「プルトニウム生産の場合は、国内にすでに施設が存在しており、また計画されているもので十分まかなえる」と断定。再処理も「技術的問題は、現段階でほとんど解決できているといってよく、まったく時間の問題」と書く。大陸間弾道ミサイルのロケット開発費は「ざっと五三〇〇億円ぐらい」と見積もる。

防衛庁の密かな核武装シミュレーションに対し、外務省は内部での政策論議で「核兵器製造の能力を保持し、周囲からの干渉は受けない」という基本姿勢を『わが国の外交政策大綱』という秘密文書にしたためた(一九六九年)。この大綱は、外務官僚が「腹積もり」をするための文書で、核カードの含みをもたせる意味が込められていた。

「当面核兵器は保有しない政策をとるが、核兵器製造の経済的・技術的ポテンシャルは常に保持するとともにこれに対する掣肘（周囲からの干渉）をうけないよう配慮する」

「核兵器の一般についての政策は国際政治・経済的な利害損得の計算に基づくものであるとの趣旨を国民に啓発する」

と、大綱には記されている。核武装の考え方を、最もストレートに表現したのは、一九七八年三月十一日、参議院予算委員会での真田秀夫内閣法制局長官の答弁だ。真田長官は、憲法上、「自衛のための必要最小限度」の核兵器は持てると次のように言い切った。

「政府は、従来から、自衛のための必要最小限度を超えない実力を保持することは憲法第九条第二項によっても禁止されておらず、したがって、右の限度の範囲内にとどまるものである限り、核兵器であると通常兵器であるとを問わず、これを保有することは同項の禁ずるところではないとの解釈をとってきている」

しかし、国際政治のリアリズムに照らせば、日本が核武装の動きに出れば、世界を敵にまわすことになる。大日本帝国に蹂躙された歴史を背負うアジア諸国はもちろん、アメリカも「核の傘」の外に出ようとする日本には政治的、経済的制裁を科すだろう。NPT体制で核兵器を拡散させたくない他の核保有国、イギリス、フランス、中国、ロシアも日本を「仮想敵」とみなし、制裁に踏み切る可能性がある。日本は四面楚歌に陥る。

物理的にも先制攻撃しか意味のない核兵器を狭い国内のどこに配置するのか……。防衛庁や外務省の論議でも現実的には核武装は不可能とする意見が大勢を占めた。

真田法制局長官は、国会答弁でこうつけ加えている。

「憲法上その保有を禁じられていないものを含め、一切の核兵器について、政府は、政策として非核三原則によりこれを保有しないこととしており、また、法律上及び条約上においても、原子力基本法及び核兵器不拡散条約の規定によりその保有が禁止されているところであるが、これらのことと核兵器の保有に関する憲法第九条の法的解釈とは全く別の問題である。以上のとおりでございます」

真田内閣法制局長官は、核武装を憲法は禁じていないが、非核三原則や核不拡散条約で禁じられているので核兵器を保有しない、と解釈を示した。日本政府は政治的オプションとしての核武装を放棄しているわけではない。

ただし、日本が政策を変更して核兵器を持とうとすれば、営々と築いてきた国際的信用の礎である核不拡散条約の履行や非核三原則をうち捨て、その理由を世界に示さなくてはならない。オバマの「核なき世界」を凌ぐ核武装ビジョンが求められるが、論理的には不可能だろう。中国の脅威への対抗、国家的自立といった理屈で他国を説得するのは難しい。国内的にも広島、長崎の原爆投下、福島第一原発事故というカタストロフィーを経験した国民が核武装を支持するとは考えにくい。日本の核武装は幻想の域を出ない。

にもかかわらず、原発イコール潜在的核抑止力という発想を政治家が持ち続けるのはどうしてか。それは、日米の同盟関係が深まる過程で、アメリカが日本に使用済み核燃料の再処理を認める「特別なポジション」を与えたことに依っている。

アメリカはNPT体制で核保有五か国以外への核拡散を厳しく禁じながら、日本にだけは国際原子力機関（IAEA）の査察にもしっかり協力しているので再処理を認める、とダブルスタンダードを採ってきた。この目こぼしをアメリカの信頼と解釈して、石破発言のような潜在的核抑止論が語られるようになった。

ただし、アメリカは目こぼしの半面、もう一方の基準であるプルトニウムの厳重な管理も日本に求めている。その要件を定めた条約が「日米原子力協定」である。

日米原子力協定は二〇一八年に三〇年目の満期を迎える。その後、日米がどんな協定を結ぶか、結ばないかは、電力・エネルギー政策のみならず、同盟関係にも大きな影響を及ぼすだろう。そろそろエネルギーも国防もアメリカの「核の傘」で覆われている現実と真剣に向き合わねばなるまい。

日本に与えられた「特別なポジション」

大震災以降、CSISの知日派を中心にアメリカの論客は日本の「脱原発」に反対してきた。ロシアや韓国、中国の原発メーカーが途上国に猛セールスをかける状況で、日本が原発から撤退すれば安全面の国際的リスクが高まる、日本は高い技術力を保って原発をつくり続けろ、と鼓舞する。

その裏には、日米原子力協定で与えた「特別なポジション」を守れ、というメッセージも込められている。特別なポジションとは、核兵器保有国を除いて、世界で唯一、日本のみが再処理を含む核燃料サイクル施設の保有を認められていることだ。建設中の六ヶ所再処理工場は、日米原子力協定の産物なのである。

もともと日米原子力協定は、アメリカから日本へ濃縮ウランを貸与するために結んだ「日米原子力研究協定（一九五五年）」に発する。日本の核燃料が兵器に転用されないようアメリカは強い縛りをかけた。この協定は使用済み核燃料のアメリカへの返還、使用記録の毎年の報告などを義務づける。日本がウラン濃縮や再処理に手を出すなどもってのほか、と突き放した。

その後、日米動力協定を経て、旧原子力協定が一九六八年に発効し、再処理事業に乗りだしたい日本はアメリカと熾烈な交渉を重ねる。アメリカ議会の反対を押し切って、原子力協定は改正される。プルトニウムを抽出する際、個別にアメリカの同意を取れば再処理が認められるようになった。さらに一九八八年に発効した現協定で、個別同意から「包括的事前同意」に変わる。まとめて前もってアメリカの同意を得れば、個別審査は不要となり、再処理事業の商業化の道が開けたのだった。

そして、下北半島の青森県六ヶ所村に「再処理工場」「ウラン濃縮工場」「低レベル放射性廃棄物貯蔵センター」の核燃料サイクル施設の建設が決まった。青森県は、「再処理した後の高レベル放射性廃棄物の最終処分場にはしない」「再処理する前の使用済み燃料を置いたままにしない」という約束を国と交わし、核燃料施設を受け入れる。

アメリカは日本の再処理事業への欲求を巧みに利用して、同盟の強化（対米従属）へと誘導している。再処理の包括的同意は、アメリカとの距離を縮めようと腐心した中曽根政権下で認められた。中曽根康弘首相は「日米は運命共同体」「日本列島不沈空母化（日本列島を敵性外国航空機の侵入を許さないように周辺に高い壁を持った船のようにする）」と言って、ロナルド・レーガン大統領と愛称で呼び合う関係を築いた。涙ぐましいほど、アメリカにすり寄った。

その見返りに包括的事前同意が認められ、日本は特別なポジションを得た。こうした経緯を踏まえて「核の傘」の下の信頼で潜在的核抑止力を持った、と政治家は言う。しかしアメリカはダブルスタンダードを使い分ける。テロ対策を含めて厳しいプルトニウム管理を日本に課しているのも事実だ。発電用の核燃料棒には、すべて番号がふってあってアメリカは行先を監視しているともいわれる。アメリカは「原則」を重視し、潜在的核抑止論には与しない。

日本の再処理の大原則とは、プルトニウムの生成と消費のバランス（プルトニウム・バランス）を保つことである。増えるプルトニウムをＭＯＸ燃料に加工して、高速増殖炉や一般の軽水炉のプルサーマルで使って減らすのを前提に再処理事業は許されてきた。

だが、福島第一原発事故で、日米原子力協定の大前提も砕け散っている。全原発が停止し、プルサーマルは困難になった。高速増殖炉の見通しはまったく立っておらず、膨大なプルトニウムは溜まりっぱなしだ。六ヶ所村再処理工場が稼働すれば、さらにプルトニウムは増え続ける。プルトニウム・バランスは崩壊したのである。

増えつづけるプルトニウム

オバマ政権の核不拡散政策の担当者は、日本のプルトニウム蓄積に警告を発している。国際安全保障・不拡散担当国務次官補、トーマス・カントリーマンは、「原子力平和利用と核不拡散・核セキュリティに係る国際フォーラム」（日本原子力研究開発機構主催　二〇一三年十二月三日、四日）で、次のように語った。

「日本は、原子力の利用をどうするのかについて、日本国民のみならず世界のパートナーに対しても責任ある決断を下す必要がある。米国は日本のパートナーとして、日本が核燃料サイクルのバックエンドに関する政策、特に六ヶ所再処理施設やプルトニウム処分の方策の検討を行うに際して、①公開性、透明性の確保、②政治的な現実だけでなく、経済的な現実や技術的な現実の直視、③日本の核燃料サイクル政策が地域及びグローバルな核不拡散取組みに与える影響を考慮することを期待したい」

国務次官補は、竣工が引き延ばされ、巨費が投じられてきた六ヶ所再処理工場に懐疑的な視線を向けている。米エネルギー省副長官のダニエル・ポネマンは、鈴木達治郎原子力委員長代理との会談で

「今後、消費する予定がないまま、再処理により新たな分離プルトニウムのストックが増えることにならないか大いに懸念を有している」とストレートに指摘した（「二〇一三年第一四回原子力委員会資料」二号）。

日本のプルトニウムは、NPT体制内で大きな問題に浮上している。日本が原子力協定を破った、とアメリカが断じれば核燃料の供給は止まり、核燃料サイクルは行きづまる。

だからといって潜在的核抑止論を唱え、再稼働を急がせるのは本末転倒だろう。プルトニウムを減らすために原発を再稼働するのは手段と目的を履き違えている。だいじなのは、プルトニウム・バランスが保てるのかどうか、現実を直視することだ。核不拡散で課せられた責務から目をそむけて核抑止論を叫んでも国際的な原子力複合体に組み込まれた状態では通用しない。

簡単な計算をすればいい。現在、全国の原発サイトと六ヶ所村には総量約一万七〇〇〇トンの使用済み核燃料が蓄積されている。核燃料プールが満杯寸前の原発は多い。六ヶ所村再処理工場がフル稼働したとして、年間に再処理できる量は八〇〇トン。いま溜まっている使用済み燃料を再処理するだけでも二一年以上かかる。

その間に毎年、四〜五トンの核分裂性分離プルトニウムが生成される。二一年で八四〜一〇五トン蓄積される。ここに現状で保有している三〇トンを加えると一一四〜一三五トン。ざっくり一三〇トンに達する。

かたやプルトニウムの消費能力はどうか。東日本大震災前、プルサーマルの試運転をしていた原発は、九州電力玄海原発三号機、四国電力伊方原発三号機、東京電力福島第一原発三号機、関西電力高浜原発三号機の計四基だった。一基当たりのプルトニウム消費量は、年間にわずか〇・四トンである。

福島第一原発は事故で廃炉になるので、三基でせいぜい年間、一・二トンしか消費できない。電源開発が青森県に建設中の大間原発はMOX燃料を全炉心に装荷できるので、年間、一・一トンのプルトニウムを消費できるとされる。だが、大間町や北海道函館市の市民グループが国と電源開発を相手取って設計取り消し、建設差し止めを求める訴訟を起こしている。函館市（工藤壽樹市長）も「大間原発の建設凍結」の提訴をしており、稼働の予定は立っていない。仮に稼働しても、増え続けるプルトニウムに消費は追いつかない。

核燃料サイクルを維持すれば、危険で余分なプルトニウムは減るどころか増えてしまう。米国務次官補が言うように「政治的な現実だけでなく、経済的な現実や技術的な現実」に向き合う真剣さが日本には求められる。日米原子力協定は二〇一八年に満期を迎える。その後の選択肢は次の三つだ。

一　現状の「包括的同意」を維持したまま一定期間の延長をする。ただし、日本のプルトニウム・バランスの悪さからアメリカ政府や議会がこれを拒否する可能性がある。

二　大幅に改定して協定を結び直す。たとえばアメリカは包括的同意から「個別同意」に条件を戻して日本のプルトニウム管理を厳格化する。商用の再処理は困難になる。

三　新たな協定を締結しない。核燃料サイクルを止めて余剰プルトニウムは廃棄し、使用済み核燃料の最終処分への筋道を立てる。核不拡散の観点からアメリカは反対できない。

どの方法が国民のしあわせと国益にかなうのか、冷静に考えねばならないだろう。

米国産ＬＮＧの対日輸出

安倍首相が他国の核武装を非難し、核不拡散のＮＰＴ体制を称賛すれば、日本の再処理事業もまた厳しくチェックされる。核保有五か国に共通した核不拡散の大義を侮ってはなるまい。日本はエネルギー資源と電力を、安全に、安定的に確保するために、何を選び、何を捨てるのか。優先順位をつけて選ばねばならない段階に至っている。

日米首脳の電話会談から一週間後、安倍首相は渡米し、ホワイトハウスでオバマ大統領と対面した。首脳会談とワーキングランチで約一時間四五分の時間を共有する。晩餐会は催されず、屈辱的な扱いを受けたと関係者は言うが、交わされた言葉は重い。

安倍は、「沖縄米軍普天間基地の辺野古への移設」「TPP交渉参加」「集団的自衛権の行使」などオバマが求める懸案をすべて解決すると約束し、日米同盟の深化を説く。その勢いで中国と対立する「尖閣諸島」問題へのアメリカの積極的な関与を引き出そうとしたが、オバマは言質を与えなかった。一九九六年以降、アメリカ政府は尖閣諸島を「領土権係争地」と認め、日中どちらの領土とも表明していない。そのうえで「尖閣諸島は沖縄返還以来、日本政府の施政下にある。日米安保条約五条の適用範囲である」との見解を示している。安保条約の適用範囲なので、もしも尖閣で日中の武力衝突が起きれば、アメリカは「憲法に従って」対応する。初動対応で米軍が出動する可能性は低い。

オバマは、翌年四月の訪日時にも、この見解をくり返す。米中関係は、東西冷戦下の米ソ関係とは違って、経済的にも人的交流においても格段に深い。互いの存在抜きにグローバル化した経済は成り立たない。尖閣問題でアメリカが軍事介入する可能性は低い。

ホワイトハウスでオバマと向き合った安倍は、資源調達の外交カードを切った。

「震災後、わが国では増大する燃料費の削減が喫緊の課題になっており、米国産の液化天然ガス（L

ＮＧ）の対日輸出が早期に承認されるよう、改めてお願いします」

ちょうど経産省と電力会社、ガス会社、商社が連携しながら、アメリカ南部のＬＮＧ基地から日本向けに輸出する事業に参画しようとアタックをかけていた。

エネルギー資源を国家存立の基盤と考えるアメリカは、長い間、自由貿易協定（ＦＴＡ）を結んでいない国には輸出許可を出してこなかった。二〇一一年五月にルイジアナ州サビンパスのＬＮＧ事業で、米エネルギー省は初めて非ＦＴＡ国にも輸出を認めて門戸が開かれたが、日本企業にはまだ許可が下りていなかった。

シェール革命に湧き、パイプラインが張り巡らされた北米のガス市場から「市場価格」でＬＮＧが購入できるようになれば、日本の資源調達に革新的なルートが開かれる。これまで電力、ガス会社は、石油メジャーや産ガス国の国営企業と原油価格に連動したフォーミュラで長期契約を結び、高値で買い入れてきた。震災後、日本の天然ガス価格はＭＭＢＴＵ（一〇〇万ＢＴＵ〈英国熱量単位〉）当たり、一八ドル、一九ドルと高騰した。欧州は日本の半値、シェールガスがパイプラインに流れ込むアメリカは四ドル、三ドルへと下がっていた（2章「国際的な天然ガス価格の比較」参照）。

本来なら、燃料費の高騰が経営を圧迫する電力会社は、安いＬＮＧが喉から手が出るほどほしいはずだ。安倍は側近の振り付けどおり、オバマに輸出許可を迫る。

オバマが応えた。

「アメリカ政府における輸出許可についての審査はまだ続いていますが，同盟国としての日本の重要性は常に念頭に置いていています」。

資源調達のパワーゲームのなかで、オバマの輸出許可への言及は決定的な重みを持った。

一三年五月、中部電力・大阪ガス連合がテキサス州フリーポートで契約したLNGプロジェクトに輸出許可が下りる。二〇一七年中に年間約四四〇万トン（後に東芝にも拡張されて六六〇万トン）の「仕向け地制限」のないLNGが日本へ輸入できるようになった。九月には住友商事と東京ガスが仕掛けていたメリーランド州コーブポイントのプロジェクトにも許可が出る。一四年二月には三菱商事と三井物産が取り組むルイジアナ州キャメロンの輸出事業にも許可が下りた。三つのプロジェクトで、年間一七二〇万トンの「安い」LNGが日本に運び込まれる目算が立った。

アメリカ産LNGは、液化料や運搬料などを含めてもMMBTU当たり一一ドル程度で収まる。マレーシアやカタール、ロシアから買うLNGより三〜四割も安い。日本のLNG総輸入量は震災前の約七〇〇〇万トンから九〇〇〇万トンに増えており、その増加量にほぼ匹敵する量がアメリカの市場価格をベースに輸入されることになる。

アメリカ産LNGが極東の天然ガス市場に与えるインパクトは大きい。「総括原価方式」で足もとを見られ、高値で売りつけられていた日本は、アメリカ産LNG一七二〇万トン確保という「切り札」を手にした。これで他の産ガス国との交渉を優位に進められる。日米首脳会談を終えた安倍は、強気で資源調達に向かった。

安倍・プーチンの首脳会談

官邸は、経産省に任せっ放しだった資源調達に外務、環境両省を巻き込んで「政府一体」の態勢を整える。官房長官と経産大臣、外務大臣、環境大臣による「燃料調達コスト引き下げ関係閣僚会合」が開かれた。二〇一三年四月下旬、安倍がロシア、中東歴訪に出発する直前に関係閣僚会合は「燃料調達コスト引下げに向けた当面のアクションプラン」を発表する。

二〇一一年に日本は三一年ぶりに貿易赤字に転落し、二〇一二年は赤字額が六・九兆円に膨らんでいた。アクションプランは「いまや、燃料調達コスト引き下げは一刻の猶予もならない」「国全体としての燃料調達のバーゲニングパワー強化が必要」と目的を掲げる。

アクションプランにはふたつの特色がある。

第一に資源外交と供給源の多角化の支援を明示したことだ。世間が注目するウラジオストクLNGプロジェクト（伊藤忠、石油資源開発、国際石油開発帝石、丸紅）とモザンビークの天然ガス開発（三井物産、石油天然ガス・金属鉱物資源機構）、北米のシェール・ガス開発やLNGプロジェクトへの政府系金融機関の債務保証などをメニューに並べた。

ふたつ目は「石炭火力」への支援強化である。石炭はLNGよりも発電コストが一割ほど安いが、二酸化炭素を二倍も排出することから新増設は見送られてきた。その環境アセスメントの手続き期間を短縮し、高効率の比較的二酸化炭素排出量の少ない石炭火力を導入する施策を講じた。こうして官邸は資源調達外交の道具立てを揃える。

安倍は、大勢の企業人を引き連れてロシアに向かった。四月二十九日、モスクワのクレムリンでプーチン大統領と少人数の首脳会談に臨む。日本側は世耕弘成官房副長官、原田親仁駐露大使、斎木昭隆外務審議官、上月豊久欧州局長が同席した。

日本とロシアの間には、いかにして北方領土（国後、択捉、歯舞、色丹四島）問題を解決して「平和条約」を締結するかという積年の難題がある。戦後七〇年、隣国間で平和条約が結ばれていない異常さを解消するには双方の具体的な歩み寄りが求められる。資源開発や産業面での協力は議論のプラットフォームになる。通商交渉の先に北方領土が浮かんでいる。

会談の冒頭、プーチンが「日露関係は発展傾向にあり，貿易額も過去最高を記録しましたが，両国の潜在力に見合った水準には達していません」と述べると、安倍が応じた。

「日露両国がパートナーとして協力の次元を高めるのは時代の要請です。『力強く繁栄するロシア』をつくるというプーチン大統領の目標と、『強い日本』をつくる私の目標は共通する。その目的のためにも両国間に戦略的パートナーシップを構築する必要があります」

プーチンと安倍は、ともにナショナリストの顔を持つ。約二時間、濃密な首脳会談が行われ、ここで「個人的な信頼関係が築かれた」と日本側は受けとめた。

続いてプーチン主催の午餐会に移り、経済界の代表が合流する。ロシア側にはプーチンの腹心中の腹心セーチンの顔もあった。セーチンはロシア最大の国営石油会社ロスネフチの会長を務めている。オリガルヒ（新興財閥）の寵児で「石油王」と呼ばれたホドルコフスキーの追い落としを指揮した人物だ。

プーチンの「力強く繁栄するロシア」とは、欧米中心のグローバリズムであらゆるものを市場化、私有化する勢力に立ち向かう国家を意味している。国家対市場の闘いの先頭にプーチンは立っている。そこが新自由主義的な成長戦略に疑いをもたない安倍との違いでもある。

「市場の情勢を考慮した競争力ある価格」

一九九〇年代初頭、ソ連邦解体後の新生ロシアはアメリカから乗り込んできた新自由主義者によって掻きまわされた。ハーバード大学教授のジェフリー・サックスを中心とする市場民営化チームは、ソ連時代の統制経済を一気に市場経済に転換した。いわゆる「ショック療法」を施し、混乱を顧みず、市場経済原理を押しつける。たちまち物価は火の粉をまき散らして上昇し、ロシア国民はその日の食べ物にもこと欠くありさまとなった。

エリツィン政権は、サックス教授や国際通貨基金（ＩＭＦ）の指導に沿って国営企業の民営化を断行した。そこから成り上がったのがオリガルヒだった。ホドルコフスキーを含めて、新興財閥のリーダーたち、ボリス・ベレゾフスキー（石油大手のシブネフチ）、ウラジーミル・グシンスキー（メディアの持ち株会社モスト・グループ）、ロマン・アブラモビッチ（シブネフチ共同経営者）らは全員ユダヤ系である。彼らはロンドンのシティ、ニューヨークのウォール街を牛耳る国際金融資本家と緊密な関係を築きながら成長の果実を手にした。

なかでもホドルコフスキーは、イギリスのロスチャイルド家当主のジェイコブ・ロスチャイルドと提携して「ロシア開放財団（Open Russia Foundation）」をロンドンに設立し、グローバリズムの先導役を担った。アメリカにも財団事務所を開き、ユダヤ系財閥の代理人、ヘンリー・キッシンジャーを理事に迎える。そしてロシア国内での合併で巨大化させた石油会社の株を米石油メジャー、シェブロンテキサコやエクソンモービルに持たせようとして、プーチンの逆鱗に触れる。国家に巨額の損失を与えたかどで、シベリアの刑務所に送られたのである。

プーチンは大統領に就任した当初、オリガルヒと一定の距離はとりつつも敵対してはいなかった。新興財閥が「政治」に嘴を突っ込み始めてプーチンは撃退のスイッチを入れる。グローバリズムとは、突きつめれば「世界単一市場・単一国家」を志向する。それは、ピョートル大帝を尊敬し、偉大なロシアの再興を夢みるプーチンには耐え難いことだった。

グローバル化をプーチンは全否定しているわけではないが、「国を売る」行為は許さない。軍部、治安部門出身の側近「シロヴィキ」を使ってオリガルヒを転落させる。ベレゾフスキーは自殺し、グシンスキーはスペインへ亡命した。アブラモビッチはイギリスのプロサッカーチーム、チェルシーのオーナーとなり、政治から足を洗った。

血生臭い権力闘争に勝ち抜き、プーチンは天然ガスや石油をもう一度国家の手に取り戻した。そういう猛者と安倍は膝詰めで、交渉を進めねばならなかった。

経済面の交渉で、プーチンは「エネルギー、農業、医療、運輸、インフラなどの分野での協力、極東・東シベリア開発への日本の協力推進を期待している」と切り出した。安倍は誇らしげに応える。「日本は金融政策、財政政策、成長戦略の『三本の矢』で経済の復活を図っており、成長戦略の重要な要素である海外展開の観点から、約三〇名の最高経営責任者を含む総勢一二〇名、日露関係史上最強、最大のミッションが同行した」。ミッションのテーマは「農業・食品、医療、都市環境・省エネ」の三つであり、それぞれの分野での日露協力を進めようと返した。

両首脳は、極東・東シベリア地域の発展のために協力し、将来像を描く「官民協議」の開催で合意をする。署名式が開かれ、日露双方の責任者が覚書にサインをした。その数は、シベリア鉄道のインフラ整備や、経産省とロシア連邦エネルギー省との情報交換、北海道とアムール州との農業交流など九本に上る。法的拘束力を持たない了解覚書（ＭＯＵ）は、企業間のガスタービン供給や共同プロジェクトほか八本を数える。合計一七本もの外交文書が一挙に交わされ、日露関係はぐっと縮まったかにみえた。

が、しかし、その覚書の束には交渉の目玉が入っていなかった。最大の案件での進展が見られなかった。誰もが固唾を飲んで見守っていた「ウラジオストクＬＮＧプロジェクト」への踏み込んだ発言は、どちらからも聞こえてこなかったのだ。交渉を爪先立って覗いていた企業人は肩透かしを食らった。

交渉の事情は、首脳会談後に発表された共同声明の次の文言から推察できる。

「東日本大震災後の日本国におけるエネルギー需要の増大及び価格の上昇に注意を払いつつ、市場の情勢を考慮した競争力ある価格でのエネルギー供給を含む互恵的な条件でのロシア連邦の極東・東シベリア地域等における石油・ガス分野の両国エネルギー協力の拡大の重要性を強調した」

キーワードは「市場の情勢を考慮した競争力ある価格」である。

日露首脳会談を支えた政府関係者は、舞台裏をこう語った。

「日本は、曲りなりにも、やせ我慢をして、背伸びをしながらロシアに対して国益を主張したんです。これまでになく。ただのやせ我慢では説得力がなくて、通じませんが、シェール革命が起きているアメリカ産のＬＮＧ一七二〇万トンというカードがありましたからね。安くしないと買わないぞ、一滴も買わないぞ、と強気の姿勢で臨めたんです。『市場の情勢を考慮した競争力ある価格』っていうのは、そういう意味です」

日本がアメリカ産ＬＮＧを確保できたのも、もとをただせば北米でシェール革命が起きているからだ。消費国の日本では感じにくいが、シェールの影響は世界を震わせていた。

「ロシアにとって、アメリカのシェールガスはもの凄い脅威です。天然ガスの輸入国になるはずだったアメリカが輸出国に転じた。余ったガスは、欧州にも安く売られる。欧州市場でガスを売り放題だったロシアにとっては死活問題です。アメリカへの輸出を見込んで過剰投資をしたカタールも慌てています。日本向けよりも格段に安い価格で、欧州に売っている。アメリカで余ったガスが玉突き状態で世界のガス市場に影響を与えています」

日露首脳会談で、日本は強気でロシアに迫った。プーチンもいささか面食らったようだ。とはいえ、では安く売ります、というほどロシアは弱腰ではない。突っ張れるものなら、突っ張ってみろ、とウラジオストクLNGプロジェクトには触れずに会談を切り上げたのだった。

トルコへの原発売り込み

ロシア訪問を終えた安倍首相は、南下してアラビア半島を回り、トルコに赴く。

資源調達から一転して原発輸出へモードを切り替えた。

「日本トルコ経済合同委員会」に出席した安倍は、朗らかな表情で、こう呼びかけた。

「日本には、技術があり、産業の知見、ノウハウがあります。経済規模も、世界の三番目です。若いトルコとの間には、絶好のシナジーが生まれるに違いありません。原子力発電など、その最たるものでしょう。トルコで生まれる電力は、国境を超えて、たくさんの家庭に届きます。それから、橋です、そして地下鉄です」

素朴な疑問がわいてくる。一国の首相が橋や地下鉄と同じように原発を売り込んで、はたして将来的に大丈夫なのだろうか……。

トルコ首相のエルドアンと安倍は首脳会談を行い、署名済みの「日本トルコ原子力協定」と「シノップ原子力発電所プロジェクトに関する政府間協定」を交換した。トルコ北部黒海沿岸のシノップに計画している原発四基（一四〇〇万キロワット級×四）の建設を三菱重工とアレバ、ファイナンスを伊藤忠、運営をフランスのＧＤＦスエズが請負うレールが敷かれた。運営にはトルコ発電会社も加わる可能性がある。

総事業費二二〇億ドル（二兆二〇〇〇億円）。日本企業の海外プロジェクトでは史上最高額の原発プロジェクトは、しかし採算の危うさ、安全と環境面でのトルコ国民の反発、核不拡散上の懸念など大きなリスクを抱えている。

トルコが国際入札で原発建設に乗りだしたのは一九九六年だった。フランス、カナダ、日本、アメリカの企業が国際入札に応札したが、九九年にトルコ北部大地震が発生。一万七〇〇〇もの人命が失われ、原発計画は一〇〜二〇年間の凍結が宣言される。

その後、政権を獲ったエルドアンは、二〇〇七年にトルコ南部の地中海に面したアックユに四基の原発建設計画を発表した。トルコ政府は原発の建設費を負担せず、完成後に電力を売ってコストを回収する方式で国際入札を行う。欧米日の民間企業はリスクが過大なので敬遠したところ、ロシアの国営原子力企業ロスアトム主体のコンソーシアムだけが応札した。

二〇一〇年、ロスアトムの子会社「アックユ発電会社（ＡＮＰ）」は驚くべき条件でプロジェクトを受注する。原発の建設だけでなく、運転、保守から廃炉措置、使用済み核燃料と放射性廃棄物管理、損害賠償まですべての責任を負うというものだ。総事業費は二〇〇億ドル。運転期間は、なんと六〇年である。試算では年間の電力販売額は四〇億ドルで、原発の運転開始から一五年間トルコの電力会社が一キロワット時当たり一二・三五セントで買取る契約になっている。

一方、トルコ北部のシノップ原発プロジェクトの受注競争は、韓国が先行していた。二〇一〇年六月に韓国はトルコと政府間協定を結んで受注に動いた。が、トルコ側からアックユのロシア同様二〇〇億ドルの事業費調達を求められ、韓国は撤退する。当時、韓国はアラブ首長国連邦（ＵＡＥ）の原発四基のプロジェクトを獲ったばかりだった。ＵＡＥの案件は六〇年間の運転と保守支援、さらにウラン燃料の供給も保証した総額四〇〇億ドルの大プロジェクトだった。融資契約が韓国には過重な負担になっており、とてもトルコまで手が回らない。

韓国の撤退後、トルコは日本政府と東芝に優先的交渉権を与える。東芝は、原発の運転について東京電力の支援をとりつけて受注を目指したが、福島第一原発事故が起きて東電が退き、交渉は頓挫する。その後、ふたたび韓国がプロジェクト争奪戦に復帰し、中国も加わった。

一二年二月、習近平国家副主席（のち最高指導者）はトルコを訪問した折、中国が受注すれば原発運営会社がトルコの電力会社に売る電力価格を一キロワット時当たり「八～九セント」でいいと提示している（日経新聞二〇一三年五月四日付）。日本の買取り提示額は「一〇～一一セント」だった。原発輸出の実績をつくりたい中国は採算を無視して原発を獲りにきた。

トルコ政府もしたたかだ。「九九パーセント中国で決まっている。話だけは聞く」と言って日本側と接触する。トルコは各国の受注競争を眺めつつ「シノップ原発の電力は近隣国への輸出も視野に入れており、最大一〇基まで建設する」とほのめかし、投資欲をくすぐる。

国際政治のレベルでは、原子力発電所という途方もなく危険で、巨費を要するプラントが、まるでバナナのたたき売りのように「ダンピング」や「まる投げ」で売買されている。アメリカが中国やロシアの原発売込みに警鐘を鳴らし、日本の輸出をプッシュする背景には、このような事情もある。新興国が受注した原発プロジェクトは建設費の高騰と負担の重さで頓挫するとも囁かれる。

トルコでの受注合戦で劣勢に立った日本は、東芝の代わりに三菱重工を前面に出し、フランスのアレバとGDFスエズと組んで形勢を逆転する。

しかしながら、原発輸出はリスクだらけだ。そもそもアックユより安い買取り価格で事業経営の採算がとれるのか。トルコ政府は電力の買取りに保証をつけているのだろうか。運転の六〇年保証はあまりに長すぎる。プロジェクトの統括は、三菱重工かアレバか、それともシノップに新世代の原子炉「ATMEA1」を建設する両社の合弁会社アトメアか。原発の運営にトルコ発電会社はどこまでかかわるのか……と不確定要素があまりに多い。

トルコ国民の「反原発」意識も強い。一三年四月にトルコの大手世論調査会社「コンダ・リサーチ&コンサルタンシー」が行った調査では、原発建設反対が六三・四パーセントを占めた。この比率は福島第一原発事故の発生直後は八〇パーセントにはね上がったという(『原子力資料情報室通信』第476号)。チェルノブイリ事故の影響を黒海沿岸地域で最も大きく受けたトルコには、民衆に原発への嫌悪感がしみついている。安倍のトルコ訪問直後、強権的なエルドアンの手法に対して、反政府運動が起きた。トルコ国内の情勢次第で原発建設が白紙に戻る可能性もある。

さらに日本とトルコの原子力協定には、「両締約国政府が書面により合意する場合に限り、トルコ共和国の管轄内において、濃縮し、又は再処理することができる」という文言が盛り込まれた。これはトルコが核兵器開発につながるウラン濃縮と再処理を行える余地を残した、とも解釈できる。条文はNPT体制を堅持したい国際社会の反感を買う。一四年四月二日、衆議院外務委員会で、この文言について何度も質された岸田文雄外務大臣は、次のように答弁した。

「条文そのものが、両締約国政府が合意しない限り濃縮または再処理はされないという内容でありますから、この条文に基づいて、わが国としては認めることはあり得ませんし、そのことについて国会においてしっかりと表明をし、議事録にとどめてきたわけであります。大臣が代わったらどうなるのか、こういったことがありますが、外交の継続性、あるいは政策の継続性を考えた場合に、もしそういった議論が起これば、当然、国会の厳しい評価にさらされることになります。我が国の方針はしっかりと確保できるものだと考えています」

あまりに危ういチキンゲーム

原発輸出は、チキンゲームのようだ。崖に向かって互いの車を全力疾走させ、先にブレーキを踏んだほうを臆病者（チキン）と決めつけるゲームである。ロシアや韓国、中国は採算を顧みず、実績をつくろうと六〇年もの長期間、過大な責任を負って原発を売り込む。廃炉や使用済み核燃料の処理を請け負うが、最終処分の方法は決まっていない。事故が起きて、走っている車がいつ崖から転がり落ちるかしれない。その前に過大な債務負担で事業がパンクする怖れもある。このチキンゲームにつきあって原発を輸出することが日本の経済成長につながるのだろうか。

アメリカの原子炉メーカーGEは、「自社の生産ラインをすべて失うほど原子力部門が衰退している」（「肥田美佐子のNYリポート」ウォール・ストリート・ジャーナル二〇一二年五月十八日　http://jp.wsj.com/home-page）。ウェスティングハウスは東芝に憑依して生き延びている。どちらも製造を日本に委ねてもパテント料が転がり込む。日本の原発メーカーに汗をかかせて働かせ、その上前をはねる。植民地支配を彷彿させるような手口で、アメリカは原発の利益を貪る。日米原子力協定で「核不拡散と原子力の平和利用」というダブルスタンダードを使いわけて操る。いまなおGHQの占領下と同じ〝間接統治〟が原発を介して行われている。

こうした状況で日本企業も先を見て動きだす。アレバと組んで原子炉をつくる三菱重工は日立製作所と火力発電システム事業を統合した。一四年二月、新会社「三菱日立パワーシステムズ」が営業を始めた。一一年八月の日経新聞のリークは「幻の合併騒動」ではなかったのだ。

三菱六五パーセント、日立三五パーセント出資で設立された新会社は、電力事業で世界ビッグ2、ドイツのシーメンスとアメリカのGEを追いかける。シーメンスの電力事業の売上高は約三兆円、GEのそれは約二兆六千億円に上る。三菱日立パワーの売上高は一兆一〇〇〇億円で、まだ水を開けられているが、三菱重工の大宮英明会長は「日本企業同士が国内外で消耗戦をするよりは、一緒に海外の強敵と戦うことが重要。世界をリードする火力発電システム会社にして、早く『世界3強』になりたい」とコメントしている。

特筆すべきは、シーメンスも原子炉部門はアレバに売却し、原発事業からの完全撤退を決めていることだ。世界銀行は原子力への投資は行わないと宣言している。先行するビッグ2は原発に見切りをつけ、再生可能エネルギーで二〇〇〇～六〇〇〇億円を稼ぐ。先進諸国では原発は時代の後景へと押しやられている。

エネルギー革命は、固体（石炭）から液体（石油）、そして気体（天然ガス→水素）へと推移している。火力の主流はガスタービンと蒸気タービンを組み合わせたガスコンバインドサイクルであり、日本企業は高い技術力を持っている。この先、時代のニーズは水素の製造、再生可能エネルギーの低廉化へ進むのは明らかだ。原発にこだわって時計の針を戻し、過大なリスクを背負うのではなく、懸命に天然ガスの調達を図ってコストを下げながら複合ガス発電の技術を磨き、水素、再生可能エネルギーの開発を進める、という戦略がまっとうではないだろうか。太平洋側の海底に眠るメタンハイドレートの開発も大きな調達カードになる。原発はそもそもアメリカから押しつけられて製造するものではないだろう。欧米が捨てるものを拾わねば生き延びられないほど日本はおちぶれたのか。

安倍首相は、その後も中東諸国、トリニダード・トバコ、パプアニューギニアなどガス資源国を訪ねる。訪問先は地球規模にひろがったが、既存の開発案件の後押しが中心で新たなカードの獲得には至らなかった。

中国のしたたかな資源戦略

一進一退の資源調達が続くなか、世界のエネルギー需給を震撼させる紛争が勃発した。ウクライナ危機である。

二〇一三年十一月に発生したウクライナ反政府デモは、極右グループが現われて治安部隊と衝突し、親露派のヤヌコビッチ大統領の追放、親欧米暫定政権の成立に至った。ウクライナへの影響力が弱まったプーチン大統領は、ロシア系住民の保護を理由にクリミアに軍隊を送る。クリミアでは住民投票が行われ、ウクライナからの独立、ロシア編入が決定された。これに対して欧米諸国は国際法違反の侵略と非難し、ロシアへの制裁に踏み切った。

しかし、ウクライナ東部の主にロシア語を使う地域は、親欧米暫定政権に反発し、分離独立を主張。軍用機やマレーシア航空機が撃墜され、事実上の内戦状態に陥った。一四年九月に停戦合意がなされた後も、衝突は続く。

ウクライナ危機は欧州とロシアの天然ガス需給に深刻な影を落とした。

ＥＵ加盟二八か国のうち一二か国が天然ガス消費量の半分以上をロシアに依存している。欧州全体では全消費量の三分の一、金額で五三〇億ドル分をロシアの国営ガス会社、ガスプロムの供給に頼る。そのうち約半分がウクライナのパイプラインを通って輸送されている。万一ガスの供給が止まれば欧州は恐慌をきたす。ロシア側も、北米のシェール革命の煽りでガスの売り先に困っているときにEUの市場を失いたくはない。

オバマ政権はロシア制裁をしきりに呼びかけるが、EUは気乗り薄だった。ウクライナ危機自体、アメリカの関与が強く疑われていた。まだヤヌコビッチが大統領の座にあり、反政府派と政権側のやりとりが続いていた一四年一月二十八日、アメリカのヌーランド国務次官補とパイエト駐ウクライナ米大使との電話のやりとりがロシア側の盗聴でユーチューブに漏洩した。ふたりは「ヤツェニュクが将来のウクライナの政府トップ（首相）に最適だ」と電話で話しあい、その通りことは運んだ。ウクライナ危機の背後にはアメリカ主体のグローバリズム、最終的にはプーチンの権勢を弱めてロシアのエネルギー資源を世界市場で私有化しようとする大きな流れがある。

グローバリズムの攻勢に対して、プーチンは勝負手を打った。一四年五月下旬、上海に乗り込んで習近平国家主席と直に話し合い、前代未聞の膨大な量の天然ガス供給契約をまとめたのである。ロシアは、二〇一八年から三〇年間にわたって毎年三八〇億立方メートル（日本の年間輸入量の約三分の一）の天然ガスを東シベリアからパイプラインで中国に供給する契約を締結した。供給総額は四〇〇〇億ドル（約四〇兆円）を上回ると推定され、中国側はロシアに二〇〇億ドルのインフラ開発支援、ロシアは天然ガス探査とパイプライン建設に五五〇億ドルを投資すると発表した。

じつは、過去一〇年にわたってロシアと中国は天然ガスの売買交渉を続けてきた。首脳どうしの折衝でも価格が折り合わず、ペンディング状態だった。その懸案が夜を徹した話し合いで、一〇〇万B

TU当たり九～一〇ドルで合意したといわれる。プーチンは欧州向けと同水準の格安価格で中国に天然ガスを送る決断を下した。

莫大な市場を抱え込んだプーチンは、翌月、ウクライナに揺さぶりをかける。返済期限までに約二〇億ドルの代金債務を払わなかったことを理由にガス供給を止めた。その一方で、欧州への供給は続ける。ウクライナのヤツェニュク首相は、「ガスだけの問題ではなく、ウクライナを壊そうとするロシアの意図がある」と非難した。プーチンは鼻先であしらうようにガスを止める。十月下旬、寒い冬が近づいてくると、プーチンは、そろそろ潮時かとウクライナへの天然ガス輸出の再開に合意した。

冷徹に見れば、ウクライナ危機はロシアのバーゲニングパワーを落とし、天然ガス輸入国の日本にとって好機と想われる。日本はどんなカードを持って対露資源外交を進めているのか。対露交渉に加わった経験を持つエネルギー専門家は、こう語る。

「言いにくいけれど、日本はカードを失った。確かにアメリカからのLNG輸入一七二〇万トンは強烈な切札でしたが、一回使えば、もう織り込み済みです。二度と使えません。ロシアは中国との契約をまとめて、形勢を逆転しました。ガスを安く売れなんて言うのなら、ウラジオストクLNG基地を破棄してもいいぞと言い始めた。これは国家と国家のパワーゲームです。中露の契約だって、プーチンや習は、三〇年間、いくらでどれだけ供給するかなんて腹の底では関係ないと思っている。国境で何かあったら一瞬で状況は変わります。いざとなりゃ、蹴飛ばせばいいと。そんなことを腹に持ちながら、常に新しいカードを持って向かい合う。そうじゃないと資源戦争は勝てません」

ロシアと渡り合う中国の資源戦略は、地政学を重んじ、剛直だ。「9・11」後、アメリカがアフガニスタンやイラクの戦争にのめり込む隙をついて中国はアフリカの資源利権を押さえた。スーダンやナイジェリア、アンゴラの石油を囲い込む。一三年にはミャンマーの沖合ガス田から内陸の雲南省昆明まで二四〇〇キロのパイプラインを二本引いている。一本は中東やアフリカから運んできた石油を送るパイプラインだ。これでアメリカ軍が支配するマラッカ海峡がもしも封鎖されたとしても、危機を回避できるルートが通った。輸入エネルギー資源の三分の一を安全な迂回路を経由して中国本土へ運び込めるようになったのだ。

こうした戦略の積み重ねがプーチンに「格安」でガスを中国に売る決断を促したといえるだろう。翻って、日本の資源調達はどうか。アメリカ産LNGのプロジェクトのかたがつくと、調達攻勢はピタリとやんだ。ふたたび戦略性の乏しい商社頼みに戻った。資源の売買仲介料を収益源とする商社は、安く仕入れて高く売ろうとする。商社の尻をいくら叩いても輸入価格は下がらない。エネルギー資源のユーザーである電力会社やガス会社が、必死に資源を獲りにいかなくては、状況は変わらず、アベノミクスがもたらした円安も響いて、燃料費は膨らむ。輸出は振わず、貿易収支は悪化する。原油価格の下落という「神風」を十分に生かせない状態が続いている。

LNGに焦点を絞ると、震災前の輸入量七〇〇〇万トンの約六割、四二〇〇万トン強の長期契約が、二〇一四年の春から一五年にかけて契約更改期を迎えていた。二〇〜二五年の契約の見直し時期にさしかかっていたのだ。電力、ガス各社には、アメリカ産LNG一七二〇万トン導入のアドバンテージがある。千載一遇のチャンス到来だ。契約フォーミュラを北米の市場価格に近づけようと激しい条件闘争を仕掛けられる好機が訪れている。

しかし、新たな契約で値下げを勝ち取ったという情報は伝わってこない。電力会社とガス会社が火力燃料購入のコンソーシアムを組んだという話は聞くが、成果は見えない。まるでコンソーシアムを組むことが目的になってしまっているようだ。

電力会社の首脳に、なぜ廉価なスポット買いを増やさないのか、中東産に執着し、極東の「高い相場観」を受け入れるのか、と訊ねると、こんな本音が返ってきた。

「われわれが地域独占を許されているのは、供給義務を果たしているからです。電気事業法の根幹は供給義務。つまり、天災や事故による故障、料金滞納、特異な地形で技術的に困難な場合などを除いて、絶対に停電をさせてはいけないのです。電力供給を途絶させたら、社長のクビが飛びます。長年、つきあってきた天然ガスの生産者は、そこをしっかりわかってくれているから、きちんとガスを送ってくれる。しかし、実績のない相手はリスクが伴います。値段をとるか、供給義務をとるかと言われたら、後者です」

電力やガス、水道などの公益事業者は最上位の使命として「供給義務」が刷り込まれている。市場の地域独占が認められ、「総括原価方式」で経営が守られてきたのは、供給義務を全うさせるためである。この供給義務こそ、日本に電力事業が誕生して百数十年、官と民が対立や融和をくり返しながら、たどりついた統制的指向を正当化する金科玉条だった。

だが、官と民でつくりあげた金科玉条は、いまや歴史の桎梏に変わろうとしている。

原発の「たたみ方」

戦後七〇年、敗戦後の廃墟から立ちあがった日本は、全国津々浦々に電気を送り、停電が起きぬよう神経をすり減らしながら、電力網を構築した。電力開発は、経済効果がみこめる大きい公共事業でもあった。渓谷にダムを築き、鉄塔を立てて送電線を通して雇用を確保する。すべては停電のない、安定した電力を届けるためであった。

松永安左エ門に象徴されるように電力、エネルギー産業に関わった先人の使命感は、経済成長の礎を築き、国民生活を豊かにした。さまざまなプラスとマイナスを組み合わせて公共のインフラは整えられ、供給義務を満たすノウハウも進歩してきた。その積み重ねには敬意を表したい。原子力発電は大量の電力を供給した。

もしも福島第一原発事故が起きていなかったら、私自身、「19兆円の請求書」を通して核燃料サイクルのバックエンド問題には疑問を持ちつつも原発の危険性と不合理さには気づかなかったかもしれない。何か釈然としないものを感じながら日常に流されて電力の構造的問題には思い至らなかっただろう。

だが、原発事故によって「秩序の裂け目」に直面し、大勢の人と同じように目が覚めた。福島の被災地に通い、いまなお窮屈な仮設住宅で暮らす人びとを取材し、「なぜ、こんな生活を強いられなければいけないのか」と自問するたびに「ポスト3・11」は安全で安心できる電力、エネルギーの需給体制を目指さなければ、社会が「自滅」すると痛感している。福島で起きたことは、他の原発立地のどこで起きても不思議ではない。なおかつ戦争の世紀といわれる二十世紀が生み落とした原発は、すでに電力事業としては黄昏のなかにある。新たな選択が求められている。

では、変革に向けて、どのような「ビジョン」を共有すればいいのだろうか。

ここから先は、電力とエネルギーに関する需要と供給の体制づくりを従来の狭い利害関係による「閉鎖系」から、よりオープンで多様に関わり合う「開放系」へと切り替えることを前提に、自分なりのプランを示したい。

第一に将来的に原子力から脱却し、為替の変動や原油市況に振り回されない、自前の自然エネルギー（水力、太陽光、風力、地熱など）を基幹電源に成長させ、情報通信技術（ＩＣＴ）を使って地域全体の需給バランスを調整するスマート化を進めることを大原則とする。その原則に従って、すべての原発を廃止する時期を、十年後か、二十年後か、それより後にするかはオープンに議論して決める。急激な転換による混乱を和らげるために安全性を十二分に確保したうえで時限の再稼働が必要とあれば、その是非も話し合う。

スマート化に伴って水素の燃料電池や、大型蓄電池の開発・普及も必要になるが、最も重要なのは自然エネルギーを基幹電源に育てることだ。日本では原子力と自然エネルギーを対立的に語りがちだが、諸外国は原発の如何に関わらず、自然エネルギーの基幹電源化を既定路線にしている。

脱原発を決めたドイツは二〇二五年までに電力の四〇～四五パーセントを自然エネルギーで供給する目標を掲げる。原子力大国のフランスも二〇三〇年に電力の四〇パーセント、熱や燃料を含むエネルギー全体の三二パーセントを自然エネルギーで供給する目標を定めた。同じく原発を維持するイギリスは二〇二〇年までに電力の三〇パーセント、アメリカは国全体の目標こそ示していないが、全米最大の州カリフォルニア（人口三七〇〇万人）では二〇二〇年までに大規模水力を除く自然エネルギーを電力の三三パーセントに高める目標を打ち出している。水力を含めると、その割合は四〇パーセントを超える。

つまり、欧州とアメリカは、原発を廃止しようが、維持しようが、二〇三〇年までに電力供給の四割程度を自然エネルギーで賄う共通のゴールを定めている。

かたや日本は、いまだに「系統接続」という中長期的な戦略性を欠いた問題を理由に自然エネルギーの導入にブレーキをかける。二〇一四年、九州、北海道、東北、四国、沖縄の電力会社が、大規模太陽光発電（メガソーラー）の出願急増に対して送電線の能力が足りず、停電などのトラブルを起こす怖れがあるとして「固定買取価格制度（ＦＩＴ）」の再生可能エネルギー発電設備の電力系統への接続申込みに対する回答を保留した。確かに九州電力などはピーク電力に対する風力・太陽光の設備導入率が契約申込み分だけで八割ちかくに達しており、従来の電力系統の設計や運用では対応できず、系統の技術革新が迫られている。系統接続の保留という緊急対応を採らざるを得なくなった事情も察せられる。

問題は政府の対応だ。資源エネルギー庁の系統ワーキンググループは、この事態を受けて電力会社ごとに自然エネルギーの「接続可能量」を算定し、受け入れ量に上限を設けた。エネルギーの専門家からは「接続可能量」に対して、次のような疑問が投げかけられている。

- 原則廃炉の運転期間四〇年に、もうすぐ達する原発も含めて、すべての原発が再稼働するのを前提に算定しているのは妥当ではない。結果的に九州電力や北海道電力では電力供給の多くを原発が占める見込みとなり、自然エネルギーの接続可能量を小さくしているのではないか。
- 自然エネルギーの供給量が偏った場合、電力会社間の「地域間連係線」の運用で融通できるが、その運用容量をわずか五〜一六パーセントと算定。全国的な系統活用による自然エネルギーの拡大の可能性を狭めているのではないか。
- そもそも「接続可能量」という概念が日本だけの特殊なもの。欧州や北米の送電会社などは自然エネルギーの導入でビジネス機会を生かし、技術を向上させている。系統接続を理由に自然エネルギーを制限するのは時代に逆行しているのではないか。

こうした疑問を踏まえて接続容量の課題は解決しなくてはなるまい。

資源エネルギー庁は、ホームページで「日本の再生可能エネルギーの実力」と題して、「一戸建ての家全てに太陽光パネルを載せても、日本の電気の5%です。地熱の資源量は世界第3位。でも、そのほとんどが自然公園の中…。世界の風力は、平らなところや丘の上。でも、人口密度が高く山も多い日本では、風車も、尾根の上などに無理してたてることになります。それに、乱流や落雷の問題もあります」とネガティブな要素ばかり並べている。将来に向けてエネルギー戦略の中枢を担う政府機関の姿勢としてはあまりに消極的だ。

自然エネルギーの導入を批判する事例で、「ドイツのエネルギー政策」がよく採り上げられる。イギリスのフィナンシャル・タイムズも一四年一一月二六日付で「独エネルギー政策の矛盾」という社説を掲載した。すでに電力の四分の一以上を自然エネルギーで確保し、二〇二二年までに全原発を閉鎖するドイツの政策に対して「深刻な問題に直面している」と指摘する。日経新聞の翻訳は、次のように伝える。

「第1に再生可能エネルギーの不安定性と原発による発電の削減で何年も供給問題に悩むはずだ。供給不足の解消には二酸化炭素を出す石炭火力発電に頼らざるを得ない」

「第2は経済への影響だ。再生可能エネルギーへの政府補助金は消費者の直接負担が原資。ドイツの家庭は米国の2倍の電力料金を払っている。事業者向け料金はここ4年で30%以上跳ね上がり、競争力にとって大きな重荷となっている」

さらに「短期では汚染を広げ、エネルギー料金を引き上げそうだ」と結論づける。

しかし、雑誌「Renewables International」編集者のクレイグ・モリスは、「石炭火力依存」という外国の傍観者が陥りがちな見方に反論する。
「長期的な傾向にこそ目を向けるべきで、一時的な石炭の微増にとらわれてはいけない。確かに、二〇一一年に原子力の段階的廃止が決定され、二〇一一年から二〇一三年にかけて石炭消費量がわずかに増加したが、その後、石炭消費量が高止まりした理由は、厳しい冬と電力輸出であり、原子力が停止したせいではない」（自然エネルギー財団・コラム連載）

原発停止による石炭火力の増加は、ドイツ批判のポイントのひとつだが根拠は薄い。注目すべきは、ドイツがフランスへ「電力輸出」をしている事実だ。福島の原発事故直後、ドイツが脱原発に踏み切ると「足りない電力を、原発主体のフランスから買っている。偽善的だ」と非難する声があちこちで上がった。八基の原発を次々と停止した一一年は、確かにドイツはフランスから二・四TWh多く電力を買っている。

しかし、二〇〇六年から二〇一四年九月期までの両国の電力の輸出入量をデータ（Réseau de Transport d'Électricité）で調べると、一一年以外は、すべてドイツからフランスへの輸出が上回る。ドイツの輸出超過量は、一二年が八・七TWh、一三年は九・八TWh、一四年も九月までに二・五TWhとなっている。全電力の七割を原発に頼るフランスが、自然エネルギーが基幹電源になってきたドイツから電力を購入している現実は、もっと多くの人に知られていいだろう。

ドイツの電気料金の高さについて、モリスは、こう解説する。
「単位当たりの電力価格が高くても、ドイツにおける電力消費量は米国の半分なので、ドイツの電力料金は平均月額100米ドル程度となり、米国の基準でも決して高くない。また、ドイツでは（FT

が書いているような一律高額の）「事業者向け価格」は存在せず、事業者の電力価格は電力消費量によって異なる。電力消費量の少ない企業の電力価格は高めだが、そのような企業では電力料金が総支出の２％程度にすぎない（人件費の方が大きな問題となる）。逆に、ドイツのエネルギー集約型産業が支払っている電力料金は、ＥＵのほとんどの国より少ない。アルミ部門、鉄鋼部門、および製紙部門の国際企業が、他の場所で閉鎖してドイツに移動しているのは、そのためである」（同前）。

ドイツの失敗を論って、原発を擁護するのは牽強付会といえそうだ。

日本の電力・エネルギー政策をオープンで多様な「開放系」へ切り替えるための二番目の柱は、「老朽原発の廃炉工程」を定めることだ。現在、福島で事故を起こした原発の解体・処分が行われているが、それとは別に古くなった原発の廃炉を進めるしくみをつくらねばならない。

以前は、電力会社が廃炉を決めると、その原発は資産価値を失い、減価償却が終わっていない資産は損失として一括処理する決まりだった。しかし、それでは電力会社が大きな不良資産を背負うとあって経産省は廃炉をめぐる会計ルールを改める。新たなルールでは電力会社が廃炉を決定しても、原子炉格納容器のような発電設備や使用済み核燃料を「原子力廃止関連仮勘定」という名目で「新しい資産」に振り替え、何年もかけて分割して費用処理ができるようになった。

電力会社にとっては財務に大きな影響が出ない救済策である。では、肝心の廃炉費用をどう工面するのかというと、新ルール導入後も電気料金で費用が回収できる。電力自由化が進んで小売自由化がなされた後も廃炉費用は電気料金の原価に反映されるという。

電力会社が老朽原発を数多く抱え込んだ経営上のツケも、すべて利用者が負担することになる。ほとんど議論らしい議論もしないまま、省令で会計ルールは変更されている。そのやり方には批判もあろうが、電力会社が老朽原発の廃炉を決めやすくなったとはいえるだろう。

ただし、そこから先がまったく決まっていない。原発の廃止で生じる放射性廃棄物は莫大で、その管理や処分の期間は超長期（一〇〇年以上）にわたる。本来なら最終処分のゴールを定め、そこから逆算して制度設計をしなくてはならないのだろうが、全世界的に「核のゴミ」の行方は迷走している。膨大な放射性廃棄物を民間企業が世代を超えて管理や処分をするのは不可能だ。政府による一元的な取り組みが必要だろう。

そのモデルがイギリスの「原子力廃止措置機関（NDA）」である。NDAは、原子力発電会社の民営化に当たり、国有時代に発生した原子力債務の処理のために二〇〇五年に設立された。主に英国原子燃料会社（BNFL）と英国原子力公社（UKEA）の原子力施設に関する総合的な責任を持ち、安全なクリーンアップ、債務保証、コスト管理を進める組織で、省庁から独立している。NDAはセラフィールド地方の再処理施設やマグノックス原子炉を所有している。

日本でも、NDAを参考に「日本原子力措置機関（JNDA）」の設立が求められよう。核燃料サイクルのバックエンドを一元的に担う機関と位置づけられる。福島第一原発の廃炉については「放射能封じ込め作業」が落ち着いてから、JNDAへ引き渡せば整合性がとれる。

原子力市民委員会が編集した「原発ゼロ社会への道—市民がつくる脱原子力政策大綱」は、廃炉に伴う法的な整備について、次のように記している。

「原発ゼロ社会を実現するために〈脱原子力基本法〉を、エネルギー利用のあり方を持続可能なものに転換するために〈エネルギー転換基本法〉を制定する。また、原発ゼロ社会の実現に向けて、原子力開発を進めてきた組織を廃止する一方で、〈脱原子力庁〉を設置する」原発のたたみ方を真剣に議論しなくてはいけない段階に至っている。

新たな針路を求めて

将来的に原子力から脱し、自然エネルギーを基幹エネルギーに成長させるにしても短期間では難しい。自前のエネルギー資源の確保は急務である。

そこで第三の柱に「メタンハイドレートの実用化」を推したい。天然ガスの主成分であるメタン分子を水分子が取り囲む固体結晶のメタンハイドレートは、「高圧低温」で生成される。自然界では、アラスカやシベリアの永久凍土、大陸縁辺の海域、日本の太平洋側では水深一〇〇〇メートル程度の海底の数百メートル下の「砂層」に潜り込んでいる。

一三年一月、MH21（メタンハイドレート資源開発研究コンソーシアム）のスタッフら二〇〇人が乗り組んだ地球深部探査船「ちきゅう」は、愛知・三重県沖約五〇キロの東部南海トラフ「第二渥美海丘」の真上に到達した。そこから水深一〇〇〇メートルの海底の、さらに三〇〇メートル下の地層まで生産坑井を掘り、メタンハイドレートのガスだけを気化させて船上に回収して燃やす。世界初の海洋ガス産出試験に挑んだ。

高圧低温の海底で固体結晶からメタンだけ取り出すには、坑井の水をポンプで抜いて坑内の圧力を下げる「減圧法」が用いられる。準備が整い、三月、ポンプにスイッチが入った。

ポンプを稼働して四時間、坑底の圧力が一三〇気圧から八〇気圧まで下ったところで、「ちきゅう」の船尾にとりつけたバーナーが炎を噴いた。世界で初めて海底のメタンハイドレートからガスが採りだされた瞬間だった。

　さらに坑底圧は五〇気圧まで下げられる。ガスの日産平均量は二万立方メートルに達し、四日後には三万立方メートルを突破した。予想を超えた産出量で、関係者は「オオーッ」とどよめく。日量平均二万立方メートルで六日間、ガスは生産される。最終的に坑底のフィルターを海砂が通り抜けてポンプの機能が損なわれ、実験は終わった。減圧法の生みの親である産業技術総合研究所の成田英夫メタンハイドレート研究センター長は、手応えをこう語った。

「海洋試験終了後、ワーキンググループをつくって出砂の現象の解明などに取り組んでいます。二万立方メートルという値は、事前に予想した最大量にちかかった。しかし、わずか六日間では、減圧法に対する地層の精密な応答はわかりません。私自身は、今回の試験結果を楽観も、悲観もしていない。大切なのは商業化に向かって、次の海洋産出試験（一六〜一八年）で何を実現するか。具体的には長期間安定的にガスを生産すること、より大量のガスを生産すること。坑井の気圧を三〇気圧程度まで下げれば、産出量はぐっと増えるでしょう」

　メタンハイドレート開発の鍵はコストだ。ＭＨ21の「濃集帯の経済評価の流れと結果」というシミュレーション・データがある。東部南海トラフの資源フィールド九・六キロ平方メートルに四九本の坑井を掘り、一本の生産期間は八年とし、全体の生産期間を一五年として経済性を評価している。そのシミュレーションでは、一坑井当たり日量平均五万五六〇〇立方メートルの生産レートで、生産原価は四六円／立方メートルというデータが示されている。既存の天然ガスとの競争が視野に入る値である。海洋試験での二万立方メートルという平均日量が、なぜ関係者に衝撃を与えたか、お察しいただけるだろう。

メタンハイドレートはエネルギー資源としてだけでなく、ガス化学の原料としても注目される。北米ではシェールガスの産出に伴い、エタンガスからのエチレン製造が加速している。炭素原子二個のエタンは細いチューブのなかを高速で流し、外側で火を燃やせば水素原子二個がとれてエチレンに加工できる。一方、炭素原子一個のメタン分子は「C1化学」と呼ばれる別の体系で化合物を合成しなくてはならない。このハードルが高いのだが、挑戦のしがいのある分野だ。大手エンジニアリング企業の技術部門の役員は、こう語る。

「まさにそこ、C1化学を実用レベルにイノベーションできるかどうかが、最大のポイントです。私自身、マレーシアやカタールで、石油メジャーと一緒にGTL（gas to liquids）のプラントを設計し、動かしました。メタンからディーゼルやガソリンをつくったわけですが、その過程でLPG（液化石油ガス）などが採れるので採算性が上向きました。ただ、環境・温暖化問題などを考えれば、石油系の燃料よりは、オレフィン系のエチレンやプロピレン（合成樹脂や繊維などの原料）、ブタジエン（合成ゴムの素材）などの化学品を目ざしたほうがいい。技術的にはメタンからメタノールを経由した形が一般的で、プロピレンを生産する技術をわれわれも持っています。C1からカップリングして、エチレン、あるいはベンゼンにするとか、ハードルは高いけれど難しい技術がないわけではない。メタンハイは日本の排他的経済水域に国内の天然ガス消費量の百年分が眠っているといいます」

メタンハイドレートはエネルギー資源と化学素材、ふたつの魅力を備えている。

そして、電力・エネルギー政策を「開放系」に導く第四のポイントは、天然ガス調達と組み合わせて「北極海航路」を開き、アジアと欧州をつなぐルートを結ぶことだ。日本の天然ガス調達は、北米からのLNG輸入契約が結ばれたとはいえ、豪州、マレーシア、カタールなど、供給源は限られている。一方で、エネルギー資源は動乱を引き起こしながら、地球上を行き交っている。近隣諸国で最もガスを売りたがっているのはロシアだ。国家を背負って資源交渉をするプーチンとも向き合わねばなるまい。利害が錯綜するのはサハリン開発だ。

対露交渉に関わった経験のあるエネルギー専門家は語る。

「ロシアのサハリンへの関心は大きい。北方領土問題が動くとき、ロシアは島を買え、と迫ってくるでしょうね。何兆円で買え、というような議論になります。もう安いガスじゃなきゃ買わないなんてレベルじゃなくなります。そのとき日本はどう応じるのか、ですね。ロシアはバイカル湖より西のシベリア奥地のガス田開発に日本を引きずり込みたいと思っています。一方で、サハリンから日本へパイプラインを通して、いい値段で売りたいという願望も強い。サハリン開発のプライオリティは高いんです。ロシアはサハリン開発で日本に手形を切らせようとしてくるでしょう」

二〇〇〇年代初頭に「サハリン1」プロジェクトで、サハリンの天然ガス田と首都圏をパイプラインで結ぶ構想が浮上した。日米露の石油、ガス開発会社は進めようとしたが、顧客になるはずの東京電力が構想を潰した。LNG基地のインフラが出来上がっているのにゼロからパイプラインを引く必要はない、と見向きもしなかった。

盛者必衰、いまや東電は実質国有化され、昔日の面影はない。代わって東京ガスと石油資源開発、新日鉄住金エンジニアリングなどがサハリンから首都圏へのパイプライン敷設の調査を行っている。サハリンと北海道の宗谷岬との距離はわずか四三キロメートルである。日本が地政学的に資源戦略を展開しようとするなら、サハリンは極めて重要な橋頭堡となるだろう。時代とともにパワーゲームのプレーヤーも入れ替わる。

サハリンが開発のステージに上がれば、「北極海航路」への足掛かりがつくれるだろう。日本海からサハリン、カムチャツカ半島沖を経て北極海から大西洋、欧州へ至る航路は、地球温暖化の影響なのか、夏季の二か月間開通するようになった。

このルートは、東アジアと欧州をつなぐ最短航路で治安もよく、食糧や資源、工業原料、製品の運搬に最適である。北アフリカ、中東情勢が不安定化するなかで、欧州とアジアをつなぐ安全な航路が実現すれば、文明史的な変化をもたらすだろう。航海技術を革新し、年間を通して北極海航路を通れるようになったら、日本列島はアジアと欧州の結節点に変わる。

針路を北へ。

為政者が、ロマンを胸に新しいエネルギーの開発と地政学的なルート開拓を決断したとき、持たざる国日本は戦後七〇年の呪縛から解き放たれるのかもしれない。成長著しい東南アジアと欧州を北極回りで南北につなぐ。日本列島は、新世紀の文物の十字路となるだろう。

（本文中、敬称を略しました）

あとがき

本書を執筆するに当たって、現役、ＯＢ、多数の官僚に会い、取材を受けていただいた。一見、彼らは霞が関のピラミッド構造の同じ歯車のようだが、そうではない。一人ひとり個性も考え方も違う。極めて優秀でバイタリティもある。国を背負う気概にも満ちており、多様な人生観を持っている。

ただ、集団になると不思議なことに「国のかたち」を決める重要政策でも内輪の論理でまとめて恬として恥じない。理由はいろいろあろうが、要するに統制したり、されたりすることが骨の髄まで沁み込んでいるからだろう。効率と前例を重んじる「近代」がつくりだした集団である。

そうした集団で、環境変化に適応して新たな道を切り拓こうと動いているのは主流の一群ではなく、むしろ異端と呼ばれる人たちだった。異端の官僚は、人知れず、現実と格闘している。異端だからといって、皆が皆、辞表を叩きつけて省庁を去り、組織へのルサンチマンをバネにメディアで活躍しているわけではない。孤立しても正論を吐き、地べたを這いずり回って現実を変えようとしている人もいる。

そういう異端の物語にも本書ではスポットライトを当ててみた。硬直した官僚組織に対する私なりの変革のメッセージである。

ここにきて経済産業省は、ようやく重い腰を上げた。「エネルギーミックス」の検討に取りかかった。将来の電源構成、本書でたびたび「国のかたち」を決定づけると申し上げた電力・エネルギー政策の根幹の議論がやっと始まるのだ。宮沢洋一経産大臣は「二〇三〇～四〇年ごろの最適な比率を決める」と記者会見で述べた。

二〇一五年末には温暖化対策の国際的大枠の合意に向けて第二一回気候変動会議（ＣＯＰ21）がパ

リで開かれる。逆算して夏ごろには日本のエネルギーミックスの具体案が決まりそうだ。これで「海図なき航海」を続けてきた日本も方向感覚を取り戻すことだろう。

と、期待に胸を膨らませて議論の舞台である「長期エネルギー需給見通し小委員会」の委員名簿を見て愕然とした。十四人の委員のうち原発を推し進めてきた学者、研究者が多数を占めて要所を押さえ、財界人が神輿にのる構図になっている。

明らかに原発維持・推進シフトが敷かれている。原発に懐疑的な委員は一人か二人だ。この陣容で経産省は原発比率をどこまで高めるのだろう。またぞろ核燃料サイクルを含む原発問題を、推進と反対の二項対立に持ち込んで押し切ろうというのか。民意がついてくると思っているのだろうか。時計の針はもう「3・11」以前には戻せないのだが……。

いつでも、どこでも、何度でも異端の物語を官僚組織にはぶつけねばならないようだ。ステレオタイプの官僚批判ではなく、内部に「変えよう」とするエネルギーが脈動している事実を通して殻を叩き続けるしかない。

取材の過程で、政界、官界はもとより、エネルギー産業界、学界、金融界などの方々にご協力をいただいた。厚く、御礼を申し上げる。お一人ずつ、名前をあげて謝意をお伝えすべきところだが、略儀にてご寛恕いただきたい。

草思社の藤田博編集部長には、構想段階から伴走し、編集の労をとっていただいた。途中、山あり谷ありだったが、発刊にこぎつけられた。心より感謝する。

二〇一五年一月

山岡淳一郎

主要参考文献

電力

『興亡　電力をめぐる政治と経済』大谷健、産業能率短期大学出版部、一九七八年
『私の履歴書　経済人13』木川田一隆、日本経済新聞、一九八〇年
『関東の電気事業と東京電力―電気事業の創始から東京電力50年への軌跡』東京電力株式会社編、二〇〇二年（大阪府立中之島図書館）
『東電福島原発事故―総理大臣として考えたこと』菅直人、幻冬舎新書、二〇一二年
『エネルギー・原子力大転換』仙谷由人、講談社、二〇一三年
『ドキュメント東京電力』田原総一朗、文春文庫、二〇一一年
『木川田一隆・時代を超えて1　苦悩する日本への警鐘』木川田一隆、平岩外四監修、電力新報社、一九九一年（国立国会図書館）
『首相官邸で働いて初めてわかったこと』下村健一、朝日新書、二〇一三年
『「東京電力」研究―排除の系譜』斎藤貴男、講談社、二〇一二年
『東電国有化の罠』町田徹、ちくま新書、二〇一二年
『電力の社会史―何が東京電力を生んだのか』竹内敬二、朝日新聞出版、二〇一三年
『日本電力業界発展のダイナミズム』橘川武郎、名古屋大学出版会、二〇〇四年
『電力自由化―発送電分離から始まる日本の再生』高橋洋、日本経済新聞社、二〇一一年
『電力と国家』佐高信、集英社新書、二〇一一年
『インフラの呪縛―公共事業はなぜ迷走するのか』山岡淳一郎、ちくま新書、二〇一四年

原子力

『核の栄光と挫折―巨大科学の支配者たち』ピーター・プリングル、ジェームス・スピーゲル、浦田誠親監訳、時事通信社、一九八二年
『核メジャー―石油以後を制する者』日本経済新聞社編、日本経済新聞社、一九七九年
『日本の原子力―15年のあゆみ』（上・下）日本原子力産業会議発行、一九七一年
『不思議な国の原子力』河合武、角川新書、一九六一年
『原子炉を眠らせ、太陽を呼び覚ませ』森永晴彦、草思社、一九九七年
『原子力傍観65年』森永晴彦、私家版、二〇一〇年
『メルトダウン』大鹿靖明、講談社文庫、二〇一三年
『原発・正力・CIA―機密文書で読む昭和裏面史』有馬哲夫、新潮新書、二〇〇八年
『原子力市民年鑑2010』原子力情報室編、七つ森書館、二〇一〇年
『福島原発の真実』佐藤栄佐久、平凡社新書、二〇一一年
『原子力と社会』田中慎次郎、朝日新聞社、一九五三年
『原子力の社会史―その日本的展開』吉岡斉、朝日選書、一九九九年
『原発と原爆―「日・米・英」核武装の暗闘』有馬哲夫、文春新書、二〇一二年
『原発洗脳―アメリカに支配される日本の原子力』苫米地英人、日本文芸社、二〇一三年
『憂国の原子力誕生秘話』後藤茂、エネルギーフォーラム新書、二〇一二年
『アメリカ原子力産業の展開―電力をめぐる百年の抗争と九〇年代の展望』リチャード・ルドルフ、スコット・リドレー、岩城淳子・梅本哲世ほか訳、御茶の水書房、一九九一年
『原発と権力―戦後から辿る支配者の系譜』山岡淳一郎、ちくま新書、二〇一一年

エネルギー資源

『日本戦争経済の崩壊』アメリカ合衆国戦略爆撃調査団、正木千冬訳、日本評論社、一九四六年
『石油危機と日本の運命―地球史的・人類史的展望』藤原肇、サイマル出版会、一九七三年
『石油飢餓』藤原肇、サイマル出版会、一九七四年
『世界エネルギー市場―石油・天然ガス・電気・原子力・新エネルギー・地球環境をめぐる21世紀の経済戦争』ジャン＝マリー・シュヴァリエ、増田達夫・林昌宏訳、作品社、二〇〇七年
『緑のエネルギー原論』植田和弘、岩波書店、二〇一三年
『セブン・シスターズ』アンソニー・サンプソン、大原進・青木栄一訳、日本経済新聞社、一九七六年
『石油を支配する者』瀬木耿太郎、岩波新書、一九八八年
『メジャー―現代の石油帝国』宮嶋信夫、日本評論社、一九七五年
『70年代における資源外交』大蔵省印刷局、一九七二年
『資源を読む』柴田明夫・丸紅経済研究所編、日経文庫、二〇〇九年
『田中角栄の資源戦争』山岡淳一郎、草思社文庫、二〇一三年

国際関係

『ロシア　利権闘争の闇―迷走するプーチン政権』江頭寛、草思社、二〇一四年
『プーチンのエネルギー戦略』木村汎、北星堂書店、二〇〇八年
『独裁者プーチン』名越健郎、文春文庫、二〇一二年
『暗殺国家ロシア―リトヴィネンコ毒殺とプーチンの野望』寺谷ひろみ、学習研究社、二〇〇七年
『米日同盟―アジアの安定を保持する』リチャード・L・アーミテージ、ジョセフ・S・ナイ、筑紫建彦訳、CSIS（戦略・国際研究センター）、二〇一二年
『世界を操る支配者の正体』馬渕睦夫、講談社、二〇一四年

『ロスチャイルド自伝』ギー・ド・ロスチャイルド、酒井伝六訳、新潮社、一九九〇年
『ロックフェラー回顧録』デイヴィッド・ロックフェラー、楡井浩一訳、新潮社、二〇〇七年
『告発！　エネルギー業界のハゲタカたち』グレッグ・パラスト、仙名紀訳、早川書房、二〇一二年
『市場対国家―世界を作り変える歴史的攻防』（上・下）ダニエル・ヤーギン、ジョゼフ・スタニスロー、山岡洋一訳、日経ビジネス人文庫、二〇〇一年

現代史

『日本経済の再編成』笠信太郎、中央公論社、一九三九年
『昭和経済史への証言』（上・中・下）安藤良男編著、毎日新聞社、一九六五〜六六年
『昭和研究会―ある知識人集団の軌跡』酒井三郎、中公文庫、一九九二年
「橋本清之助遺稿」奥健太郎、慶應義塾大学法学部内法学研究会、「法学研究」（第78巻第10号）掲載、二〇〇五年
『松永安左エ門自叙伝』松永安左エ門、日本図書センター、一九九九年
『財界回顧―池田成彬』柳澤健、世界の日本社、一九四九年
『松永安左エ門―生きているうち鬼といわれても』橘川武郎、ミネルヴァ書房、二〇〇四年
『小島直記伝記文学全集』第七巻「松永安左エ門の生涯」小島直記、中央公論社、一九八七年
『嵯峨根遼吉記念文集』嵯峨根遼吉記念文集出版会、一九八一年
『新井章治の生涯』永塚利一、電気情報社、一九六二年
『日本の安全保障―1970年への展望』（1968年版）安全保障調査会、一九六八年
『岸信介回顧録』岸信介、廣済堂出版、一九八三年
『政治と人生―中曽根康弘回顧録』中曽根康弘、講談社、一九九二年
『金環蝕』石川達三、新潮社、一九六六年
『権力の陰謀―九頭竜事件をめぐる黒い霧』緒方克行、現代史出版会、一九七六年

著者略歴――――
山岡淳一郎 やまおか・じゅんいちろう
1959年愛媛県生まれ。ノンフィクション作家。東京富士大学客員教授。「人と時代」「21世紀の公と私」を共通テーマとして、近現代史、政治、経済、建築、医療など分野を超えて旺盛に執筆。著書に『田中角栄の資源戦争』『後藤新平　日本の羅針盤となった男』『あなたのマンションが廃墟になる日』『亀井静香 支持率0%の突破力』（いずれも草思社）、『成金炎上 昭和恐慌は警告する』（日経ＢＰ社）、『国民皆保険が危ない』（平凡社新書）、『医療のこと、もっと知ってほしい』（岩波ジュニア新書）、『原発と権力』『インフラの呪縛』（共にちくま新書）、『放射能を背負って　南相馬市長・桜井勝延と市民の選択』（朝日新聞出版）、『気骨 経営者土光敏夫の闘い』（平凡社）ほか多数。

装幀写真＝アフロ

日本電力戦争
資源と権益、原子力をめぐる闘争の系譜
2015©Junichiro Yamaoka

2015年2月26日　第1刷発行

著　者　山岡淳一郎
装幀者　間村俊一
発行者　藤田　博
発行所　株式会社草思社
〒160-0022　東京都新宿区新宿5-3-15
電話　営業 03(4580)7676　編集 03(4580)7680
振替　00170-9-23552

本文組版　有限会社一企画
本文印刷　株式会社三陽社
付物印刷　中央精版印刷株式会社
製本所　大口製本印刷株式会社

ISBN978-4-7942-2112-4 Printed in Japan　検印省略

＊造本には十分注意しておりますが、万一、乱丁、落丁、印刷不良などがございましたら、ご面倒ですが、小社営業部宛にお送りください。送料小社負担にてお取り替えさせていただきます。